卓越工程师培养计划
·CAD/CAM·

实例讲解 AutoCAD 2020

钟佩思　褚　忠　张幸兰　刘　梅　编著

电子工业出版社
Publishing House of Electronics Industry
北京·BEIJING

内 容 简 介

本书以 AutoCAD 2020 中文版为操作平台，以实例讲解的方式介绍利用 AutoCAD 2020 实现机械制图的方法和技巧，主要内容包括 AutoCAD 2020 入门知识、AutoCAD 2020 基本操作、绘制二维图形对象、编辑二维图形对象、简单二维图形绘制实例、文字与表格、图层与实用工具、尺寸标注、图形的输出、绘制常见机械零件图。本书各章均配有相应的思考与练习题，读者通过对所学知识点和操作方法的实践，可以达到融会贯通、提高绘图技能的目的。

本书可作为从事机械制图工作的工程技术人员的参考书，也可作为高等学校相关专业的教材。

未经许可，不得以任何方式复制或抄袭本书之部分或全部内容。
版权所有，侵权必究。

图书在版编目（CIP）数据

实例讲解 AutoCAD 2020 / 钟佩思等编著．—北京：电子工业出版社，2020.6

（卓越工程师培养计划）

ISBN 978-7-121-38964-1

Ⅰ．①实… Ⅱ．①钟… Ⅲ．①AutoCAD 软件 Ⅳ．①TP391.72

中国版本图书馆 CIP 数据核字（2020）第 067296 号

责任编辑：张　剑　　　　　特约编辑：田学清
印　　刷：三河市君旺印务有限公司
装　　订：三河市君旺印务有限公司
出版发行：电子工业出版社
　　　　　北京市海淀区万寿路 173 信箱　　　邮编：100036
开　　本：787×1092　1/16　　印张：22.5　　字数：602 千字
版　　次：2020 年 6 月第 1 版
印　　次：2020 年 6 月第 1 次印刷
定　　价：79.00 元

凡所购买电子工业出版社图书有缺损问题，请向购买书店调换。若书店售缺，请与本社发行部联系，联系及邮购电话：(010) 88254888，88258888。

质量投诉请发邮件至 zlts@phei.com.cn，盗版侵权举报请发邮件到 dbqq@phei.com.cn。

本书咨询联系方式：zhang@phei.com.cn。

前　言

AutoCAD 软件是由美国 Autodesk（欧特克）公司推出的、世界领先的计算机辅助绘图与设计软件，其界面友好、功能强大、性能稳定，在机械、建筑、电气、化工、广告和工业设计等领域应用广泛，已成为工程设计领域应用十分广泛的计算机辅助绘图与设计软件之一。

本书以 AutoCAD 2020 中文版为操作平台，介绍使用 AutoCAD 2020 进行机械制图的方法和应用技巧，并通过实例和图解方式循序渐进地进行知识点的讲解，直观性好、可操作性强。每章都配有相应的思考与练习题，读者通过对所学知识点和操作方法的实践，可达到巩固学习、融会贯通、提高绘图技能的目的。

1. 本书的主要特色

【内容全面】本书不仅注重介绍基本的软件功能，还结合典型实例介绍应用知识与使用技巧，采用最新制图标准，讲练结合，帮助读者全面掌握机械制图的一般步骤和常用绘图技巧。

【分类明确】本书对 AutoCAD 2020 的知识进行了详细、合理的划分，并根据典型实例的特点进行归类，本书的内容安排由入门篇到综合篇层层递进，结合实例介绍应用知识，符合读者的学习习惯，有助于读者能力的提高和兴趣的培养。

【知行合一】本书结合大量的实例讲解 AutoCAD 2020 的知识要点，针对每章内容设计与之配套的思考与练习题，让读者在实践中理解和掌握软件的使用技巧，达到巩固知识和提高能力的目的。

【配套资源】为了帮助读者学习和掌握本书的内容，本书提供了各章实例文件和资源文件，读者可以从电子工业出版社华信教育资源网站（www.huaxin.com.cn）免费下载。

2. 本书的重点内容

本书分为 4 篇，共 10 章，重点内容如下。

【第 1 篇　入门篇】包含第 1 章和第 2 章。本篇主要介绍 AutoCAD 2020 的工作窗口和基本操作技巧，包括 AutoCAD 2020 的启动与退出、AutoCAD 2020 的工作窗口、文件的基本操作、命令的相关操作、调整视图显示区域和选择图形对象等，可以让读者初步掌握该软件的使用方法，为后续内容的学习奠定基础。

【第 2 篇　基础篇】包含第 3~5 章。本篇主要讲解绘制和编辑二维图形对象的基本操作和方法。绘制二维图形对象的内容包括绘制直线、圆、椭圆、矩形、多边形和样条曲线等；编辑二维图形对象的内容包括删除、移动、复制和旋转二维图形对象，镜像、阵列和偏移二维图形对象，编辑对象特性，块的创建与使用等。另外，还以实例的形式讲解了绘制简单二维图形的基本方法。

【第3篇　提高篇】包含第6～9章。本篇在介绍 AutoCAD 2020 二维图形绘制的基础上，进一步介绍文字与表格、图层与实用工具、尺寸标注和图形的输出。

【第4篇　综合篇】包含第10章。本篇通过典型实例，深入、详细地讲解了如何使用 AutoCAD 2020 绘制常见机械零件图。

本书由钟佩思、褚忠、张幸兰、刘梅编著，参与本书编写的还有管殿柱、钟鹏程、管玥和李文秋。

由于时间和编者水平有限，书中难免存在疏漏之处，恳请读者给予批评和指正。

编著者

目　录

第1篇　入门篇

第1章　AutoCAD 2020 入门知识 2
- 1.1 AutoCAD 2020 的基本介绍 2
- 1.2 AutoCAD 2020 的启动与退出 5
  - 1.2.1 启动 AutoCAD 2020 5
  - 1.2.2 AutoCAD 2020 的初始设置 6
  - 1.2.3 退出 AutoCAD 2020 7
- 1.3 AutoCAD 2020 的工作窗口 7
  - 1.3.1 菜单浏览器 7
  - 1.3.2 快速访问工具栏 8
  - 1.3.3 功能区 8
  - 1.3.4 工作空间 9
  - 1.3.5 菜单栏 9
  - 1.3.6 绘图区 9
  - 1.3.7 命令行窗口 11
  - 1.3.8 状态栏 12
  - 1.3.9 导航栏和 ViewCube 工具 12
- 1.4 文件的基本操作 13
  - 1.4.1 新建文件 13
  - 1.4.2 保存文件 14
  - 1.4.3 文件另存为 14
  - 1.4.4 打开文件 14
  - 1.4.5 关闭文件 14
- 1.5 设置绘图环境 15
  - 1.5.1 设置系统参数 15
  - 1.5.2 设置图形单位 20
  - 1.5.3 设置图形界限 20
- 1.6 使用帮助系统 21
  - 1.6.1 帮助系统概述 21
  - 1.6.2 及时帮助系统 22
  - 1.6.3 通过关键字搜索主题 23
- 1.7 思考与练习 24

第2章　AutoCAD 2020 基本操作 25
- 2.1 命令的相关操作 25
  - 2.1.1 命令的调用方式 25
  - 2.1.2 命令的重复 28
  - 2.1.3 命令的终止和撤回 29
- 2.2 使用坐标系 30
  - 2.2.1 世界坐标系与用户坐标系 30
  - 2.2.2 坐标格式 31
- 2.3 设置绘图环境 33
  - 2.3.1 设置图形单位 33
  - 2.3.2 设置绘图区 35
- 2.4 调整视图显示区域 36
  - 2.4.1 缩放和平移命令 36
  - 2.4.2 重新生成 39
- 2.5 "正交"模式与"栅格"模式 40
  - 2.5.1 使用"正交"模式 40
  - 2.5.2 设置捕捉和栅格 41
- 2.6 选择图形对象 42
  - 2.6.1 夹点功能 42
  - 2.6.2 选择集 44
  - 2.6.3 选择图形对象的方法 44
- 2.7 "对象捕捉"模式 46
- 2.8 "极轴追踪"模式与"极轴捕捉"模式 ... 50
- 2.9 思考与练习 54

第2篇　基础篇

第3章　绘制二维图形对象 58
- 3.1 点对象 58
- 3.2 对象的定数等分 59
- 3.3 对象的定距等分 61
- 3.4 绘制直线、射线和构造线 61
  - 3.4.1 直线 61

3.4.2　射线 62
　　3.4.3　构造线 63
3.5　绘制圆、圆弧、椭圆和椭圆弧 64
　　3.5.1　绘制圆 64
　　3.5.2　圆弧 71
　　3.5.3　椭圆和椭圆弧 72
3.6　绘制矩形和多边形 79
　　3.6.1　矩形 79
　　3.6.2　多边形 81
3.7　绘制多段线 88
3.8　绘制样条曲线 89
3.9　面域 90
3.10　图案填充 92
　　3.10.1　创建图案填充 92
　　3.10.2　创建渐变色图案填充 98
3.11　思考与练习 99

第4章　编辑二维图形对象 101

4.1　删除、移动、复制和旋转二维图形对象 101
　　4.1.1　删除 101
　　4.1.2　移动 101
　　4.1.3　复制 102
　　4.1.4　旋转 103
　　4.1.5　旋转CAD视图 108
4.2　镜像、阵列和偏移二维图形对象 109
　　4.2.1　镜像 109
　　4.2.2　阵列 112
　　4.2.3　偏移 118
4.3　修改二维图形对象的形状和大小 122
　　4.3.1　缩放 122
　　4.3.2　拉伸 123
　　4.3.3　修剪与延伸 124
4.4　倒角、圆角、打断、合并和分解 126
　　4.4.1　倒角 126
　　4.4.2　圆角 128
　　4.4.3　打断 134
　　4.4.4　合并 134
　　4.4.5　分解 135

4.5　编辑对象特性 136
4.6　块的创建与使用 137
　　4.6.1　创建块 137
　　4.6.2　插入块 138
4.7　块的编辑与修改 139
　　4.7.1　块的分解与重定义 139
　　4.7.2　块的在位编辑 141
4.8　思考与练习 141

第5章　简单二维图形绘制实例 142

5.1　利用倒角命令绘制二维图形实例 142
5.2　利用环形阵列命令绘制二维图形实例 147
5.3　利用相切和镜像命令绘制二维图形实例 151
5.4　利用旋转和打断命令绘制二维图形实例 160
5.5　利用修剪命令绘制二维图形实例 174
5.6　利用旋转和偏移命令绘制二维图形实例 180
5.7　思考与练习 191

第3篇　提高篇

第6章　文字与表格 194

6.1　文字的创建与编辑 194
　　6.1.1　创建文字样式 194
　　6.1.2　创建单行文字 195
　　6.1.3　创建多行文字 196
　　6.1.4　编辑文字 196
　　6.1.5　缩放文字对象 200
　　6.1.6　编辑文字对象的对正方式 201
　　6.1.7　通过外部文件输入文字 201
6.2　表格的创建与编辑 202
　　6.2.1　创建表格样式 202
　　6.2.2　插入表格 206
6.3　可注释性对象 228
6.4　思考与练习 229

第7章　图层与实用工具 230

7.1　规划图层 230
　　7.1.1　系统默认的图层 230
　　7.1.2　创建新图层 230
7.2　管理图层 232

    7.2.1 图层状态管理器 232
    7.2.2 图层转换器 233
 7.3 实用工具 234
    7.3.1 查询距离 234
    7.3.2 查询半径 236
    7.3.3 查询角度 236
    7.3.4 查询面积 238
    7.3.5 查询对象信息 240
 7.4 思考与练习 242

第8章 尺寸标注 243
 8.1 尺寸标注的组成 243
    8.1.1 尺寸要素 243
    8.1.2 平面图形尺寸分析 244
 8.2 定义标注样式 245
 8.3 长度型尺寸标注 250
    8.3.1 线性标注 250
    8.3.2 对齐标注 252
 8.4 半径、直径和圆心标注 252
    8.4.1 半径标注 252
    8.4.2 直径标注 252
    8.4.3 圆心标注 254
    8.4.4 角度标注 254
 8.5 其他标注类型 255
    8.5.1 基线标注和连续标注 255
    8.5.2 多重引线标注 258
    8.5.3 快速标注 260
 8.6 标注的编辑与修改 261
    8.6.1 利用标注的关联性进行编辑 ... 261
    8.6.2 编辑标注文字和标注尺寸 263
    8.6.3 通过其他方式修改标注特性 .. 264
 8.7 思考与练习 265

第9章 图形的输出 267
 9.1 模型空间与布局空间 267
 9.2 创建和管理布局 268
    9.2.1 创建布局 268
    9.2.2 管理布局 272
 9.3 平铺视口和浮动视口 275
    9.3.1 平铺视口 275
    9.3.2 浮动视口 277
    9.3.3 调整视口的显示比例 279
    9.3.4 视图的尺寸标注 281
 9.4 电子打印与发布 281
    9.4.1 打印预览 281
    9.4.2 打印输出 282
    9.4.3 电子打印 284
    9.4.4 批处理打印 285
    9.4.5 发布文件 287
 9.5 思考与练习 289

第4篇 综合篇

第10章 绘制常见机械零件图 292
 10.1 工程制图基础 292
    10.1.1 图纸幅面及图框格式 292
    10.1.2 标题栏 294
    10.1.3 图线 295
    10.1.4 字体 296
 10.2 绘制组合体三视图 297
 10.3 绘制齿轮零件图 306
 10.4 绘制齿轮轴零件图 316
 10.5 绘制泵体零件图 330
 10.6 思考与练习 349

参考文献 351

第1篇

入门篇

第 1 章

AutoCAD 2020 入门知识

🔍 本章主要内容

- AutoCAD 2020 的基本介绍；
- AutoCAD 2020 的启动与退出；
- AutoCAD 2020 的工作窗口；
- 文件的基本操作；
- 设置绘图环境；
- 使用帮助系统。

在开始使用 AutoCAD 2020 绘制具体图形之前，用户需要对 AutoCAD 2020 有一个初步的认识，熟悉它的主要功能；掌握打开和保存文件的方式；熟悉如何设置绘图环境和常用的操作界面；了解 AutoCAD 2020 中命令的几种启用方式；掌握如何启用和设置对象捕捉、极轴追踪等辅助工具，并利用这些辅助工具精确地绘制图形。这是使用 AutoCAD 2020 绘制图形的前提和基础。

本章主要讲解 AutoCAD 2020 的入门知识，引导用户了解软件的工作窗口，以及文件的打开与保存等基本操作，为后续内容的学习打下基础。

1.1 AutoCAD 2020 的基本介绍

AutoCAD（Autodesk Computer Aided Design）是世界领先的计算机辅助设计软件提供商 Autodesk（欧特克）公司的产品，是一款出色的计算机辅助设计软件，广泛应用于机械、建筑、电气、化工、广告、工业设计和模具设计等领域。经过这些年的不断发展，AutoCAD 已经成长为一款功能强大、性能稳定、兼容性和扩展性好的主流设计产品，为工程设计人员提供了强大的二维和三维工程设计与绘图功能。

AutoCAD 2020 将直观、强大的概念设计和视觉工具有效地结合在一起，促进了二维设计向三维设计的转换，并整合了制图和可视化，加快了任务的执行速度，能够满足个人用户的需求和偏好，操作界面更加简洁，查找不常用命令的方式更加多样、直接，设计效率得到了极大的提高。新用户应注意以下列举的 AutoCAD 2020 与之前版本的不同之处。

1. 新增的深色主题

软件优化了背景颜色以提供最佳的对比度，从而不分散用户对绘图区的注意力，让用户的聚焦点保持在绘图区。

当功能区的选项卡处于活动状态时，如编辑文字或创建图案填充时，该功能选项卡的亮度较其他区域来说更加明显，如图1-1所示。

图 1-1　深色主题

2. "块"选项板

AutoCAD 2020 为用户提供了多种插入块的方式："插入"选项卡、"设计中心"和"工具"选项板。

新增的"块"选项板的主要功能是可以帮助用户高效地从最近使用的列表中或指定的图形来指定和插入块，用户可以通过下列3个选项卡访问相关内容。

（1）"当前图形"选项卡以列表或图标的形式显示当前图形中的全部块定义。

（2）"最近使用"选项卡中显示最近插入的块。这些列表或图标在图形和对话之间保持不变，用户可以在该选项卡上单击鼠标右键，在弹出的快捷菜单中选择"删除"命令，以删除不需要的块。

（3）"其他图形"选项卡提供了一种由导航到文件夹的方式。

3. 新增和已更改的命令

（1）BLOCKSPALETTE：打开"块"选项板。

（2）BLOCKSPALETTECLOSE：关闭"块"选项板。

（3）CLASSICINSERT：打开"插入"对话框。

（4）INSERT：启用"INSERT"命令的命令行快捷操作。

（5）二维显示设置合并为三种模式，如图1-2所示。在命令行提示下，输入"GRAPHICSCONFIG"命令，就可以看到"二维显示设置"下拉列表，包括基本模式、中间模式和高级模式；图形性能设置（中间模式），已经更新为自动重置多个显示参数以优化显示。

图 1-2　二维显示设置

（6）"清理"功能：重新设计"清理"功能，"控制"选项基本相同，提高了选项的定向性，可调整预览区域的大小。

4．新增系统变量

（1）BLOCKMRULIST：控制"块"选项板的"最近使用"选项卡中显示的块的数量。

（2）BLOCKNAVIGATE：控制"块"选项板的"其他图形"选项卡中显示的文件和块的数量，再次启动程序时生效。

（3）BLOCKREDEFINEMODE：控制从"块"选项板插入块（其名称与当前图形内的块的名称相同）时是否显示"块-重新定义块"对话框（见图1-3）。

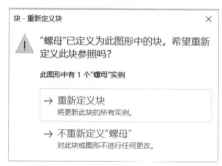

图1-3　"块-重新定义块"对话框

（4）BLOCKSTATE：（只读模式）报告"块"选项板是处于打开状态还是处于关闭状态。

5．新增命令

（1）COMPARECLOSE：关闭"比较"工具栏并退出比较。

（2）COMPAREEXPORT：将比较结果输出到称为"快照图形"的新图形中，然后打开该图形。

（3）COMPAREIMPORT：将比较文件中的对象输入当前图形中。仅输入在比较文件中存在而在当前文件中不存在的选定对象。

6．支持云服务

AutoCAD 2020 支持在执行"保存"、"另存为"和"打开"命令时，连接和存储到多个云服务提供商，如图1-4所示。根据已安装的程序，AutoCAD"文件选择"对话框中的"放置"列表，可以包括Box、Dropbox和多个类似服务。

图1-4　连接和存储到多个云服务提供商

7. 安全性能增强

AutoCAD 创建的特定数据文件中的 4 个潜在漏洞已关闭。若干个基于 AutoCAD 中所使用 DLL 或其他组件的依赖项（具有已知漏洞）已删除或升级。组件中将来成为漏洞的部分正在进行替换。潜在的服务器漏洞已通过升级而关闭。

AutoCAD 2020 的功能概括起来包括 5 个方面，即交互式作图、图形编辑、尺寸标注、图形存储和图形输出。AutoCAD 2020 提供了一组图素，如直线、圆、圆弧、椭圆、多段线和多边形等，用于构造各种复杂的二维图形。用户只要从键盘上输入所需的命令或在菜单中选择相应的命令，对所要绘制的图素输入必要的参数（如点的坐标值、长度数据或角度数据等），即可在屏幕上指定的位置显示出所绘图形。对于已完成绘制的图形，可用多种方式进行编辑和修改，如复制、移动、修剪、删除、圆角、倒角、旋转、镜像等。AutoCAD 2020 具有如下功能。

（1）创建与编辑图形、标注图形尺寸、渲染三维图形、输出与打印图形。AutoCAD 2020 提供了"二维草图与注释""三维建模""AutoCAD 经典"3 种工作空间模式。打开"二维草图与注释"工作空间，其界面主要由菜单栏、工具栏、"工具"选项板、绘图窗口、文本窗口与命令行、状态栏等元素组成。

（2）提供测量图形标注各种尺寸的工具。利用测量工具，可以查询图形对象的长度、面积和体积等参数，AutoCAD 2020 具备缩放和平移等动态观察图形对象的功能，并具有透视、投影、轴侧和着色等多种图形显示方式。

（3）提供动态输入、栅格、正交、极轴追踪、对象捕捉和对象追踪等多种辅助工具，保证精确绘图。

（4）系统提供了内嵌式程序设计语言 AutoLISP、ADS（AutoCAD Development System），还提供了 ARX（AutoCAD Runtime Xtension）等有效的开发工具，便于用户二次开发，并增加计算分析、自动绘图和自动操作等功能。

（5）图形文件有"打开"、"只读方式打开"、"局部打开"和"以只读方式局部打开"4 种打开方式。若以"打开"和"局部打开"的方式打开，则可对图形文件进行编辑；若以"只读方式打开"和"以只读方式局部打开"的方式打开，则无法对图形文件进行编辑。按 Ctrl+Shift+S 快捷键，打开"图形另存为"对话框，同样可以将图形文件保存在不同的位置，或以不同的文件名进行保存。

1.2 AutoCAD 2020 的启动与退出

1.2.1 启动 AutoCAD 2020

在成功安装 AutoCAD 2020 之后，用户可以通过下列 3 种方式启动软件。

- 双击桌面上的 AutoCAD 2020 图标 A。
- 双击具有 AutoCAD 格式的文件。
- 通过"开始"菜单启动：选择"开始"→"所有程序"→"Autodesk"→"AutoCAD 2020–简体中文"命令。

1.2.2　AutoCAD 2020 的初始设置

启动 AutoCAD 2020 之后，默认情况下打开如图 1-5 所示的窗口。该窗口中有"开始绘制"和"最近使用的文档"2 个模块。单击"开始绘制"图标，软件会自动创建一个名为 Drawing1.dwg 的文件，如图 1-6 所示。

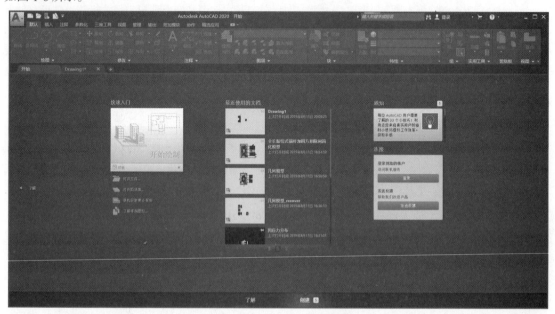

图 1-5　AutoCAD 2020 的启动窗口

图 1-6　AutoCAD 2020 的绘图窗口

在打开的 AutoCAD 2020 窗口中，默认情况下"菜单栏"是隐藏的，用户可以单击窗口上面的 ▼ 按钮，在弹出的菜单中选择"显示菜单栏"命令，即可在窗口中显示菜单栏，如图 1-7 所示。

图 1-7 显示菜单栏

1.2.3 退出 AutoCAD 2020

完成绘图与编辑后，用户可以通过下列 3 种方式退出 AutoCAD 2020 软件。

- 单击 AutoCAD 2020 窗口左上角的"菜单浏览器"下拉按钮![A]，在弹出的下拉菜单中选择"关闭"命令。
- 单击 AutoCAD 2020 窗口右上角的"关闭"按钮![X]。
- 单击 AutoCAD 2020 窗口左上角的"菜单浏览器"下拉按钮![A]，在弹出的下拉菜单中单击"退出 Autodesk AutoCAD"命令。

如果在退出之前已经在 Drawing1.dwg 的"模型空间"中绘制了某些图形，则单击"关闭"按钮![X]时，系统将自动弹出"是否保存 Drawing1.dwg"的提示信息，单击"是"按钮，系统将弹出"图形另存为"对话框，用户可以自定义保存的路径；单击"否"按钮，系统将在不保存 Drawing1.dwg 的情况下关闭 AutoCAD 2020。

1.3 AutoCAD 2020 的工作窗口

AutoCAD 2020 的工作窗口由菜单浏览器、快速访问工具栏、功能区、绘图区、命令行窗口和状态栏等组成。

1.3.1 菜单浏览器

单击 AutoCAD 2020 窗口左上角的"菜单浏览器"下拉按钮![A]，可以打开下拉菜单，如图 1-8 所示，其中包含"新建""打开""保存"等命令，也可以查看"最近使用的文档"。

图 1-8 "菜单浏览器"下拉菜单

1.3.2 快速访问工具栏

快速访问工具栏（见图 1-9）位于窗口的顶部，通过快速访问工具栏可以新建图形文件，也可以打开现有的图形文件，用户可以单击 ▼ 按钮，在弹出的下拉菜单中自定义快速访问工具栏。

图 1-9 快速访问工具栏

1.3.3 功能区

AutoCAD 2020 的功能区是当前工作空间放置命令的区域。功能区包含"默认""插入""注释""视图""参数化"等选项卡，其包含了设计绘图的大部分命令，用户只需单击选项卡中的按钮就可以使用该命令，如图 1-10 所示。

图 1-10 功能区选项卡

在默认情况下，功能区水平显示，用户可以根据需要将功能区设置为垂直显示，或呈现浮动状态。

1.3.4 工作空间

AutoCAD 2020 为用户提供了"草图与注释"、"三维基础"和"三维建模"3 种工作空间，用户可以通过下列 3 种方式切换工作空间。

- 单击"快速访问工具栏"→ 草图与注释 按钮，在下拉菜单中选择工作空间名称进行切换。
- 单击状态栏右侧的"切换工作空间"按钮，选择工作空间名称进行切换。
- 选择菜单栏中的"工具"→"工作空间"命令，进行工作空间的切换，如图 1-11 所示。

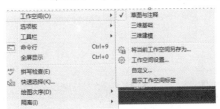

图 1-11 切换工作空间

1.3.5 菜单栏

在 AutoCAD 2020 的默认设置中，菜单栏处于隐藏模式，用户可以通过单击"快速访问工具栏"右侧的按钮，选择"显示菜单栏"命令进行设置。若"菜单栏"已经打开，用户也可以通过该操作隐藏菜单栏。

AutoCAD 2020 的菜单栏包含"文件""编辑""视图""插入""格式""工具""绘图""标注""修改"和"参数"等 12 个菜单，如图 1-12 所示。

图 1-12 菜单栏

1.3.6 绘图区

软件界面中最大的区域是绘图区，它是用户进行图形编辑和对象编辑的主要工作区域，通过该区域用户可以直观地观察设计的效果，并可以通过缩放和平移等命令控制图形的显示大小与位置。图 1-13 所示为模型空间绘图区。图 1-14 所示为布局空间绘图区。

图 1-13 模型空间绘图区

图 1-14 布局空间绘图区

ViewCube 工具位于绘图区的右上角，用来控制三维视图的方向。导航栏默认浮动在绘图区的右侧，用来平移和缩放图形对象。

绘图区包括坐标系图标、视图控件、ViewCube 工具和导航栏，其中视图控件位于绘图区的左上角，提供对多个视口配置、多个视口工具和布局中当前视口的显示选项的访问，单击"俯视"按钮，系统弹出"自定义模型视图"选项，如图 1-15 所示；单击"二维线框"按钮，系统弹出"自定义视觉样式"选项，如图 1-16 所示。或者通过按 Ctrl+0 快捷键激活全屏显示命令，在全屏模式下进行绘图操作。

图 1-15 "自定义模型视图"选项

图 1-16 "自定义视觉样式"选项

默认设置下的绘图区是没有任何边界的，是一个无限大的区域，即 AutoCAD 2020 的模型空间。在绘图区的右侧和下侧分别有两个滚动条，使用鼠标拖动滚动条上的滑块可以使视图上下左右移动，便于用户观察绘图区的对象。绘图区的左下角显示 AutoCAD 2020 的直角坐标系，用于协助用户确定绘图的方向。在绘制二维图形时，默认坐标系图标的 X 轴正方向为右，Y 轴正方向为上。

绘图区底部有 3 个默认的选项卡，分别是模型、布局 1、布局 2，如图 1-17 所示。它们分别代表两种设计空间：模型空间和布局空间（图纸空间）。在模型空间中，无论多大的图形都可以置于其中，这也正是 AutoCAD 2020 可以按照所绘图形的实际尺寸进行绘制的原因。如果想要增加布局，用户可以在"布局 1"或"布局 2"的选项卡上单击鼠标右键，在弹出的快捷菜单中选择"新建布局"命令，或单击"布局 2"后面的加号来增加布局。

图 1-17 绘图区的选项卡

在绘制图形时，鼠标指针呈现"十字光标"样式，如图 1-18 所示；在选择对象时，鼠标指针呈现"拾取框"样式，如图 1-19 所示。

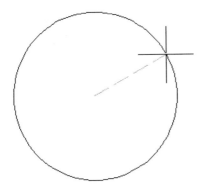 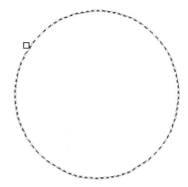

图 1-18 鼠标指针呈现"十字光标"样式　　图 1-19 鼠标指针呈现"拾取框"样式

1.3.7 命令行窗口

在绘图区的下方是一个输入命令和反馈命令参数提示的区域，称为命令行窗口，在默认情况下，只显示输入命令行，当用户输入命令之后，才会显示反馈命令行，如图 1-20 所示。

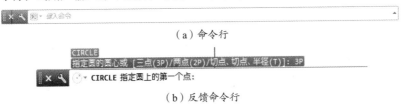

图 1-20 命令行窗口

AutoCAD 2020 中所有的命令都可以在命令行窗口实现。比如绘制一个圆形，用户可以通过单击"默认"选项卡中的"圆"按钮，也可以直接在命令行中输入"CIRCLE"命令或者"圆"的快捷键命令"C"来实现圆的绘制。

命令行不仅可以帮助用户快速激活命令，还是重要的人机交互界面，在用户输入某个命令之后，可以根据命令行的提示，一步一步进行具体参数的输入和选项的设定。

1.3.8 状态栏

状态栏位于工作窗口的底部右侧，主要用来显示软件的各种状态模式，如图 1-21 所示，AutoCAD 2020 隐藏了部分状态栏的显示内容，用户可以通过单击 ☰ 按钮，自定义状态栏显示的功能。

图 1-21 状态栏

状态栏自左向右包括如下几部分。

（1）模型/布局切换按钮 模型：单击此按钮，可以在"模型空间"和"布局空间"进行切换。

（2）绘图辅助工具：自左向右依次是"栅格显示"、"捕捉"、"正交"、"极轴追踪"、"等轴测草图"、"对象追踪"和"对象捕捉"。

（3）注释工具：用于控制图形中的注释性对象，显示其注释比例及可见性。

（4）工作空间：用户可以进行不同工作空间的切换。

（5）对象的隐藏/隔离：在此按钮上单击鼠标右键，会出现隐藏对象和隔离对象 2 个命令。在编辑比较复杂的图形时，想要暂时隐藏的图元可能会位于不同的图层，无法通过图层进行隐藏，此时用户可以通过对象的隐藏/隔离按钮进行隐藏。用户可以选择菜单栏中的"工具"→"隔离"→"取消对象隔离"命令取消该操作。

（6）全屏显示：实现绘图区的最大化。当全屏显示时，功能区会自动隐藏。再次单击"全屏显示"按钮，恢复原来的界面设置。

（7）自定义：自定义状态栏显示的状态模式。单击自定义中的某个命令按钮，该按钮就会显示在状态栏中，再次单击，即可取消。

1.3.9 导航栏和 ViewCube 工具

ViewCube 工具位于绘图区的右上角，用于控制图形的显示和视角，该功能常用于三维模型的绘制。导航栏位于绘图区的右侧，用于图形的缩放、平移和动态观察等，如图 1-22 所示。

图 1-22 ViewCube 工具和导航栏

用户可以通过选择菜单栏中的"视图"→"显示"→"导航栏"命令进行设置。同样地，此方法也适用于 ViewCube 工具的显示设置。

在图形对象上单击鼠标右键，在弹出的快捷菜单中选择"平移"命令，鼠标指针会变成一个"手形"的样式，用户通过单击并拖动鼠标，可以将对象平移到图形的新位置，如图 1-23 所示。再次在图形对象上单击鼠标右键，弹出如图 1-24 所示的快捷菜单，在该快捷菜单中可以切换命令至"缩放"或"三维动态观察"等。

图 1-23　平移对象　　　　　　　　　　图 1-24　快捷菜单

1.4　文件的基本操作

1.4.1　新建文件

启动 AutoCAD 2020，在启动窗口单击"开始绘制"按钮，系统会自动创建一个名为"Drawing1.dwg"的默认文件。用户还可以通过下列 4 种方式新建文件。

- 选择"菜单浏览器" → "新建"命令。
- 单击"快速访问工具栏" → "新建"按钮。
- 在命令行中输入快捷键"Ctrl+N"。
- 在命令行中输入"NEW"命令，并按回车键。

当单击"新建"按钮以后，系统会弹出"选择样板"对话框，如图 1-25 所示。选择一个合适的样板文件，单击"打开"按钮，即可创建一个图形文件。

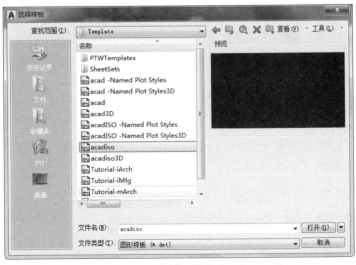

图 1-25　"选择样板"对话框

单击"选择样板"对话框右下角的 ▼ 按钮，在弹出的下拉列表中选择"无样板打开-公制"选项，可以创建无样板模式的图形文件。

1.4.2 保存文件

当绘制完成以后，用户可以通过下列 4 种方式保存文件。

- 单击"快速访问工具栏"→"保存"按钮 ![]。
- 选择"菜单浏览器" ![A] →"保存"命令。
- 在命令行中输入快捷键"Ctrl+S"。
- 选择菜单栏中的"文件"→"保存"命令。

第一次保存文件时，系统会自动弹出"图形另存为"对话框。在此对话框中，可以设置文件保存路径、文件名称和文件类型。在默认情况下，系统会自动将文件保存为"AutoCAD 2020 图形（*.dwg）"格式，用户可以在"文件类型"下拉列表中，选择相应选项将文件保存为其他格式。

1.4.3 文件另存为

当用户对已保存的文件进行编辑，而又想保留原始文件时，可以通过执行"另存为"命令将修改后的文件以不同的路径或文件名进行保存。用户可以通过下列 4 种方式执行"另存为"命令。

- 单击"快速访问工具栏"→"另存为"按钮 ![]。
- 选择菜单栏中的"文件"→"另存为"命令。
- 选择"菜单浏览器" ![A] →"另存为"命令。
- 按 Ctrl+Shift+S 快捷键。

1.4.4 打开文件

用户可以通过下列 4 种方式打开文件。

- 单击"快速访问工具栏"→"打开"按钮 ![]。
- 选择"菜单浏览器" ![A] →"打开"命令。
- 选择菜单栏中的"文件"→"打开"命令。
- 按 Ctrl+O 快捷键。

1.4.5 关闭文件

AutoCAD 2020 支持同时打开多个文件，可同时对多个文件进行编辑。用户可以通过下列 4 种方式关闭暂时不需要的文件。

- 单击绘图区的"关闭"按钮 ![x]。
- 选择"菜单浏览器" ![A] →"关闭"命令。
- 选择菜单栏中的"文件"→"关闭"命令。
- 按 Ctrl+Q 快捷键。

1.5 设置绘图环境

1.5.1 设置系统参数

在 AutoCAD 2020 中用户可以通过下列 3 种方式启用"选项"命令。

- 在"绘图区"或"命令行"单击鼠标右键,在弹出的快捷菜单中选择"选项"命令。
- 选择菜单栏中的"工具"→"选项"命令。
- 在命令行中输入"OPTIONS"(OP)命令,并按回车键。

"选项"对话框包含"文件"、"显示"、"打开和保存"、"打印和发布"、"系统"、"用户系统配置"、"绘图"、"三维建模"、"选择集"和"配置"10 个选项卡,接下来对这 10 个选项卡进行说明。

(1)"文件"选项卡。该选项卡用于设置软件搜索支持文件、驱动程序文件、工程文件和其他类型文件的路径,通常不需要用户更改,设为默认即可,如图 1-26 所示。

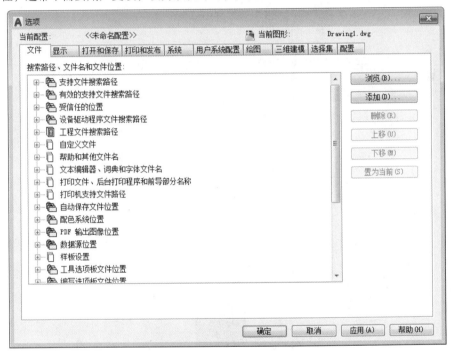

图 1-26 "选项"对话框中"文件"选项卡

(2)"显示"选项卡。该选项卡包括"窗口元素"、"布局元素"、"显示精度"、"显示性能"、"十字光标大小"和"淡入度控制"6 个选项组,如图 1-27 所示。

单击"窗口元素"选项组中的 颜色(C)... 按钮,打开"图形窗口颜色"对话框,如图 1-28 所示,在该对话框中用户可以更改二维模型空间的统一背景颜色。

图 1-27 "选项"对话框中"显示"选项卡

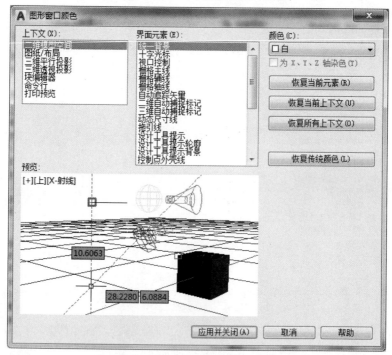

图 1-28 "图形窗口颜色"对话框

（3）"打开和保存"选项卡。该选项卡包括"文件保存"、"文件打开"、"应用程序菜单"、"文件安全措施"、"外部参照"和"ObjectARX 应用程序"6 个选项组，如图 1-29 所示。

用户可以在该选项卡设置文件保存的格式、是否自动保存和自动保存的时间间隔，也可以设置系统显示的最近使用的文件数。单击"文件安全措施"选项组中的 数字签名... 按钮，可为文件添加数字签名。

第 1 章　AutoCAD 2020 入门知识

图 1-29　"选项"对话框中"打开和保存"选项卡

（4）"打印和发布"选项卡。该选项卡包括"新图形的默认打印设置"、"常规打印选项"、"打印到文件"、"后台处理选项"、"打印和发布日志文件"、"自动发布"和"指定打印偏移时相对于"7 个选项组，如图 1-30 所示。用户可以在该选项卡中选择打印设备和打印文件的默认位置等。

图 1-30　"选项"对话框中"打印和发布"选项卡

（5）"系统"选项卡。该选项卡包括"硬件加速"、"当前定点设备"、"触摸体验"、"布局重生成选项"、"常规选项"、"帮助"、"信息中心"、"安全性"和"数据库连接选项"9 个选项组，如图 1-31 所示。

图 1-31 "选项"对话框中"系统"选项卡

（6）"用户系统配置"选项卡。该选项卡用于优化工作方式，用户可以通过单击"块编辑器设置""线宽设置"等按钮进行相关设置，如图 1-32 所示。

图 1-32 "选项"对话框中"用户系统配置"选项卡

（7）"绘图"选项卡。该选项卡包括"自动捕捉设置"、"自动捕捉标记大小"、"对象捕捉选项"、"AutoTrack 设置"、"对齐点获取"和"靶框大小"6 个选项组，以及"设计工具提示设置"、"光线轮廓设置"和"相机轮廓设置"3 个按钮，如图 1-33 所示。单击"颜色"按钮，可以对"图形窗口颜色"进行设置。

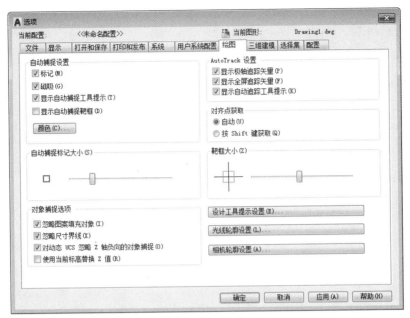

图 1-33 "选项"对话框中"绘图"选项卡

（8）"三维建模"选项卡。该选项卡包括"三维十字光标"、"在视口中显示工具"、"三维对象"、"三维导航"和"动态输入"5个选项组，如图 1-34 所示。在该选项卡中，用户可以自定义十字光标等。

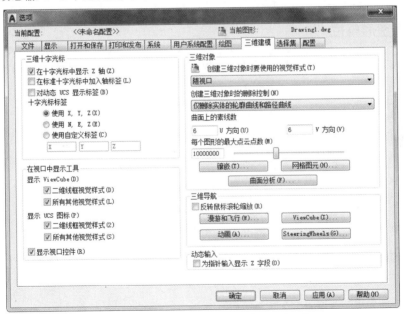

图 1-34 "选项"对话框中"三维建模"选项卡

（9）"选择集"选项卡。该选项卡包括"拾取框大小"、"夹点尺寸"、"选择集模式"、"夹点"、"功能区选项"和"预览"6个选项组，如图 1-35 所示。用户可以根据需要进行相应的设置，例如，用户可以通过勾选相应复选框的方式选择是否显示夹点，通过单击 夹点颜色(C)... 按钮，更改夹点的颜色等。

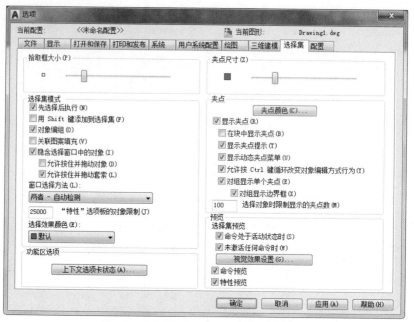

图 1-35 "选项"对话框中"选择集"选项卡

（10）"配置"选项卡。通过该选项卡对可用配置进行重命名、删除、置为当前、输入、输出和重置等设置。

1.5.2 设置图形单位

在 AutoCAD 2020 中，可以采用 1∶1 的比例因子进行绘图，用户可以根据需要通过"图形单位"对话框设置比例因子。用户可以通过下列 3 种方式打开如图 1-36 所示的"图形单位"对话框。

- 选择"菜单浏览器" → "图形实用工具" → "单位"命令。
- 选择菜单栏中的"格式" → "单位"命令。
- 在命令行中输入"UNITS"命令，并按回车键。

在长度类型的测量单位中，"工程"和"建筑"类型的图形单位是英寸和英尺。

当插入的块或图形与设置的单位不同时，可以通过"插入时的缩放单位"选项组进行缩放内容的单位设置，如果不想按比例进行缩放，可以选择"无单位"选项。

单击"图形单位"对话框底部的 方向(D)... 按钮，打开如图 1-37 所示的"方向控制"对话框。在默认情况下，角度 0°的方向是时钟三点钟方向，用户可以更改角度测量的起始角度。这里需要注意的是，逆时针方向为角度增加的正方向。

1.5.3 设置图形界限

图形界限就是绘图的区域，用户可以通过下列 2 种方式设置图形界限。

- 选择菜单栏中的"格式" → "图形界限"命令。
- 在命令行中输入"LIMITS"命令，并按回车键。

图 1-36 "图形单位"对话框

图 1-37 "方向控制"对话框

在选择"图形界限"命令后,反馈命令行将显示如下的提示信息。

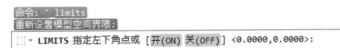

在键盘上输入左下角坐标值或者用鼠标指定绘图区的左下角点,默认为坐标原点。

指定左下角点以后,命令行将显示如下的提示信息。

此时,在键盘上输入右上角坐标值或者用鼠标指定绘图区右上角点,即可完成图形界限的设置。

1.6 使用帮助系统

AutoCAD 2020 为用户提供了详细的帮助系统功能,使用此功能可以解决设计中遇到的问题,掌握帮助系统的使用方法,对于初学者来说是非常有必要的。

1.6.1 帮助系统概述

用户可以通过下列 4 种方式打开软件提供的中文帮助系统。

- 选择菜单栏中的"帮助"→"帮助"命令。
- 单击"信息中心"→"帮助"按钮 。
- 在键盘上按 F1 键。
- 在命令行中输入"HELP"命令,并按回车键。

执行上述操作中的任意一种,都可以打开如图 1-38 所示的帮助窗口。

图 1-38 AutoCAD 2020"帮助"窗口

1.6.2 及时帮助系统

及时帮助系统,换言之就是对功能区中的每个按钮都设置了图文并茂的说明,当使用功能区或工具栏执行命令时,只需要将鼠标指针在该按钮上停留 3 秒,就可以自动显示该按钮的及时帮助系统,如图 1-39 所示。同样地,将鼠标指针在对话框中的某一选项上停留 3 秒,也会显示及时帮助系统。

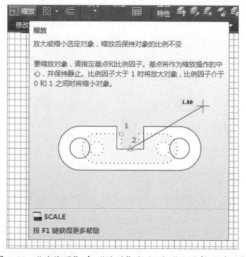

图 1-39 "功能区"中"缩放"按钮的"及时帮助系统"

1.6.3 通过关键字搜索主题

在 AutoCAD 2020 中，用户通过在"搜索"文本框输入关键字，系统会自动检索出与输入关键字有关的全部主题。用户只需选择合适的项目即可查看相关内容。

下面以"镜像"为例介绍通过关键字搜索主题的方法。

（1）打开 AutoCAD 2020 的"帮助"窗口，在"搜索"文本框输入"镜像"，单击"搜索"按钮或按回车键，如图 1-40 所示。

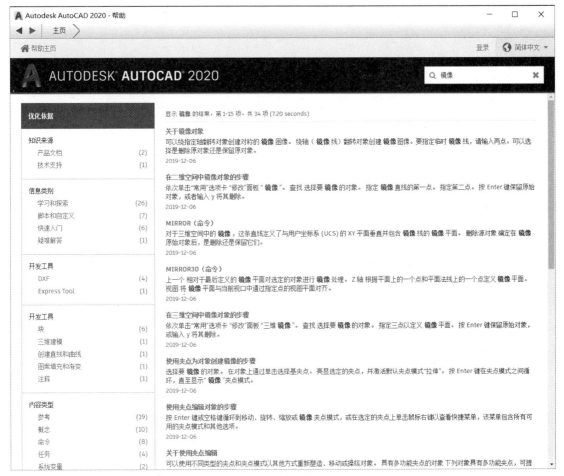

图 1-40　输入需要搜索的关键字

（2）在右侧列出的"镜像"相关主题中，选择所需要查看的主题，如"在三维空间中镜像对象的步骤"，即可查看其详细的内容，如图 1-41 所示。

图 1-41 通过搜索得到的内容

1.7 思考与练习

1. 当打开 AutoCAD 2020 后，只有一个菜单时，如何恢复默认设置？

2. 如何改变二维模型空间的背景颜色？

3. AutoCAD 2020 中命令的激活方式有哪几种？

4. 图形样板文件的路径可以在哪里设置？

5. 在 AutoCAD 2020 中，当需要改变绘图的比例因子时，应该怎样设置？

6. 用户可以通过哪几种方式启动 AutoCAD 2020？

7. 如果想要调整长度类型的测量单位，应该通过哪个对话框进行设置？如何打开"图形单位"对话框？

8. 如何设置"数字签名"，以及"数字签名"的用途是什么？

9. AutoCAD 2020 新增了哪些命令？同时修改了哪些命令的快捷方式？

第 2 章

AutoCAD 2020 基本操作

本章主要内容

- 命令的相关操作;
- 使用坐标系;
- 设置绘图环境;
- 调整视图显示区域;
- "正交"模式与"栅格"模式;
- 选择图形对象;
- "对象捕捉"模式;
- "极轴追踪"模式与"极轴捕捉"模式。

在第 1 章中,已经初步了解了 AutoCAD 2020 的工作窗口和工作空间,并初步掌握了图形文件的基本操作。本章在第 1 章内容基础上,讲解 AutoCAD 2020 的基本操作。

2.1 命令的相关操作

2.1.1 命令的调用方式

命令是 AutoCAD 中人机交互的重要内容。调用命令的方式有很多种,比如,执行同一个操作命令,可以采用在命令行中输入命令的方式,也可以通过单击功能区选项卡中的按钮执行某一操作命令,还可以通过选择菜单命令的方式执行某一操作命令。通过练习掌握最快捷的、适合自己的绘图方法,有助于提高绘图的效率。命令的调用方式有下列 5 种。

(1) 单击功能区中的按钮。单击功能区中的按钮调用相应的命令,该方法简单、直观,适用于初学者,将鼠标指针在按钮处停留几秒,则会显示该命令的名称和基本功能介绍,帮助用户识别。

例如,使用"草图与注释"工作空间时,在功能区"默认"选项卡的"绘图"面板中单击"圆"按钮 ,如图 2-1 所示,接着根据命令行提示进行如下操作即可绘制一个半径为 30 的圆。

```
命令:_CIRCLE
指定圆的圆心或[三点(3P)/两点(2P)/切点、切点、半径(T)]:(单击绘图区任意位置)
指定圆的半径或[直径(D)]:(输入"30",按回车键确认)
```

图 2-1 使用功能区面板上的按钮

对上述操作进行一个简单总结，即输入"CIRCLE"命令后，界面会显示"指定圆的圆心或［三点(3P)/两点(2P)/切点、切点、半径(T)］:"，用户单击绘图区任意位置，然后界面显示"指定圆的半径或［直径(D)］:"，这时输入"30"，按回车键即可。

按空格键可以再次启用"CIRCLE"命令。

（2）选择菜单命令。常用命令均可在菜单栏找到。

在默认情况下，菜单栏是处于隐藏状态的，想要在功能区显示菜单栏，用户可以通过单击如图 2-2 所示的下拉箭头，在弹出的"自定义快速访问工具栏"下拉菜单中，选择"显示菜单栏"命令将菜单栏显示在功能区中（见图 2-3）；若菜单栏已在"快速访问工具栏"中显示，则该命令变更为"隐藏菜单栏"，选择该命令，可以将菜单栏隐藏起来（见图 2-4）。

图 2-2 快速访问工具栏

图 2-3 显示菜单栏

图 2-4 隐藏菜单栏

（3）在命令行中输入命令。在命令行中输入相关操作的完整命令或者快捷键，按空格或回车键即可执行该命令。AutoCAD 2020 中常用的快捷键命令及其说明如表 2-1 所示。

表 2-1 AutoCAD 2020 中常用的快捷键命令及其说明

快捷键命令	说　明	快捷键命令	说　明
L	直线	A	圆弧
C	圆	T	多行文字
XL	射线	B	定义块
E	删除	I	插入块
H	填充	W	定义块文件
TR	修剪	CO	复制
EX	延伸	MI	镜像
PO	点	O	偏移
S	拉伸	F	倒圆角

续表

快捷键命令	说　明	快捷键命令	说　明
U	返回	D	标注样式
DDI	直径标注	DLI	线性标注
DAN	角度标注	DRA	半径标注
OP	系统选项设置	OS	对象捕捉设置
M	移动	SC	比例缩放
P	平移	Z	局部放大
Z+E	全图显示	Z+A	全屏显示
MA	属性匹配	AL	对齐
LA	图层操作	LW	线宽
LT	线型	LTS	线型比例
BO	创建边界	ST	文字样式
REG	面域	X	分解
RE	重新生成	UN	图形单位

例如，想要绘制一个半径为 30 的圆，单击绘图区空白位置，在命令行中输入圆的快捷键命令"C"，系统自动弹出该命令，如图 2-5 所示。

图 2-5　在命令行中输入快捷键命令

按回车键，确认启用该命令以完成圆的绘制，根据命令行提示操作如下。

```
命令：_CIRCLE
指定圆的圆心或 [三点(3P)/两点(2P)/切点、切点、半径(T)]：(在绘图区空白位置单击)
指定圆的半径或 [直径(D)]：(输入"30"，按回车键确认)
```

从而完成半径为 30 的圆的绘制。

（4）使用右键快捷菜单。单击鼠标右键，在弹出的快捷菜单中选择相应的命令。

（5）使用快捷键。每一个命令操作都有相应的快捷键，熟练掌握常用命令的快捷键可以提高绘图的效率，AutoCAD 2020 中常用的快捷键及其说明如表 2-2 所示。

表 2-2　AutoCAD 2020 中常用的快捷键及其说明

快捷键	说　明	快捷键	说　明
F1	获取帮助	F2	绘图窗口与文本窗口的切换
F3	对象自动捕捉	F4	三维对象捕捉
F5	等轴测平面切换	F6	状态行坐标显示
F7	栅格显示模式	F8	"正交"模式控制
F9	栅格捕捉模式	F10	"极轴"模式控制
F11	对象追踪模式	Ctrl+X	剪切
Ctrl+O	打开文件	Ctrl+G	栅格
Ctrl+W	对象追踪	Ctrl+U	极轴

续表

快捷键	说　　明	快捷键	说　　明
Ctrl+1	修改特性	Ctrl+2	设计中心
Ctrl+L	正交	Ctrl+C/Ctrl+V	复制/粘贴
Ctrl+S	保存文件	Ctrl+Z	放弃

☺ 练习：使用不同命令调用方式调用"直线"命令

方法一：使用"功能区按钮"的方式。

（1）在 AutoCAD 2020 工作窗口中选择"常用"选项卡。

（2）在"绘图"面板中单击"直线"按钮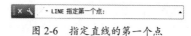，执行"直线"命令。

（3）按照命令行中的文字提示，在绘图区指定直线的第一个点，如图 2-6 所示。

图 2-6　指定直线的第一个点

（4）根据命令行提示，完成直线的绘制。

方法二：通过菜单执行"直线"命令。

（1）单击 AutoCAD 2020 工作窗口左上角的下拉箭头，在弹出的下拉菜单中选择"显示菜单栏"命令。

（2）在显示的菜单栏中选择"绘图"→"直线"命令。

（3）根据命令行提示，完成直线的绘制。

2.1.2　命令的重复

在 AutoCAD 2020 中执行完一个命令后，可以通过下列 6 种方式重复执行相同的命令。

（1）在无命令情况下，按回车键或按空格键，可以重复执行上一次的命令。

（2）在无命令情况下，在绘图区中单击鼠标右键，在弹出的快捷菜单中选择"重复.ERASE"命令，即可执行上一次的命令，如图 2-7（a）所示。

（3）在无命令情况下，在绘图区中单击鼠标右键，在弹出的快捷菜单中选择"最近的输入"命令，即可选择重复执行之前的某一个命令，如图 2-7（b）所示。

（a）

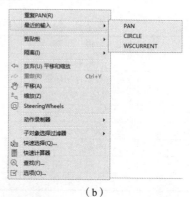

（b）

图 2-7　绘图区右键快捷菜单

（4）在命令行的"最近使用的命令"按钮上单击，可以在弹出的下拉菜单中选择最近使用过的命令，如图2-8所示。

（5）在命令行空白区域处单击鼠标右键，在弹出的快捷菜单中选择"最近使用的命令"命令，即可选择重复执行之前的某一个命令，如图2-9所示。

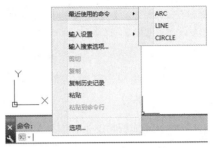

图2-8　最近使用的命令　　　　　　　　　　图2-9　命令行右键快捷菜单

（6）在无命令情况下，按↑键或↓键向上或者向下翻阅已经执行过的命令，当出现所需命令时，按回车键或者空格键即可执行该命令。

2.1.3　命令的终止和撤回

1）命令的终止

在执行命令的过程中，用户可以通过下列2种方式完成命令的终止操作。

- 按Esc键，结束命令的输入。
- 在绘图区单击鼠标右键，系统弹出如图2-10所示的快捷菜单，在该快捷菜单中选择"确认"或"取消"命令，结束正在执行的命令。

选择"确认"命令，则表示保留当前操作，并终止该命令作为下一步操作的命令；选择"取消"命令，则表示不保留当前操作并终止命令。

2）命令的撤回

在绘图过程中用户可以通过在命令行中输入"U"或"UNDO"命令，放弃上一步进行的操作，命令"U"每执行一次，放弃一步操作；执行"UNDO"命令可以一次放弃多步操作。"放弃"一步操作如图2-11所示。

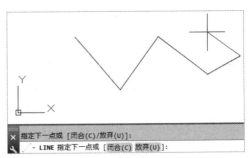

图2-10　"命令的终止"操作快捷菜单　　　　　图2-11　"放弃"一步操作

☺ 练习："撤回"命令

以正在绘制的多条线段为例，如只撤销正在绘制的线段，则在命令行中输入"U"命令并按回车键，根据命令行提示操作如下。

```
命令：_LINE
指定下一点或 [闭合(C)/放弃(U)]：（输入"U"，按回车键确认）
已经放弃所有线段
指定第一点：()
```

也可以在线段上单击鼠标右键，在弹出的快捷菜单中选择"放弃"命令，其操作过程与在命令行中输入"U"命令类似。

在已经绘制完成的情况下，如果想要一次放弃多步操作，则可以单击"快速访问工具栏"中的"放弃"按钮，或者按 Ctrl+Z 快捷键，在命令行中输入"UNDO"命令，根据命令行提示进行操作。"放弃"多步操作如图 2-12 所示。

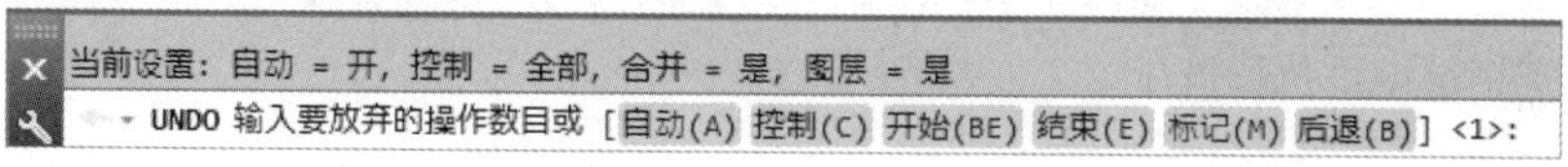

图 2-12 "放弃"多步操作

此时在命令行中输入想要放弃的操作数目，就可以一次性放弃多步操作，例如，在命令行中输入"3"，则系统将已经完成绘制的 3 条线段一次性放弃。

这里需要注意的是，系统为用户提供了与"放弃"相对应的"恢复"操作，单击"快速访问工具栏"中的"恢复"按钮，可以恢复上一步中放弃的操作。

2.2 使用坐标系

在绘制图形过程中，对象的位置是通过坐标来进行精确定位的。

2.2.1 世界坐标系与用户坐标系

1. 世界坐标系

在默认状态下，AutoCAD 2020 的坐标系是世界坐标系（WCS），由 X 轴、Y 轴和 Z 轴组成。在二维绘图模式下，水平向右为 X 轴正方向，垂直向上为 Y 轴正方向。X 轴和 Y 轴交于坐标原点，交点处有一个方框标记"□"，如图 2-13（a）所示。坐标原点位于屏幕绘图窗口的左下角，固定不变。

2. 用户坐标系

使用世界坐标系需要每次都以原点为标准来确定对象的位置，这样会降低绘图的效率。用户可以根据自己的需要创建用户坐标系（UCS）。在用户坐标系中，原点和 X 轴、Y 轴、Z 轴都可以移动或旋转，在绘图过程中有很大的灵活性，二维绘图模式下的用户坐标系如图 2-13（b）所示。

（a）世界坐标系（WCS）　　　　　　　（b）用户坐标系（UCS）

图 2-13　世界坐标系与用户坐标系

用户可以通过下列 2 种方式创建用户坐标系。

- 选择菜单栏中的"工具"→"新建 UCS（C）"→"原点"命令。
- 在命令行中输入"UCS"命令并按回车键，根据命令行提示完成用户坐标系的创建。

2.2.2　坐标格式

1．绝对直角坐标系

绝对直角坐标系也称为笛卡儿坐标系，笛卡儿坐标系显示一个点坐标的位置，就是此点与原点的水平距离和垂直距离，即图形上任何一点的坐标位置都表示该点与坐标原点(0,0)之间的距离，如图 2-14 所示。在笛卡儿坐标系中，X 轴为水平方向，Y 轴为垂直方向。在笛卡儿坐标系中，平面中的点都用(X,Y)坐标值来表示，X、Y 的坐标值用逗号隔开，如(30,50)。

2．相对直角坐标系

图形上任意一点的坐标都是根据与之前某一点之间的相对位置所设置的，输入相对坐标必须先指定一点的位置，之后输入的坐标值才可以使用相对坐标。相对坐标值前需要加上"@"符号，如(@30,60)，表示要指定的当前点相对于前一点而言，在 X 轴正方向上移动了 30 个长度单位，在 Y 轴正方向上移动了 60 个长度单位。

3．绝对极坐标系

通过某点到原点(0,0)连线的长度（极径）和其与 X 轴正方向的夹角（极角）来描述该点的坐标位置的坐标系统，称为绝对极坐标系，如图 2-15 所示。极坐标 X 轴的正方向为 0°，以逆时针方向为正方向来计量角度，在极角数字与极径数字之间加上"<"符号，如(5<30)。

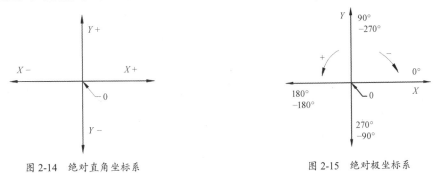

图 2-14　绝对直角坐标系　　　　　　　图 2-15　绝对极坐标系

4．相对极坐标系

相对极坐标系与相对直角坐标系类似，在坐标值前面加上"@"符号表示相对极坐标，如(@5<30)。

使用绝对坐标系时,图形上任意一点的坐标位置代表其与原点(0,0)之间的距离,如绝对笛卡儿坐标(30,50)、绝对极坐标(5<30)。

使用相对坐标系时,图形上任意一点的坐标位置都是以与之前一点之间的相对距离为前提得到的,输入相对坐标的前提是必须已知某一点的位置,之后输入的坐标值才可以使用相对坐标。相对坐标前需要加上"@"符号,比如相对笛卡儿坐标(@30,60)、相对极坐标(@5<30)。

☺ 练习:使用绝对坐标绘制矩形

使用绝对坐标绘制如图 2-16 所示的矩形。

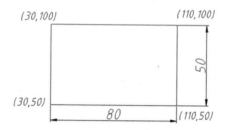

图 2-16 使用绝对坐标绘制矩形

(1)关闭状态栏"动态输入"模式,如图 2-17 所示。

图 2-17 关闭状态栏"动态输入"模式

(2)单击功能区"默认"选项卡 → "绘图"面板 → "直线"按钮，根据命令行提示操作如下。

命令:_LINE
指定第一点:(在英文输入法状态下,输入"30,50",按回车键确认)
指定下一点或[放弃(U)]:(在英文输入法状态下,输入"110,50",按回车键确认)

此时完成第一条直线的绘制,如图 2-18 所示,但命令并没有结束,下面继续依据命令行提示进行操作。

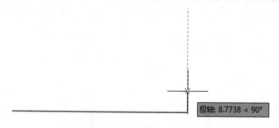

图 2-18 绘制第一条直线

指定下一点或[闭合(C)/放弃(U)]:(在英文输入法状态下,输入"110,100",按回车键确认)
指定下一点或[闭合(C)/放弃(U)]:(在英文输入法状态下,输入"30,100",按回车键确认)
指定下一点或[闭合(C)/放弃(U)]:(输入"C",按回车键确认)

完成矩形的绘制。

☺ 练习:使用相对坐标绘制直线段

使用相对坐标绘制如图 2-19 所示的直线段。

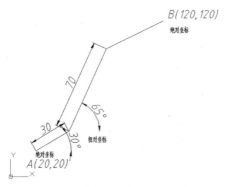

图 2-19　使用相对坐标绘制线段

（1）关闭状态栏"动态输入"模式，如图 2-20 所示。

图 2-20　关闭状态栏"动态输入"模式

（2）单击功能区"默认"选项卡 → "绘图"面板 → "直线"按钮，根据命令行提示操作如下。

命令：_LINE
指定第一点：（在英文输入法状态下，输入"20,20"，按回车键确认）

（3）打开状态栏"动态输入"模式。

指定下一点或[放弃(U)]：（在英文输入法状态下，输入"@30<30"，按回车键确认）
指定下一点或[放弃(U)]：（在英文输入法状态下，输入"@70<65"，按回车键确认）

（4）关闭状态栏"动态输入"模式。

指定下一点或[闭合(C)/放弃(U)]：（输入"120,120"，按回车键确认）

完成直线段的绘制。

2.3　设置绘图环境

在 AutoCAD 2020 中对于任何图形而言，其绘制图形所用的单位应与实际工程中的某一个单位相对应，不同单位的显示格式也有所不同，因此在绘图之前需要设置图形单位和图形界限。

2.3.1　设置图形单位

AutoCAD 创建的所有对象都是根据图形单位进行测量的，用户需要通过"图形单位"对话框进行绘图单位和精度的设置，AutoCAD 2020 为用户提供了 3 种打开"图形单位"对话框的方式。

- 选择"格式" → "单位"命令。
- 选择"菜单浏览器" → "图形实用工具" → "单位"命令，如图 2-21 所示。
- 在命令行中输入"UNITS"命令，并按回车键。

通过上述命令打开如图 2-22 所示的"图形单位"对话框，在该对话框中用户可以根据需要进行绘图单位和精度的设置。

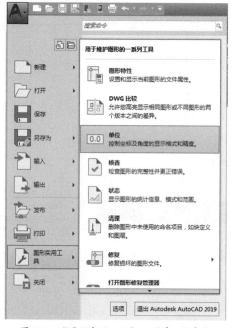

图 2-21 "图形实用工具"→"单位"命令

图 2-22 "图形单位"对话框

（1）长度单位：AutoCAD 2020 为用户提供了 5 种长度单位类型，如图 2-23 所示，在"长度"选项组的"类型"下拉列表中包括"分数"、"建筑"、"工程"、"科学"和"小数"5 个选项。

在"长度"选项组中的"精度"下拉列表中，用户可以选择长度单位的精度，如图 2-24 所示，系统默认的长度单位的精度是"0.0000"，对于机械设计专业来说，通常选择"0.00"，精确到小数点后 2 位；而对于工程类的图纸来说，一般将长度单位的精度设置为"0"，即只精确到整数位。

图 2-23 长度单位类型

图 2-24 长度单位的精度

（2）角度单位：对角度单位，AutoCAD 2020 同样提供了 5 种不同的类型（见图 2-25），用户可在"角度"选项组的"类型"下拉列表中看到"百分度"、"度/分/秒"、"弧度"、"勘测单位"和"十进制度数"5个选项。在"角度"选项组中的"精度"下拉列表中,用户可以选择角度单位的精度,如图 2-26 所示,系统默认角度单位的精度是"0"。

图 2-25　角度单位类型

图 2-26　设置角度单位的精度

(3)插入时的缩放单位:控制插入当前图形中的块和图形的测量单位。

注意

本书中的所有例题均以默认单位"毫米"(mm)绘制。

(4)方向设置:单击"图形单位"对话框下方的"方向"按钮,系统弹出"方向控制"对话框,如图 2-27 所示。在该对话框中定义起始角度(0°)的方向,在默认情况下将"东"作为0°角起始方向,用户也可以根据需要选择其他方向(北、西、南)或任一角度作为0°的方向。

图 2-27　"方向控制"对话框

2.3.2　设置绘图区

在 AutoCAD 2020 中设置绘图区就是将绘制的图形限制在某一个范围之内,可以根据需要随时进行调整。

用户可以通过下列 2 种方式设置绘图区。

- 选择"格式"菜单 → "图形界限"命令。
- 在命令行中输入"LIMITS"命令,并按回车键。

执行上述命令后,命令行中出现如下操作提示。

单击绘图区中的任意一点或者输入坐标值，指定模型空间界限的左下角点，比如输入"20,20"，命令行提示如下。

指定右上角点，系统默认指定的右上角点是 A3 图纸的大小，按回车键，系统自动将右上角点设定为"420,297"。

用户可通过键盘输入或者在模型空间中的任意一点单击鼠标，定义右上角点。

当图形界限设置完成后，用户可以选择"视图"→"缩放"→"全部"命令来查看整个绘图区。

2.4 调整视图显示区域

在本节中，主要介绍显示和调整视图的常用命令，方便用户在后期绘图过程中根据需要调整视图的显示区域，对视图区域进行移动、放大或缩小。

2.4.1 缩放和平移命令

在 CAD 绘图过程中，常用鼠标滚轮控制绘图窗口的显示区域，用户也可以通过绘图区右侧的导航栏平移和缩放图形，如图 2-28 所示。

1）平移

用户可以通过平移命令改变视图中心的位置，将图形放置在绘图区适当的位置。用户可以通过下列 4 种方式启用"平移"命令。

- 在命令行中输入"PAN"命令，并按回车键。
- 在导航栏中单击"平移"按钮 ✋。
- 单击鼠标右键，在弹出的快捷菜单中选择"平移"命令。
- 按住鼠标滚轮并拖动。

单击鼠标右键，在弹出的快捷菜单中选择"平移"命令，绘图区鼠标指针会变成一个手形标志，可以上、下、左、右拖动绘图区，如图 2-29 所示，将显示区域移动到新位置，完成移动后按 Esc 键可以结束平移命令。

图 2-28 导航栏

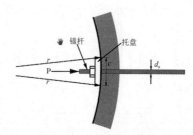

图 2-29 平移图形

> **注意**
>
> 在使用平移命令时,当用户平移绘图区时,其实对象在图纸上的位置并没有改变,只是改变了绘图区的显示位置。

2)范围缩放

范围缩放,即用尽可能大的比例来显示视图,以便包含图形中的所有对象。用户可以单击导航栏中的"缩放"按钮或双击鼠标滚轮实现范围缩放的功能。

例如,绘制的图形只占绘图区的一小部分(见图 2-30)。单击"缩放"按钮 或者双击鼠标滚轮,AutoCAD 2020 将所有的图形对象尽可能铺满整个屏幕,此时图形不受图形界限的限制,范围缩放后绘图区图形显示效果如图 2-31 所示。

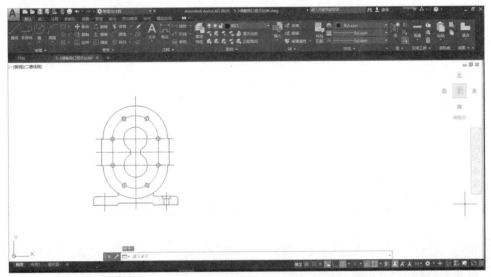

图 2-30 "范围缩放"前的效果

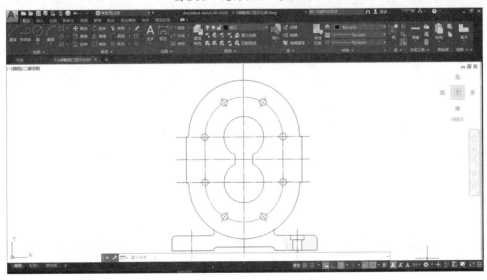

图 2-31 "范围缩放"后的效果

3）窗口缩放

窗口缩放，即将所选择的窗口中的内容放大到整个屏幕中。该命令的操作步骤如下。

（1）单击导航栏"缩放"→"窗口缩放"按钮。

（2）确定窗口缩放的区域。用鼠标拾取左上角点和右下角点，拖出一个矩形，如图 2-32（a）所示，则 AutoCAD 2020 将矩形窗口中的对象放大到整个屏幕，如图 2-32（b）所示。

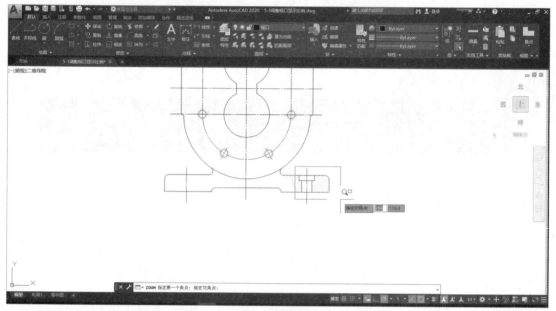

（a）选择缩放的窗口

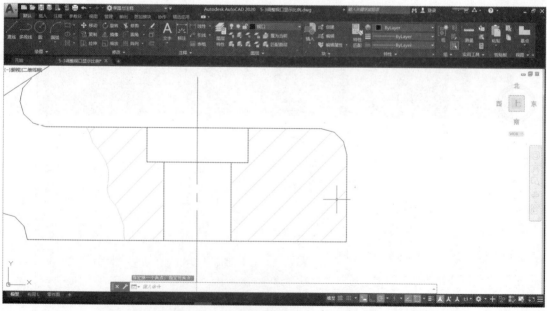

（b）显示窗口缩放的图形

图 2-32　窗口缩放

4）实时缩放

当用户启用实时缩放工具时，鼠标指针会变成放大镜样式，按住鼠标左键并拖动，向上拖动放大图形，向下拖动缩小图形，操作步骤如下。

（1）单击导航栏"缩放"→"实时缩放"按钮。

（2）按住鼠标左键并向上拖动，使显示窗口放大。

（3）按住鼠标左键并向下拖动，使显示窗口缩小。

（4）按 Esc 键或按回车键退出该命令。

5）其他缩放命令

除了上述 3 种缩放命令，AutoCAD 2020 还提供了其他缩放命令，调用其他缩放命令的方法如下。

- 在命令行中输入"ZOOM"命令，可以调出各种缩放命令。
- 在导航栏中单击"缩放"下拉按钮，在弹出的下拉列表中选择。

在命令行中输入"ZOOM"命令后，命令行提示如下。

指定窗口的角点，输入比例因子 (nX 或 nXP)，或者
ZOOM [全部(A) 中心(C) 动态(D) 范围(E) 上一个(P) 比例(S) 窗口(W) 对象(O)] <实时>:

用户可以通过指定窗口的角点或输入比例因子的方式缩放图形对象，也可以通过采用动态、范围、窗口等方式放大或缩小当前视口中视图的比例。

单击导航栏"缩放"下拉按钮，系统弹出如图 2-33 所示的下拉列表。

图 2-33　导航栏"缩放"下拉列表

> **注意**
>
> 使用鼠标滚轮缩放的几种方式。鼠标滚轮向前滚动，可以放大显示视图；滚轮向后滚动，可以缩小显示视图；双击滚轮等同于范围缩放，可以将整个图形充满绘图区；按住滚轮并拖动，可实现平移绘图区的功能。

2.4.2　重新生成

使用 AutoCAD 2020 绘制图形时，有时绘制的图形不能自动得到圆形或者圆弧，例如，当放大图形的某一部分时，圆弧或光滑曲线就会变得不平滑，这就需要重新生成图形。

启用重新生成命令，可以在命令行中输入"RE"或"REGEN"命令并按回车键，命令行提示如下：

REGEN 正在重生成模型。

重新生成命令类似于系统桌面中的刷新（F5 键），利用重新生成命令能够将失真的图形对象恢复到原来的样子，使其变得光滑，没有锯齿，如图 2-34 所示。

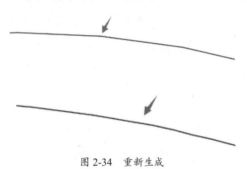

图 2-34　重新生成

2.5　"正交"模式与"栅格"模式

2.5.1　使用"正交"模式

AutoCAD 2020 提供的"正交"模式是用来精确定位点的，它将光标的输入限制为水平和垂直。打开"正交"模式后，移动光标，光标将沿最近的水平轴或垂直轴移动。

用户可以通过下列 3 种方式打开或关闭"正交"模式。

- 单击状态栏中的"正交模式"按钮 。
- 按 F8 键。
- 在命令行中输入"ORTHO"命令，并按回车键，再在命令行中选择"开/关"。

"正交"与"极轴追踪"是两个相对的模式，二者不能同时使用。"正交"模式与"极轴追踪"模式的区别在于："正交"模式将光标的移动限制在水平和垂直两个方向，如图 2-35（a）所示；"极轴追踪"模式通常与"极轴捕捉"模式配合使用，光标可以沿极轴角度按指定增量移动，如图 2-35（b）所示。

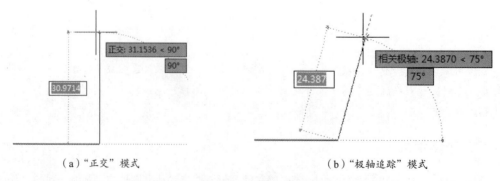

(a)"正交"模式　　　　　　　　　(b)"极轴追踪"模式

图 2-35　"正交"模式与"极轴追踪"模式

2.5.2 设置捕捉和栅格

AutoCAD 2020 提供的"捕捉"模式和"栅格"模式,可以用来精确定位,提高绘图的效率。"捕捉"模式用于设定鼠标光标移动的间距。

用户可以通过下列 3 种方式打开或关闭"捕捉"模式。

- 单击状态栏中的"捕捉模式"按钮 。
- 按 F9 键。
- 在"草图设置"对话框的"捕捉和栅格"选项卡中勾选或取消勾选"启用捕捉"复选框。

选择状态栏"捕捉模式"按钮右侧下拉箭头中的"捕捉设置"选项,打开"草图设置"对话框,在"捕捉和栅格"选项卡中对"捕捉"模式进行参数设定,如图 2-36 所示。

图 2-36 "草图设置"对话框中"捕捉和栅格"选项卡

【捕捉间距】用于设置捕捉与 X 轴、Y 轴的间距。勾选"X 轴间距和 Y 轴间距相等"复选框可强制二者间距相等。

【极轴间距】用于设置极轴距离。当启用"极轴捕捉"模式且捕捉类型为"PolarSnap"时,"极轴距离"文本框才进入可编辑状态。

【捕捉类型】AutoCAD 2020 为用户提供了 2 种捕捉类型,"栅格捕捉"和"PolarSnap"。"矩形捕捉"是指捕捉矩形栅格上的点;"等轴测捕捉"是指捕捉栅格中两条轴线相等位置的点。

在"草图设置"对话框的"捕捉和栅格"选项卡中,还可以设置"栅格样式"、"栅格间距"和"栅格行为"。

【栅格样式】AutoCAD 2020 可以在 3 个位置显示点栅格:二维模型空间、块编辑器和图纸/布局。

【栅格间距】用于设置栅格与 X 轴、Y 轴的间距,同时可以设置每条主线之间的栅格数。

【栅格行为】勾选"自适应栅格"复选框,则栅格会随着视图的缩小或放大自动调整显示比例;勾选"允许以小于栅格间距的间距再拆分"复选框,则在放大视图时,生成更多间距更小的栅格线;"显示超出界限的栅格"复选框用于设置是否显示超出 LIMITS 命令指定的图形界限之外的栅格;"遵循动态"复选框用于更改栅格平面以跟随动态 UCS 的 XY 平面。

2.6 选择图形对象

2.6.1 夹点功能

夹点是 AutoCAD 2020 提供的一种非常方便灵活的编辑功能。

用户在不执行任何命令的情况下单击图形对象，系统自动显示图形对象的夹点（预设夹点的颜色是蓝色），如图 2-37（a）所示。

单击夹点，夹点颜色变成红色，同时夹点进入编辑状态，用户可以利用夹点对图形对象进行编辑，如拉伸顶点、添加顶点和删除顶点等，如图 2-37（b）所示。

将光标放置在没有被选中的夹点时，夹点颜色变成浅粉色，同时进入浮动状态，系统以列表的形式显示该夹点可以进行的操作，在打开状态栏"动态输入"模式的情况下，系统还会自动显示该对象的尺寸信息，如图 2-37（c）所示。

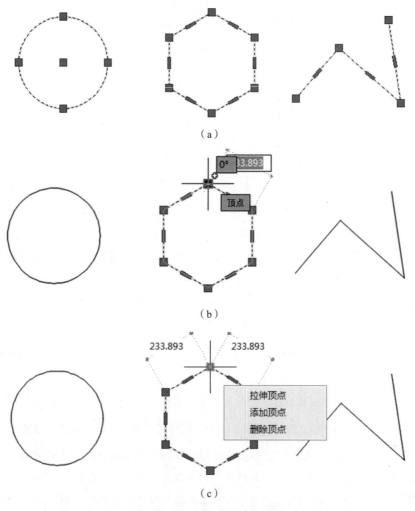

图 2-37　不同状态下的夹点功能

选中夹点后，单击鼠标右键，在弹出的编辑夹点快捷菜单中，包括拉伸顶点、添加顶点、删除顶点、移动、旋转、缩放和镜像等命令。在默认情况下，该命令将对夹点进行拉伸，用户在选择夹点后不需要再执行其他的命令，向任意方向拖动鼠标，即可实现夹点的拉伸操作。例如，单击图2-38（a）中六边形的某个夹点，绘图区出现六边形边长的动态输入接口，在该文本框中输入新的长度400，则多边形的边长尺寸发生更改，如图2-38（b）所示。

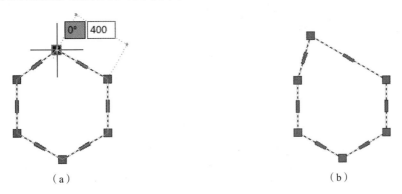

图2-38 通过夹点修改边长

通过夹点也可以快速移动图形对象的位置，例如，单击如图2-39所示的圆的圆心夹点，当夹点变成红色时，拖动鼠标，圆会随着夹点移动，用户可以将其放置在绘图区任意位置。

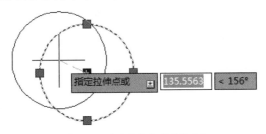

图2-39 通过夹点移动图形对象

用户也可以将复制功能与夹点的编辑功能组合使用，在选中夹点的情况下，在图形对象任意位置单击鼠标右键，在弹出的快捷菜单中选择"复制"命令，此时鼠标指针变成"复制"形状，如图2-40所示，执行此组合操作，可以在保留源对象的情况下，创建与源对象相同的图形对象。

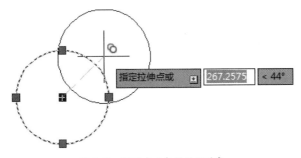

图2-40 通过夹点复制图形对象

2.6.2 选择集

在 AutoCAD 2020 中，绘制复杂图形时，需要对多个对象进行修改编辑操作。在操作时，所选择的一个或多个对象构成一个集合，称为选择集。通过设置选择集的各选项，可以根据个人绘图习惯对拾取框、选择集执行的模式、夹点显示方式和窗口选择的方式等方面进行详细的设置，从而提高选择对象时的准确性和速度，达到提高绘图效率和精确度的目的。

调出"选择集"选项卡的方式如下。

- 选择菜单栏中的"工具"→"选项"命令，在弹出的"选项"对话框中选择"选择集"选项卡。
- 在绘图区任意空白位置单击鼠标右键，在弹出的快捷菜单中选择"选项"命令，在弹出的"选项"对话框中选择"选择集"选项卡。
- 在命令行中输入"OPTIONS"命令，并按回车键。

用户可以根据需要对选择集进行设置，例如，设置选择集模式、是否显示夹点等，如图 2-41 所示。

图 2-41 "选择集"选项卡

2.6.3 选择图形对象的方法

在 AutoCAD 2020 中，在命令行"选择对象"的提示下，用户可以通过下列 6 种方法选择图形对象。

（1）选择单个图形对象。

通过单击的方式可以选择单个图形对象，用户可以通过该方法继续添加图形对象，或按住 Shift 键的同时单击图形对象，取消选择。图形对象在被选择的状态下呈高亮显示，并在对象的特定位置显示"夹点"。

（2）窗口选择。

在图形对象的左侧单击鼠标左键指定一个对角点，松开鼠标左键，从左向右拖动鼠标指针指定另一个对角点，再次单击鼠标左键，确定选择范围，完全位于矩形区域中的图形对象被选择，如图 2-42 所示。

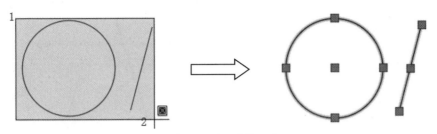

图 2-42　窗口选择示例

（3）窗交选择。

窗交选择方式与窗口选择方式类似，区别在于，窗交选择是从右向左选择一对对角点，且与矩形窗口相交或包围的图形对象都可以被选择。

（4）栏选（F）。

在命令行"选择对象"提示下，输入快捷键"F"，并按回车键。在命令行提示下，鼠标指针依次经过要选择的图形对象，以指定栏选点，按回车键完成栏选操作，如图 2-43 所示。

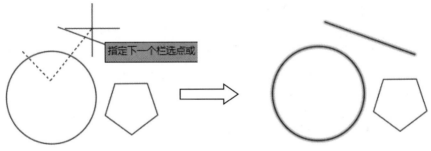

图 2-43　栏选示例

（5）圈围（WP）。

在命令行"选择对象"提示下，输入快捷键"WP"，并按回车键，根据命令行提示指定若干点创建一个封闭的区域，完全位于区域中的图形对象被选择，如图 2-44 所示。

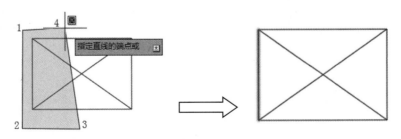

图 2-44　圈围示例

（6）圈交（CP）。

圈交又称"交叉多边形选择"。在命令行"选择对象"提示下，输入快捷键"CP"，并按回车键，完全被围住的或者与选择区域相交的图形对象被选择，如图 2-45 所示。

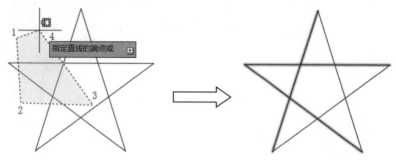

图 2-45　圈交示例

2.7　"对象捕捉"模式

在绘图过程中调用"对象捕捉"模式可以帮助用户精确地定位到某点，从而提高绘图的效率。

用户可以通过下列 2 种方式启用或关闭"对象捕捉"模式。

- 在状态栏中单击"对象捕捉"按钮▣，该按钮呈现高亮显示状态，表明已启用"对象捕捉"模式；再次单击该按钮，则关闭"对象捕捉"模式。
- 按 F3 键。

用户可以设置不同的"对象捕捉"模式，这里介绍常用的"对象捕捉"模式设置方法。

（1）在状态栏的"对象捕捉"按钮▣上单击鼠标右键，在弹出的快捷菜单中选择"对象捕捉设置"命令，打开如图 2-46 所示的"草图设置"对话框，然后选择"对象捕捉"选项卡。

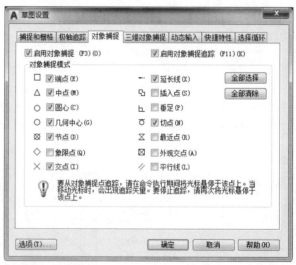

图 2-46　"草图设置"对话框中"对象捕捉"选项卡

【端点】可捕捉对象的端点，包括圆弧、椭圆弧、多段线线段、直线段、多段线和射线的端点，以及三维实体和面域对象任意一条边线的端点。

【中点】可捕捉对象的中点,包括圆弧、椭圆弧、多段线线段、直线段、多段线、样条曲线和构造线的中点,以及三维实体和面域对象任意一条边线的中点。

【圆心】捕捉弧形对象的圆心,包括圆弧、圆、椭圆、椭圆弧和多段线弧段的圆心。

【交点】可捕捉两个对象的交点,包括圆弧、圆、椭圆、椭圆弧、直线、多段线、射线和样条曲线彼此之间的交点。

【延长线】可捕捉沿直线或圆弧的自然延伸线上的点。

【切点】可捕捉对象上的切点。当选择圆弧、圆或多段线弧段作为相切直线的起点时,系统将自动启用延伸相切捕捉模式。

【平行线】用于创建与现有直线段平行的直线段,包括直线和多段线。

表 2-3 所示为捕捉命令字符列表。

表 2-3 捕捉命令字符列表

捕捉类型	对应命令	捕捉类型	对应命令
临时追踪点	TT	捕捉自	FROM
端点捕捉	END	中点捕捉	MID
交点捕捉	INT	外观交点捕捉	APPINT
延长线捕捉	EXT	圆心捕捉	CEN
象限点捕捉	QUA	切点捕捉	TAN
垂足捕捉	PER	平行线捕捉	PAR
插入点捕捉	INS	最近点捕捉	NEA

(2)在状态栏中单击"对象捕捉"按钮右侧的下拉箭头 ,在打开的下拉列表中选择绘图需要的"对象捕捉"模式,如图 2-47 所示。

用户也可以指定临时的对象捕捉,可以在绘图区按住 Shift 键的同时单击鼠标右键,在弹出的快捷菜单中选择所需的命令,如图 2-48 所示。

图 2-47 "对象捕捉"下拉列表

图 2-48 临时对象捕捉右键快捷菜单

在这里需要说明的是，通过上述两种方法启用的对象捕捉属于"自动对象捕捉"类型，当某对象使用的"捕捉"模式处于选中状态时，用户可以多次使用同一个对象捕捉，直到关闭对象捕捉为止。

☺ **练习：使用对象捕捉绘制图形**

（1）打开练习文件"2-7 对象捕捉"，如图 2-49 所示。参照左侧图形，使用对象捕捉完成右侧五边形的绘制。

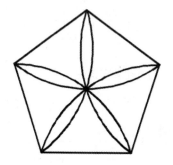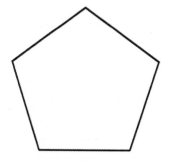

图 2-49　练习文件"2-7 对象捕捉"

（2）单击状态栏"对象捕捉"按钮右侧的下拉箭头，在弹出的下拉列表中选择"对象捕捉设置"选项，打开"草图设置"对话框，在"对象捕捉"选项卡（见图 2-50）中勾选"端点"、"圆心"、"节点"和"交点"复选框，并且确保打开"对象捕捉"模式。

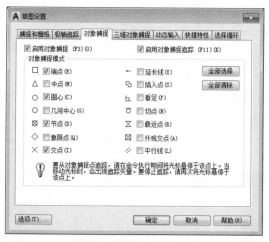

图 2-50　"对象捕捉"选项卡

（3）单击功能区"默认"选项卡→"绘图"面板→"相切、相切、相切"按钮，根据命令行提示操作如下。

```
命令：_CIRCLE
指定圆的圆心或[三点(3P)/两点(2P)/切点、切点、半径(T)]：_3p
　指定圆上的第一个点：_tan 到
（单击五边形的一条边，如图 2-51 所示的 A）
　指定圆上的第二个点：_tan 到
```

(单击五边形的一条边,如图 2-51 所示的 B)

指定圆上的第三个点:_tan 到

(单击五边形一条边,如图 2-51 所示的 C)

完成辅助圆的绘制,如图 2-52 所示。

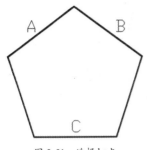

图 2-51 选择切点

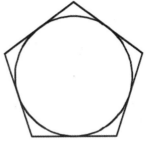

图 2-52 绘制辅助圆

(4)单击功能区"默认"选项卡 → "绘图"面板 → "圆弧"下拉按钮 → "三点"按钮,根据命令行提示操作如下。

命令:_ARC

指定圆弧的起点或[圆心(C)]:(拾取图 2-53 中的端点)

指定圆弧的第二个点或[圆心(C)/端点(E)]:(拾取图 2-54 中的节点)

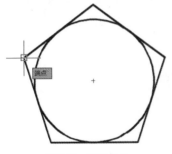

图 2-53 指定起点

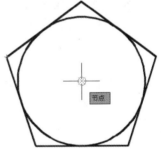

图 2-54 指定第二个点

指定圆弧的端点:(拾取图 2-55 中的端点)

完成第一条圆弧的绘制,如图 2-56 所示。

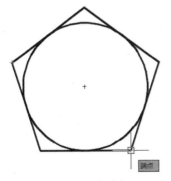

图 2-55 指定端点

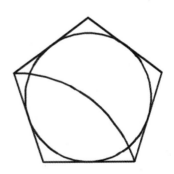

图 2-56 绘制第一条圆弧

参照上述步骤，多次重复"三点"圆弧命令，完成如图 2-57 所示的绘制效果。

单击功能区"默认"选项卡 → "修改"面板 → "删除"按钮，删除步骤（3）中绘制的辅助圆，根据命令行提示操作如下。

```
命令:_ERASE
选择对象:（单击步骤（3）中绘制的圆）
选择对象: 找到 1 个
（按回车键确认删除）
```

删除步骤（3）中绘制的辅助圆的操作有多种方式，用户可以单击需要删除的圆，并按 Delete 键将其删除，或者在选中需要删除的图形对象的情况下，在空白区域单击鼠标右键，在弹出的快捷菜单中选择"删除"命令。

最终绘制完成的图形如图 2-58 所示。

图 2-57　绘制全部圆弧

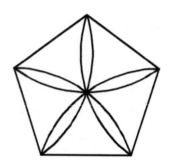
图 2-58　最终绘制完成的图形

2.8　"极轴追踪"模式与"极轴捕捉"模式

使用"极轴追踪"模式与"极轴捕捉"模式可以使光标按指定角度移动，使光标沿极轴角度按指定增量移动，其拥有与坐标输入法相同的精确度和效率。

用户可以通过下列 2 种方式启用或关闭"极轴追踪"模式。

- 在状态栏中单击"极轴追踪"按钮，该按钮呈现高亮显示状态，表明已启用"极轴追踪"模式；再次单击该按钮，则关闭"极轴追踪"模式。
- 按 F10 键。

用户可以设置不同的极轴追踪角度，这里介绍常用的极轴追踪设置方法。

（1）在状态栏中右击"极轴追踪"按钮，在弹出的快捷菜单中选择"正在追踪设置"命令，打开如图 2-59 所示的"草图设置"对话框。

（2）在状态栏中单击"极轴追踪"按钮右侧的下拉箭头，在打开的下拉列表中选择角度值，即可设置相应的极轴追踪角度，如图 2-60 所示。

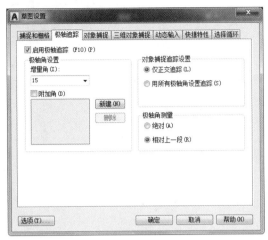

图 2-59 "草图设置"对话框

图 2-60 设置极轴追踪角度

在"草图设置"对话框的"极轴追踪"选项卡中,用户可以选择增量角的度数,若勾选"附加角"复选框,则可以自定义其他极轴角度。单击"新建"按钮,可以新增"极轴追踪"的其他角度,"删除"按钮用于删除多余的极轴角度。在"极轴角测量"选项组中,如果选择"绝对"单选按钮,则在使用"极轴追踪"的过程中,角度追踪采用绝对角度显示;如果选择"相对上一段"单选按钮,则在使用"极轴追踪"的过程中,角度追踪采用相对角度显示。

当用户设置好极轴增量角度之后,当光标接近此角度或此角度的倍数时,光标会自动显示"极轴追踪"的路径。用户也可以在"对象捕捉追踪设置"和"极轴角测量"模块中进行相应的设置。

☺ 练习:极轴追踪与对象捕捉

利用"极轴追踪"与"对象捕捉"创建如图 2-61 所示的图形。

(1)单击状态栏中的"极轴追踪"按钮 。

(2)单击"极轴追踪"按钮右侧的下拉箭头,在弹出的下拉列表中选择"正在追踪设置"选项,打开"草图设置"对话框。

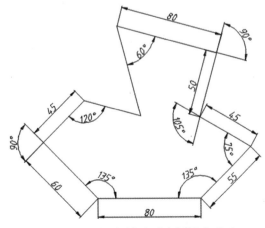

图 2-61 "极轴追踪"与"对象捕捉"练习

在"草图设置"对话框的"极轴追踪"选项卡中,将"增量角"设置为"15","极轴角测量"选择"相对上一段",如图 2-62 所示。

图 2-62 设置"极轴追踪"选项卡内容

(3)选择"捕捉和栅格"选项卡,勾选"启用捕捉"复选框,在该选项卡中将"极轴距离"设置为"5","捕捉类型"选择"PolarSnap",如图 2-63 所示。

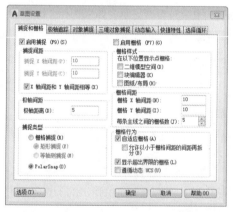

图 2-63 设置"捕捉和栅格"选项卡内容

(4)单击"默认"选项卡 → "绘图"面板 → "直线"按钮 ,绘制几何图形,根据命令行提示操作如下。

```
命令:_LINE
指定第一点:(绘制第一条直线段,如图 2-64(a)所示,选取绘图区中任意一点作为直线段的起始点,并水平向右移动鼠标指针,光标沿极轴方向以 5 为单位不断延长,当"极轴追踪"显示"80.0000<0°"时,单击鼠标左键确定第一条直线段的终点)
指定下一点或[放弃(U)]:(向右上角移动鼠标指针,当"极轴追踪"显示"55.0000<45°"时,如图 2-64(b)所示,单击鼠标左键拾取该点)
指定下一点或[闭合(C)/放弃(U)]:(向左上角移动鼠标指针,当"极轴追踪"显示"45.0000<105°"时,如图 2-64(c)所示,单击鼠标左键拾取该点)
指定下一点或[闭合(C)/放弃(U)]:(向右上角移动鼠标指针,当"极轴追踪"显示"50.0000<285°"时,如图 2-64(d)所示,单击鼠标左键拾取该点)
指定下一点或[闭合(C)/放弃(U)]:(向左上角移动鼠标指针,当"极轴追踪"显示"80.0000<90°"时,
```

如图 2-64（e）所示，单击鼠标左键拾取该点）

　　指定下一点或[闭合(C)/放弃(U)]：（向右下角移动鼠标指针，当"极轴追踪"显示"85.0000<120°"时，如图 2-64（f）所示，单击鼠标左键拾取该点）

　　指定下一点或[闭合(C)/放弃(U)]：（按回车键，结束直线段的绘制）

　　命令：_LINE

　　指定第一点：（拾取长度为"80.0000<0°"直线段的左端点，作为直线段的起点）

　　指定下一点或[放弃(U)]：（向左上角移动鼠标指针，当"极轴追踪"显示"60.0000<315°"时，如图 2-64（g）所示，单击鼠标左键拾取该点）

　　指定下一点或[闭合(C)/放弃(U)]：（向右上角移动鼠标指针，当"极轴追踪"显示"45.0000<270°"时，如图 2-64（h）所示，单击鼠标左键拾取该点）

　　指定下一点或[闭合(C)/放弃(U)]：（向右下角移动鼠标指针，当"极轴追踪"显示"60.0000<300°"时，如图 2-64（i）所示，单击鼠标左键拾取该点）

　　指定下一点或[闭合(C)/放弃(U)]：（按回车键结束命令）

单击"修改"面板 → "修剪"按钮，修剪多余的线段，修剪后得到如图 2-64（j）所示的图形。

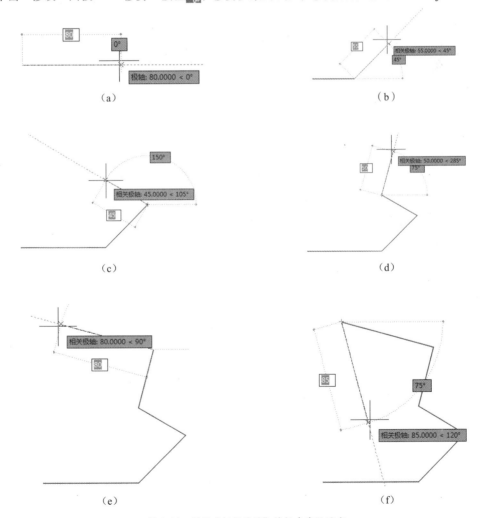

图 2-64　利用"极轴追踪"捕捉直线段端点

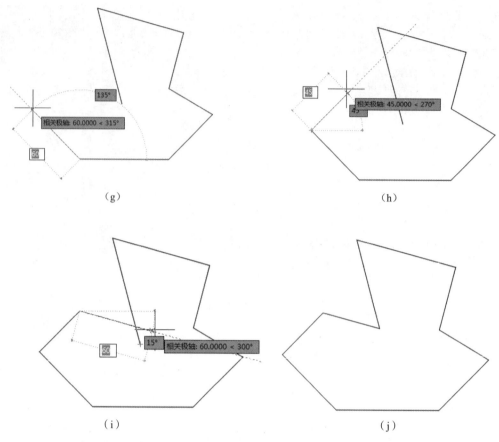

（g） （h）

（i） （j）

图 2-64 利用"极轴追踪"捕捉直线段端点（续）

2.9 思考与练习

1. 在打开"对象捕捉"模式和"动态输入"模式下，绘制如图 2-65 所示的图形。

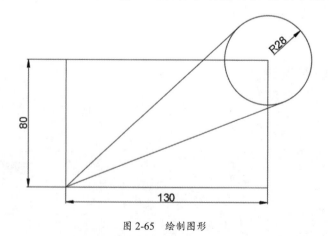

图 2-65 绘制图形

2. 如何启用"对象捕捉"模式？有几种方法？
3. 简述在"动态输入"模式关闭状态下，绝对坐标和相对坐标的输入格式。
4. 简述 AutoCAD 2020 的命令执行方式。
5. 熟悉调整视图显示的几种方式。

第 2 篇

基 础 篇

第 3 章

绘制二维图形对象

本章主要内容

- 点对象；
- 对象的定数等分；
- 对象的定距等分；
- 绘制直线、射线和构造线；
- 绘制圆、圆弧、椭圆和椭圆弧；
- 绘制矩形和多边形；
- 绘制多段线；
- 绘制样条曲线；
- 面域；
- 图案填充。

本章主要讲解绘制二维图形对象的基本命令。通过本章的介绍，使用户掌握点、直线、圆、圆弧、椭圆、椭圆弧、矩形和多边形等基本几何图形对象的绘制方法，为后续绘制复杂的二维图形对象奠定基础。

3.1 点对象

点（POINT）是最基本的图形单元，在绘图过程中起到辅助作用。

1）设置点样式

在 AutoCAD 2020 中，可以通过"点样式"对话框设置点对象的显示外观和显示大小，用户可以通过下列 2 种方式打开"点样式"对话框，如图 3-1 所示。

- 选择菜单栏中的"格式"→"点样式"命令。
- 单击"默认"选项卡 →"实用工具"面板 →"点样式"按钮 点样式...。
- 在命令行中输入"DDPTYPE"命令，并按回车键。

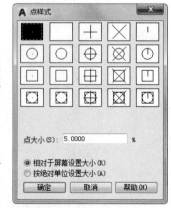

图 3-1 "点样式"对话框

2）绘制点对象

用户可以通过下列 2 种方式启用"点"命令。

- 单击"默认"选项卡 → "绘图"面板 → "多点"按钮。
- 在命令行中输入"POINT"命令，并按回车键。

> 注意
>
> 绘制的每一个点都是一个独立的对象。执行一次"POINT"命令，可以绘制多个点。

3.2 对象的定数等分

"定数等分"（DIVIDE）命令用于创建沿对象的长度或周长等间隔排列的点对象或者块。用户可以通过下列 2 种方式启用"定数等分"命令。

- 单击"默认"选项卡 → "绘图"面板 → "定数等分"按钮。
- 在命令行中输入"DIVIDE"命令，并按回车键。

> 注意
>
> 定数等分只是在被等分的对象上添加一个或多个新的对象，并不是将等分对象拆分成多个对象。

☺ 练习："定数等分"命令 1

（1）打开练习文件"3-2 定数、定距等分 1"，如图 3-2 所示。

———————————————————————————————————

图 3-2　练习文件"3-2 定数、定距等分 1"

（2）确认状态栏中的"对象捕捉"模式和"极轴追踪"模式处于打开状态。

（3）选择"默认"选项卡，单击"实用工具"面板 → "点样式"按钮，进行"点样式"设置，将点样式设置为可见样式。

（4）在"默认"选项卡的"绘图"面板中单击"定数等分"按钮，根据命令行提示操作如下。

```
命令：_DIVIDE
选择要定数等分的对象：（单击绘制好的线段）
输入线段数目或[块(B)]：（输入"4"，按回车键确认，在线段上添加 3 个等分点，如图 3-3 所示）
```

图 3-3　创建定数等分点

☺ 练习："定数等分"命令 2

（1）打开练习文件"3-2 定数、定距等分 2"，如图 3-4 所示。

（2）选择"默认"选项卡，单击"实用工具" → "点样式"按钮。在弹出的"点样式"对话框中，单击⊠点样式。

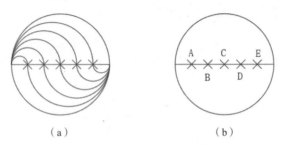

（a） （b）

图 3-4　练习文件 "3-2 定数、定距等分 2"

（3）选择"默认"选项卡，单击"直线"按钮，绘制长度为 70 的线段。

（4）选择"默认"选项卡，单击"绘图"面板 → "定数等分"按钮，根据命令行提示操作如下。

```
命令：_DIVIDE
选择要定数等分的对象：（单击绘制的线段）
输入线段数目或[块(B)]：（输入"6"，按回车键确认）
```

（5）选择"默认"选项卡，单击"圆"下拉按钮 → "两点"按钮，以"两点"的方式绘制圆，根据命令行提示操作如下。

```
命令：_CIRCLE
指定圆的圆心或[三点(3P)/两点(2P)/切点、切点、半径(T)]：（输入"2P"，按回车键确认）
指定圆直径的第一个端点：（拾取线段左端点）
指定圆直径的第二个端点：（拾取线段右端点）
```

（6）重复步骤（5），以"两点"的方式绘制圆，根据命令行提示操作如下。

```
命令：_CIRCLE
指定圆的圆心或[三点(3P)/两点(2P)/切点、切点、半径(T)]：（输入"2P"，按回车键确认）
指定圆直径的第一个端点：（拾取线段左端点）
指定圆直径的第二个端点：（拾取图 3-4（b）中的 A 点）
指定圆直径的第一个端点：（拾取线段左端点）
指定圆直径的第二个端点：（拾取图 3-4（b）中的 B 点）
……
执行同样的操作，从右向左依次拾取
指定圆直径的第一个端点：（拾取线段右端点）
指定圆直径的第二个端点：（拾取图 3-4（b）中的 E 点）
……
指定圆直径的第一个端点：（拾取线段右端点）
指定圆直径的第二个端点：（拾取图 3-4（b）中的 A 点）
```

完成图 3-4（a）中的图形绘制。

3.3 对象的定距等分

"定距等分"（MEASURE）命令会沿着对象的长度或周长按指定的间隔创建点对象或者块。在执行定距等分时，距离直线或曲线对象的拾取点近的一端视为测量的起点。用户可以通过下列 2 种方式启用"定距等分"命令。

- 选择"默认"选项卡，单击"绘图"面板 → "定距等分"按钮 。
- 在命令行中输入"MEASURE"命令，并按回车键。

☺ 练习："定距等分"命令

（1）打开练习文件"3-2 定数、定距等分 1"。

（2）确认状态栏中的"对象捕捉"模式和"极轴追踪"模式处于打开状态。

（3）选择"默认"选项卡，单击"实用工具"面板 → "点样式"按钮，进行"点样式"设置，将点样式设置为可见样式。

（4）在"默认"选项卡的"绘图"面板中单击"定距等分"按钮，根据命令行提示操作如下。

> 命令: _MEASURE
> 选择要定距等分的对象:（单击绘制好的线段）
> 指定线段长度或[块(B)]:（输入"20"，按回车键确认，在线段上添加两个等分点，如图 3-5 所示）

图 3-5 创建定距等分点

🔔 注意

①定距等分只是在被等分的对象上添加一个或多个新的对象，并不是将等分对象拆分。②由于指定的等分长度不同，所以等分的最后一段通常不作为指定距离。③在选择定距等分对象时，选择点的位置会影响等分的结果。如果从左侧选择，则从左侧开始计算等分距离；如果从右侧选择，则从右侧开始计算等分距离。

3.4 绘制直线、射线和构造线

3.4.1 直线

执行"直线"（LINE）命令，可以绘制一条单一的直线，也可以绘制连续的直线，并可以使一系列直线闭合。用户可以通过下列 2 种方式启用"直线"命令。

- 单击"默认"选项卡 → "绘图"面板 → "直线"按钮 。
- 在命令行中输入"LINE"命令，并按回车键。

绘制直线的典型操作步骤如下。

（1）通过上述两种方式启用"直线"命令。

（2）指定直线的起点。可以使用鼠标单击，也可以在命令行提示下输入坐标值。

（3）指定端点完成第一段直线的绘制。

（4）指定其他直线的端点。

（5）按回车键结束，或按 C 键使一系列直线闭合。

☺ 练习："直线"命令

（1）创建新文件，在"选择样板"对话框中选择 acadiso.dwt 文件，单击"打开"按钮。

（2）关闭状态栏中的"动态输入"模式。

（3）通过上述 2 种方式，启用"直线"命令，根据命令行提示操作如下。

```
命令：_LINE
指定第一点：（输入"100,100"，按回车键确认）
指定下一点或[放弃(U)]：（输入"100,50"，按回车键确认）
指定下一点或[闭合(C)/放弃(U)]：（输入"C"，按回车键确认）
```

绘制的闭合直线如图 3-6 所示。

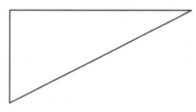

图 3-6　绘制的闭合直线

3.4.2　射线

射线通常用来作为创建其他对象的参照，射线是由一点向一个方向无限延伸的直线。

用户可以通过下列 2 种方式启用"射线"命令。

- 选择"默认"选项卡，单击"绘图"面板→"射线"按钮 。
- 在命令行中输入"RAY"命令，并按回车键。

绘制射线的典型操作步骤如下。

（1）启用"射线"命令。

（2）指定射线的起始点。

（3）指定射线要经过的点。

（4）根据需要绘制其他射线，所有射线都经过第一个指定点。

（5）按回车键结束命令。

☺ 练习:"射线"命令

命令:_RAY
指定起点:(输入"100,100",按回车键确认)
指定通过点:(输入"40,20",按回车键确认)
指定通过点:(输入"60,60",按回车键确认)
指定通过点:(输入"120,70",按回车键确认)
指定通过点:(按回车键结束命令)

完成 3 条射线的绘制,如图 3-7 所示。

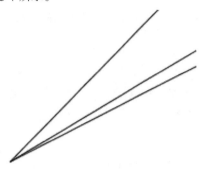

图 3-7 绘制 3 条射线

3.4.3 构造线

构造线通常用来作为创建其他对象的参照,构造线是向两个方向无限延伸的直线。用户可以通过下列 2 种方式启用"构造线"命令。

- 选择"默认"选项卡,单击"绘图"面板 →"构造线"按钮 。
- 在命令行中输入"XLINE"命令,并按回车键。

绘制"构造线"的典型操作步骤如下。

(1)启用"构造线"命令。

(2)指定一个点,定义构造线的根。

(3)指定第二个点,即构造线通过的点。

(4)根据需要创建其他的构造线。

(5)按回车键结束命令。

上述操作步骤是通过指定两点的方式创建构造线的,用户还可以通过其他方式创建构造线,包括"水平"、"垂直"、"角度"、"二等分"和"偏移",如图 3-8 所示。

图 3-8 创建构造线的方式

3.5 绘制圆、圆弧、椭圆和椭圆弧

3.5.1 绘制圆

执行"圆"(CIRCLE)命令,用户可以通过"圆心、半径""圆心、直径""两点""三点""相切、相切、半径""相切、相切、相切"等方式绘制圆。下面结合实例,对绘制圆的不同方式进行说明。

1)圆心、半径

绘制圆的基本方法是指定圆心和半径,操作步骤如下。

(1)单击"默认"选项卡 → "绘图"面板 → "圆"下拉按钮 → "圆心、半径"按钮。

(2)以"圆心、半径"的方式绘制圆,根据命令行提示操作如下。

```
命令:_CIRCLE
指定圆的圆心或[三点(3P)/两点(2P)/切点、切点、半径(T)]:(输入"0,0",按回车键确认)
指定圆的半径或[直径(D)]:(输入"30",按回车键确认)
```

2)圆心、直径

通过指定圆心位置和直径尺寸绘制圆,操作步骤如下。

(1)启用"圆"命令。

(2)根据命令行提示操作如下。

```
命令:_CIRCLE
指定圆的圆心或[三点(3P)/两点(2P)/切点、切点、半径(T)]:(输入"0,0",按回车键确认)
指定圆的半径或[直径(D)]:(输入"D",按回车键;输入直径"100",再次按回车键确认)
```

通过上述操作绘制出如图3-9所示的圆。

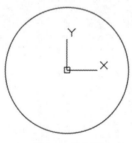

图3-9 绘制圆

3)两点

通过指定圆直径上的两个端点绘制圆,操作步骤如下。

(1)单击"默认"选项卡 → "绘图"面板 → "圆"下拉按钮 → "两点"按钮。

(2)以"两点"的方式绘制圆,根据命令行提示操作如下。

```
命令:_CIRCLE
指定圆的圆心或[三点(3P)/两点(2P)/切点、切点、半径(T)]:_2P
```

指定圆直径上的第一点：（输入"0,0"，按回车键确认）

指定圆直径的第二个端点：（输入"50,50"，按回车键确认）

4）三点

通过指定圆上的三点绘制圆，操作步骤如下。

（1）单击"默认"选项卡 → "绘图"面板 → "圆"下拉按钮 → "三点"按钮。

（2）以"三点"的方式绘制圆，根据命令行提示操作如下。

命令：_CIRCLE

指定圆的圆心或[三点(3P)/两点(2P)/切点、切点、半径(T)]：_3P

指定圆直径上的第一点：（输入"0,0"，按回车键确认）

指定圆直径的第二个端点：（输入"40,0"，按回车键确认）

指定圆直径的第三个端点：（输入"25,30"，按回车键确认）

5）相切、相切、半径

通过指定圆的半径和两个相切点绘制圆，操作步骤如下。

（1）单击"默认"选项卡 → "绘图"面板 → "圆"下拉按钮 → "相切、相切、半径"按钮。

（2）选择与要绘制的圆相切的第一个对象。

（3）选择与要绘制的圆相切的第二个对象。

（4）设置圆的半径。

☺ 练习：使用"相切、相切、半径"命令绘制圆

根据命令行提示操作如下。

命令：_CIRCLE

指定对象与圆的第一个切点：（选择图3-10（a）中的点作为第一个切点）

指定对象与圆的第二个切点：（选择图3-10（b）中的点作为第二个切点）

指定圆的半径：（输入"58"，按回车键确认）

完成圆的绘制，如图3-10（c）所示。

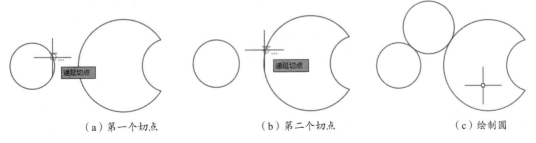

（a）第一个切点　　　　（b）第二个切点　　　　（c）绘制圆

图3-10 使用"相切、相切、半径"命令绘制圆

6）相切、相切、相切

通过指定三个切点来确定圆的位置，操作步骤如下。

（1）单击"默认"选项卡 → "绘图"面板 → "圆"下拉按钮 → "相切、相切、相切"按钮。

（2）选择与要绘制的圆相切的第一个对象。

（3）选择与要绘制的圆相切的第二个对象。

（4）选择与要绘制的圆相切的第三个对象。

☺ 练习：使用"相切、相切、相切"命令绘制圆

（1）单击"默认"选项卡 → "绘图"面板 → "圆"下拉按钮 → "相切、相切、相切"按钮。

（2）以"相切、相切、相切"的方式绘制圆，根据命令行提示操作如下。

```
命令：_CIRCLE
指定圆的圆心或[三点(3P)/两点(2P)/切点、切点、半径(T)]：_3P
指定圆上的第一个点：（选择图3-11（a）中的点作为第一个切点）
指定圆上的第二个点：（选择图3-11（b）中的点作为第二个切点）
指定圆上的第三个点：（选择图3-11（c）中的点作为第三个切点）
```

完成圆的绘制，如图3-11（d）所示。

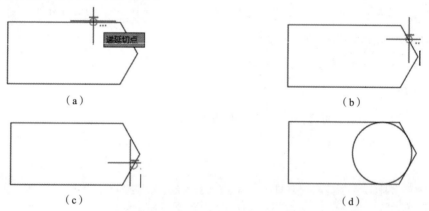

图3-11 使用"相切、相切、相切"命令绘制圆

☺ 练习：绘制圆弧

（1）打开练习文件"3-5 绘制圆弧"，如图3-12所示。

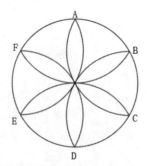

图3-12 练习文件"3-5 绘制圆弧"

（2）单击"默认"选项卡 → "圆"按钮，绘制半径为100的圆。

（3）单击"默认"选项卡 → "多边形"按钮，根据命令行提示操作如下。

```
命令：_POLYGON
输入侧面数<4>：（输入"6"，按回车键确认）
指定正多边形的中心点或[边(E)]：（拾取半径为100的圆心）
输入选项[内接于圆(I)/外切于圆(C)]<I>：（输入"I"，按回车键确认）
指定圆的半径：（使用鼠标拾取圆的边界）
```

（4）单击"默认"选项卡 → "圆弧"下拉按钮 → "三点"按钮，根据命令行提示操作如下。

```
命令：_ARC
指定圆弧的起点或[圆心(C)]：（使用鼠标依次在图3-12中拾取A→圆心→C）
按回车键再次启用三点命令
指定圆弧的起点或[圆心(C)]：（使用鼠标依次在图3-12中拾取A→圆心→E）
……
按回车键再次启用三点命令
指定圆弧的起点或[圆心(C)]：（使用鼠标依次在图3-12中拾取B→圆心→D）
按回车键再次启用三点命令
指定圆弧的起点或[圆心(C)]：（使用鼠标依次在图3-12中拾取B→圆心→F）
……
```

完成圆弧的绘制后，删除辅助绘图的正六边形，完成图3-12中的图形绘制。

☺ 练习：使用多种"圆"命令绘图

（1）打开练习文件"3-5 绘制圆综合练习"。

（2）选择功能区"默认"选项卡 → "特性"面板 → "线型"选项，在下拉列表中选择"CENTER"选项，如图3-13所示。

图3-13 选择线型

（3）单击"默认"选项卡 → "直线"按钮，在绘图区任意空白位置绘制两条相交的中心线，如图3-14所示。

（4）单击"默认"选项卡 → "修改"面板 → "偏移"按钮，根据命令行提示操作如下。

```
命令：_OFFSET
当前设置：删除源=否 图层=源 OFFSETGAPTYPE=0
指定偏移距离或[通过(T)/删除(E)/图层(L)]<通过>：（输入偏移距离为24）
选择要偏移的对象，或[退出(E)/放弃(U)]<退出>：（单击图3-14中的垂直中心线）
指定要偏移的那一侧上的点，或[退出(E)/多个(M)/放弃(U)]<退出>：（在垂直中心线左侧单击）
```

完成第一次中心线的偏移。

```
命令：_OFFSET
当前设置：删除源=否 图层=源 OFFSTEGAPTYPE=0
指定偏移距离或[通过(T)/删除(E)/图层(L)]<通过>：(输入偏移距离为176)
选择要偏移的对象，或[退出(E)/放弃(U)]<退出>：(单击图3-14中的水平中心线)
指定要偏移的那一侧上的点，或[退出(E)/多个(M)/放弃(U)]<退出>：(在水平中心线下方单击)
```

完成第二次中心线的偏移。

```
命令：_OFFSET
当前设置：删除源=否 图层=源 OFFSTEGAPTYPE=0
指定偏移距离或[通过(T)/删除(E)/图层(L)]<通过>：(输入偏移距离为50)
选择要偏移的对象，或[退出(E)/放弃(U)]<退出>：(单击新创建的偏移线)
指定要偏移的那一侧上的点，或[退出(E)/多个(M)/放弃(U)]<退出>：(在新创建的偏移线的上方单击)
```

完成第三次中心线的偏移。

完成辅助线的绘制，如图3-15所示。

图3-14 绘制中心线

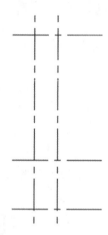

图3-15 绘制辅助线

（5）参照步骤（2），将线型更改为如图3-16所示的类型。

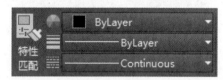

图3-16 更改线型

（6）单击"默认"选项卡→"绘图"面板→"圆"按钮，通过指定"圆心、直径"的方式，分别绘制如图3-17所示的两个圆，根据命令行提示操作如下。

```
命令：_CIRCLE
指定圆的圆心或[三点(3P)/两点(2P)/相切、相切、半径(T)]：(指定圆心)
指定圆的半径或[直径(D)]：(输入"D"，按回车键确认)
指定圆的直径：(指定圆的直径为28)
指定圆的圆心或[三点(3P)/两点(2P)/相切、相切、半径(T)]：(指定圆心)
```

指定圆的半径或[直径(D)]:（输入"D"，按回车键确认）
指定圆的直径:（指定圆的直径为16）

（7）单击"默认"选项卡 → "绘图"面板 → "圆"按钮，通过指定"圆心、半径"的方式，分别绘制如图3-18所示的两个圆，根据命令行提示操作如下。

命令: _CIRCLE
指定圆的圆心或[三点(3P)/两点(2P)/相切、相切、半径(T)]:（指定圆心）
指定圆的半径或[直径(D)]:（输入"58"，按回车键确认）
指定圆的圆心或[三点(3P)/两点(2P)/相切、相切、半径(T)]:（指定圆心）
指定圆的半径或[直径(D)]:（输入"42"，按回车键确认）

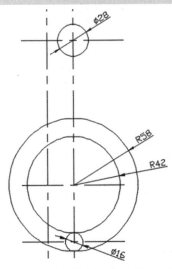

图 3-17　分别绘制 D=28、D=16 的两个圆　　图 3-18　分别绘制 R=58、R=42 的两个圆

（8）单击"默认"选项卡 → "绘图"面板 → "圆"按钮，通过指定"圆心、半径"的方式，分别绘制如图3-19所示的两个圆，根据命令行提示操作如下。

命令: _CIRCLE
指定圆的圆心或[三点(3P)/两点(2P)/相切、相切、半径(T)]:（指定圆心）
指定圆的半径或[直径(D)]:（输入"66"，按回车键确认）
指定圆的圆心或[三点(3P)/两点(2P)/相切、相切、半径(T)]:（指定圆心）
指定圆的半径或[直径(D)]:（输入"82"，按回车键确认）

（9）单击"默认"选项卡 → "绘图"面板 → "圆"按钮，以"相切、相切、半径"的方式，分别绘制如图3-20所示的两个圆，根据命令行提示操作如下。

命令: _CIRCLE
指定对象与圆的第一个切点:（单击图3-19中直径为28的圆）
指定对象与圆的第二个切点:（单击图3-19中半径为66的圆）
指定圆的半径:（输入"106"）

完成第一个相切圆的绘制。

命令：_CIRCLE
指定对象与圆的第一个切点：（单击图 3-19 中直径为 28 的圆）
指定对象与圆的第二个切点：（单击图 3-19 中半径为 82 的圆）
指定圆的半径：（输入"120"）

完成第二个相切圆的绘制。

为了准确地捕捉到圆上的切点，需要在打开"对象捕捉"模式的状态下进行圆的绘制。绘制的结果如图 3-20 所示。

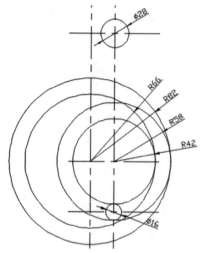 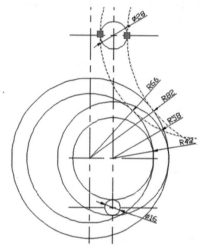

图 3-19 分别绘制 R=66、R=82 的两个圆　　　图 3-20 以"相切、相切、半径"的方式绘制圆

（10）单击"修改"面板 → "修剪"按钮，命令行提示为选择对象或 <全部选择>，直接按回车键，默认选择全部对象为修剪对象，进入自动修剪模式，将不需要的粗实线修剪掉。

（11）单击"修改"面板 → "打断"按钮，将辅助线在合适位置打断，之后将不需要的辅助线删除，在进行打断操作时，可以临时关闭"对象捕捉"模式。完成打断操作后，得到的图形如图 3-21 所示。

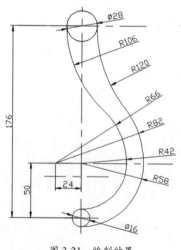

图 3-21 绘制结果

3.5.2 圆弧

AutoCAD 2020 为用户提供了多种绘制圆弧的方式。用户可以通过下列 2 种方式启用"圆弧"命令。

- 单击"默认"选项卡 → "绘图"面板 → "圆弧"按钮。
- 在命令行中输入"ARC"命令，并按回车键。

在默认情况下，以"三点"绘制圆弧的方式开始圆弧的绘制，若要更改绘制方式，可以通过在功能区单击不同的圆弧按钮启用相应的命令。

选择"默认"选项卡，单击"绘图"面板 → "圆弧"下拉按钮，在弹出的下拉列表中选择相应的选项。

本节主要讨论 3 种常用的方式，其余的方式用户可以根据命令行的提示进行绘制。

1）三点

指定圆弧的起点、第二点和端点，通过指定的三个点绘制圆弧。

操作步骤如下。

（1）选择"默认"选项卡，单击"绘图"面板 → "圆弧"下拉按钮 → "三点"按钮。

（2）以"三点"的方式绘制圆弧，根据命令行提示操作如下。

```
命令:_ARC
指定圆弧的起点或[圆心(C)]:（输入"0,0"，按回车键确认）
指定圆弧的第二个点或[圆心(C)/端点(E)]:（输入"C"，按回车键确认，或直接在命令行选择"圆心(C)"选项）
指定圆弧的圆心:（输入圆弧半径"10"，按回车键确认）
指定圆弧的端点(按Ctrl键以切换方向)或[角度(A)/弦长(L)]:（输入"10,0"，按回车键确认）
```

以"三点"的方式绘制的圆弧如图 3-22 所示。

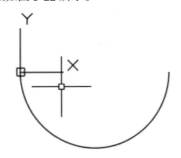

图 3-22 以"三点"的方式绘制的圆弧

2）起点、圆心、角度

通过依次指定圆弧的起点、圆心和角度（逆时针方向为正）绘制圆弧。

操作步骤如下。

（1）选择"默认"选项卡，单击"绘图"面板 → "圆弧"下拉按钮 → "起点、圆心、角度"按钮。

（2）以"起点、圆心、角度"的方式绘制圆弧，根据命令行提示操作如下。

命令：_ARC
指定圆弧的起点或[圆心(C)]：（输入"100,100"，按回车键确认）
指定圆弧的第二点或[圆心(C)/端点(E)]：（输入"C"，按回车键确认，或直接在命令行选择"圆心(C)"选项）
指定圆弧的圆心：（输入"50,50"，按回车键确认）
指定圆弧的端点(按 Ctrl 键以切换方向)或[角度(A)/弦长(L)]：（输入"A"，按回车键确认，或直接在命令行选择"角度(A)"选项）
指定夹角(按 Ctrl 键以切换方向)：（输入"60"，按回车键确认）

以"起点、圆心、角度"的方式绘制的圆弧如图 3-23 所示。

图 3-23　以"起点、圆心、角度"的方式绘制的圆弧

3）连续

通过该命令创建相切于上一次绘制的圆弧的新圆弧，根据命令行提示操作如下。

命令：_ARC
指定圆弧的起点或[圆心(C)]：（在绘图区任意空白位置单击）
指定圆弧的端点(按 Ctrl 键以切换方向)：（输入"35"，按回车键确认，输入弦长后系统会自动定位圆弧的端点）

以"连续"的方式绘制的圆弧如图 3-24 所示。

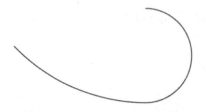

图 3-24　以"连续"的方式绘制的圆弧

3.5.3　椭圆和椭圆弧

本节将结合实例讲解如何使用椭圆（ELLIPSE）命令创建椭圆和椭圆弧。

1）椭圆

AutoCAD 2020 为用户提供了 2 种绘制圆弧的方式，下面结合实例对绘制椭圆的 2 种方式进行讲解，操作步骤如下。

（1）选择"默认"选项卡，单击"绘图"面板 → "椭圆"下拉按钮 → "圆心"按钮，根据命令行提示操作如下。

```
命令：_ELLIPSE
指定椭圆的中心点：（输入"20,20"，按回车键确认）
指定轴的端点：（输入"@10,0"，按回车键确认）
指定另一条半轴的长度或[旋转(R)]：（输入"5"，按回车键确认）
```

以"圆心"的方式绘制的椭圆如图 3-25 所示。

（2）选择"默认"选项卡，单击"绘图"面板 → "椭圆"下拉按钮 → "轴、端点"按钮 ![icon]，根据命令行提示操作如下。

```
命令：_ELLIPSE
指定椭圆的轴端点或[圆弧(A)/中心点(C)]：（输入"10,10"，按回车键确认）
指定轴的另一个端点（输入"30,20"，按回车键确认）
指定另一条半轴长度或[旋转(R)]：（输入"12"，按回车键确认）
```

以"轴、端点"的方式绘制的椭圆如图 3-26 所示。

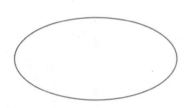
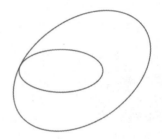

图 3-25　以"圆心"的方式绘制的椭圆　　　　图 3-26　以"轴、端点"的方式绘制的椭圆

☺ 练习：绘制椭圆和椭圆弧

1）绘制椭圆

（1）打开练习文件"3-5 绘制椭圆"，完成如图 3-27 所示的图形绘制。

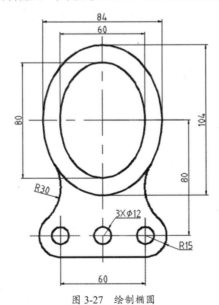

图 3-27　绘制椭圆

（2）在功能区"默认"选项卡的"图层"面板中选择"中心线"图层，如图 3-28 所示。

图 3-28 修改图层

（3）单击"绘图"面板 → "直线"按钮，绘制如图 3-29 所示的中心线。

（4）单击"修改"面板 → "偏移" 按钮，偏移中心线，根据命令行提示操作如下。

```
命令：_OFFSET
当前设置：删除源=否 图层=源 OFFSTEGAPTYPE=0
指定偏移距离或[通过(T)/删除(E)/图层(L)]<通过>：（输入偏移距离为30）
选择要偏移的对象，或[退出(E)/放弃(U)]<退出>：（单击图3-29中的垂直中心线）
指定要偏移的那一侧上的点，或[退出(E)/多个(M)/放弃(U)]：（在垂直中心线的左侧单击）
选择要偏移的对象，或[退出(E)/放弃(U)]<退出>：（单击图3-29中的垂直中心线）
指定要偏移的那一侧上的点，或[退出(E)/多个(M)/放弃(U)]：（在垂直中心线的右侧单击）
命令：_OFFSET
当前设置：删除源=否 图层=源 OFFSTEGAPTYPE=0
指定偏移距离或[通过(T)/删除(E)/图层(L)]<通过>：（输入偏移距离为42）
选择要偏移的对象，或[退出(E)/放弃(U)]<退出>：（单击图3-29中的垂直中心线）
指定要偏移的那一侧上的点，或[退出(E)/多个(M)/放弃(U)]：（在垂直中心线的左侧单击）
选择要偏移的对象，或[退出(E)/放弃(U)]<退出>：（单击图3-29中的垂直中心线）
指定要偏移的那一侧上的点，或[退出(E)/多个(M)/放弃(U)]：（在垂直中心线的右侧单击）
命令：_OFFSET
当前设置：删除源=否 图层=源 OFFSTEGAPTYPE=0
指定偏移距离或[通过(T)/删除(E)/图层(L)]<通过>：（输入偏移距离为80）
选择要偏移的对象，或[退出(E)/放弃(U)]<退出>：（单击图3-29中的水平中心线）
指定要偏移的那一侧上的点，或[退出(E)/多个(M)/放弃(U)]：（在水平中心线的上方单击）
```

完成 5 次偏移后，结果如图 3-30 所示。

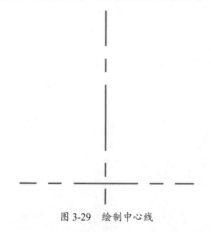

图 3-29 绘制中心线

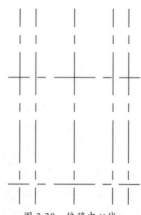

图 3-30 偏移中心线

(5)在命令行中输入"PELLIPSE"命令,根据命令行提示操作如下。

命令:PELLIPSE
输入 PELLIPSE 的新值<0>:(输入"1",按回车键确认)
输入 PELLIPSE 的新值为 1

(6)完成上述辅助线的绘制与参数的设定后,参照步骤(2),切换至"粗实线"图层。

(7)单击"绘图"面板 → "椭圆"按钮,以"指定中心点"的方式创建椭圆,根据命令行提示操作如下。

命令:_ELLIPSE
指定椭圆的中心点:(拾取图 3-31 中的中点)
指定轴的端点:(拾取图 3-32 中的垂足)
指定另一条半轴长度或[旋转(R)]:(输入"40",按回车键确认)

完成第一个椭圆的绘制。

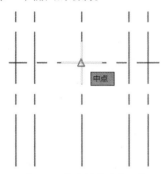

图 3-31　指定椭圆的中心点

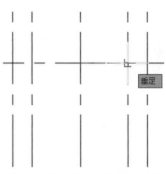

图 3-32　指定第 1 个椭圆轴的端点

命令:_ELLIPSE
指定椭圆的中心点:(拾取图 3-31 中的中点)
指定轴的端点:(拾取图 3-33 中的垂足)
指定另一条半轴长度或[旋转(R)]:(输入"52",按回车键确认)

完成第二个椭圆的绘制,绘制结果如图 3-34 所示。

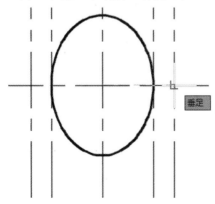

图 3-33　指定第 2 个椭圆轴的端点

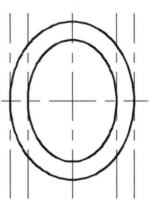

图 3-34　绘制两个椭圆

（8）单击"绘图"面板 → "圆"按钮，以"圆心、半径"的方式，绘制 3 个直径为 12 的小圆，如图 3-35 所示，根据命令行提示操作如下。

```
命令：_CIRCLE
指定圆的圆心或[三点(3P)/两点(2P)/相切、相切、半径(T)]：(指定圆心)
指定圆的半径或[直径(D)]：(输入"6"，按回车键确认)
指定圆的圆心或[三点(3P)/两点(2P)/相切、相切、半径(T)]：(指定圆心)
指定圆的半径或[直径(D)]：(输入"6"，按回车键确认)
指定圆的圆心或[三点(3P)/两点(2P)/相切、相切、半径(T)]：(指定圆心)
指定圆的半径或[直径(D)]：(输入"6"，按回车键确认)
```

（9）单击"绘图"面板 → "圆"按钮，以"圆心、半径"的方式，绘制 2 个半径为 15 的小圆，如图 3-36 所示。

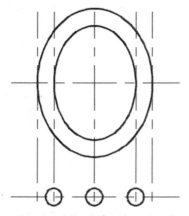

图 3-35　绘制 3 个直径为 12 的小圆

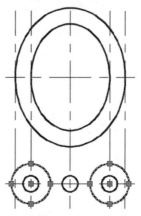

图 3-36　绘制 2 个半径为 15 的小圆

根据命令行提示操作如下。

```
命令：_CIRCLE
指定圆的圆心或[三点(3P)/两点(2P)/相切、相切、半径(T)]：(指定圆心)
指定圆的半径或[直径(D)]：(输入"15"，按回车键确认)
指定圆的圆心或[三点(3P)/两点(2P)/相切、相切、半径(T)]：(指定圆心)
指定圆的半径或[直径(D)]：(输入"15"，按回车键确认)
```

（10）单击"绘图"面板 → "圆"按钮，以"相切、相切、半径"的方式绘制两个半径为 30 的圆，根据命令行提示操作如下。

```
命令：_CIRCLE
指定对象与圆的第一个切点：(拾取图 3-37 中椭圆上的 B 点)
指定对象与圆的第二个切点：(拾取图 3-37 中椭圆上的 A 点)
指定圆的半径：(输入"30"，按回车键确认)
```

再次启用该命令，绘制第二个椭圆，根据命令行提示操作如下。

```
命令：_CIRCLE
指定对象与圆的第一个切点：(拾取图 3-37 中椭圆上的 D 点)
```

指定对象与圆的第二个切点:(拾取图3-37中圆上的C点)
指定圆的半径:(输入"30",按回车键确认)

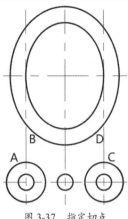

图3-37 指定切点

完成圆的绘制,如图3-38所示。

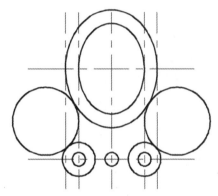

图3-38 以"相切、相切、半径"的方式绘制圆

(11)单击"绘图"面板→"直线"按钮，绘制与步骤(10)中两个圆相切的直线段,根据命令行提示操作如下。

命令:_LINE
指定第一点:(拾取图3-39中的交点)
指定下一点或[放弃(U)]:(拾取图3-40中的交点)
指定下一点或[放弃(U)]:(按回车键结束命令)

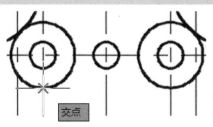

图3-39 指定第一点   图3-40 指定第二点

完成绘制的图形如图3-41所示。

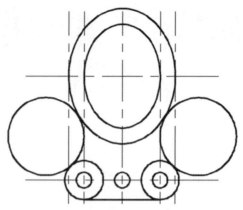

图 3-41 完成绘制的图形

（12）单击"修改"面板 → "修剪"按钮，命令行提示为选择对象或<全部选择>，直接按回车键，选择全部对象为修剪对象，进入自动修剪模式，将不需要的粗实线修剪掉。

（13）单击"修改"面板 → "打断"按钮，将辅助线在合适位置打断，之后将不需要的辅助线删除，在进行打断操作时，可以临时关闭"对象捕捉"模式。

（14）选择"注释"选项卡，依次单击"线性"按钮、"直径"按钮和"半径"按钮来给图形标注尺寸，图 3-42 中标注的文本（字母和数字）采用 gbenor.shx，大字体为 gbcbig.shx。

在图形中，选择直径为 12 的圆，接着在命令行中输入"TEXTEDIT"或"ED"命令，按回车键确认，则功能区弹出"文字编辑器"选项卡，在出现的方框内将光标移动到尺寸文本左侧，输入"3×ϕ12"。

标注结果如图 3-42 所示。

特别提醒，如果想要捕捉椭圆上的切点，则在绘制椭圆前，应先设置 PELLIPSE 的值。

PELLIPSE=0，画出的椭圆特性为"椭圆"，偏移后的特性是"样条曲线"。

PELLIPSE=1，画出的椭圆特性为"多段线"，偏移后的特性仍是"多段线"。

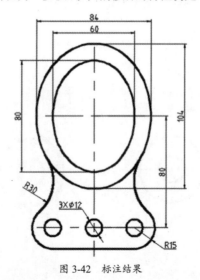

图 3-42 标注结果

2)绘制椭圆弧

(1)选择"默认"选项卡,单击"绘图"面板 →"椭圆弧"按钮，在命令行的提示下进行操作,绘制的椭圆弧如图 3-43 所示。

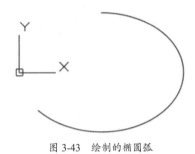

图 3-43 绘制的椭圆弧

(2)根据命令行提示操作如下。

```
命令:_ELLIPSE
指定椭圆的中心点和轴端点或[中心点(C)]:(输入"0,0",按回车键确认)
指定轴的另一个端点:(输入"20,0",按回车键确认)
指定另一条半轴的长度或[旋转(R)]:(输入"7,0",按回车键确认)
指定起点角度或[参数(P)]:(输入"30",按回车键确认)
指定端点的角度或[参数(P)/夹角(I)](输入"270",按回车键确认)
```

3.6 绘制矩形和多边形

矩形和多边形是二维图形中常用的图元,在 AutoCAD 2020 中,用户绘制的图形是一个独立的图形对象,本节将结合实例讲解矩形和多边形的绘制方法。

3.6.1 矩形

用户可以通过指定矩形的两个对角点来绘制矩形,也可以使用"面积(A)"或"尺寸(D)"选项指定矩形尺寸来绘制矩形。

用户可以通过下列 2 种方式启用"矩形"命令。

- 选择"默认"选项卡,单击"绘图"面板 →"矩形"按钮。
- 在命令行中输入"RECTANG"或"REC"命令,并按回车键。

执行上述任意一种操作之后,命令行出现如图 3-44(a)所示的提示框,此时的默认选项是"指定第一个角点或",即指定矩形的第一个对角点。命令行中的其他选项,解释如下。

【倒角(C)】用于绘制带倒角的矩形。执行该命令后,命令行提示指定矩形的两个倒角距离,将绘制如图 3-44(b)所示的图形。

【圆角(F)】用于绘制带圆角的矩形。执行该命令后,命令行提示指定矩形的圆角半径,将绘制如图 3-44(c)所示的图形。

【标高(E)】执行该命令后，可以指定矩形所在的平面高度，在默认情况下，所绘制的矩形均在 Z=0 的平面内，带标高的矩形一般用于三维图形的绘制。

【厚度(T)】用于绘制带厚度的矩形。带厚度的矩形一般用于三维图形的绘制。

【宽度(W)】用于绘制带宽度的矩形。执行该命令后，命令行提示指定矩形的线宽，将绘制如图3-44（d）所示的图形。

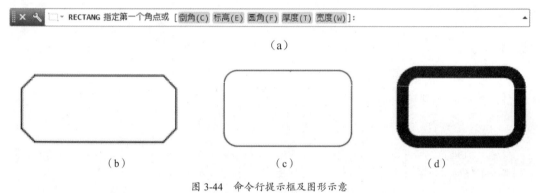

图 3-44　命令行提示框及图形示意

☺ 练习："矩形"命令

（1）绘制第一个矩形，根据命令行提示操作如下。

```
命令：_RECTANG
指定第一个角点或[倒角(C)/标高(E)/圆角(F)/厚度(T)/宽度(W)]：（输入"F"，按回车键确认）
指定矩形的圆角半径：（输入"1.5"，按回车键确认）
指定第一个角点或[倒角(C)/标高(E)/圆角(F)/厚度(T)/宽度(W)]：（输入"20,10"，按回车键确认）
指定另一个角点或[面积(A)/尺寸(D)/旋转(R)]：（输入"A"，按回车键确认）
输入以当前单位计算的矩形面积<100.0000>：（输入"350"，按回车键确认）
计算矩形标注时依据[长度(L)/宽度(W)]<长度>：（输入"L"，按回车键确认）
输入矩形长度<10.0000>：（输入"35"，按回车键确认）
```

完成图 3-45 中矩形①的绘制。

（2）绘制第二个矩形，根据命令行提示操作如下。

```
命令：_RECTANG
指定第一个角点或[倒角(C)/标高(E)/圆角(F)/厚度(T)/宽度(W)]：（输入"C"，按回车键确认）
指定矩形的第一个倒角距离<2.0000>：（输入"3"，按回车键确认）
指定矩形的第二个倒角距离<2.0000>：（输入"6"，按回车键确认，注意倒角尺寸的设置顺序）
指定第一个角点或[倒角(C)/标高(E)/圆角(F)/厚度(T)/宽度(W)]：（拾取图 3-45 中矩形①的下边线的中点）
指定另一个角点或[面积(A)/尺寸(D)/旋转(R)]：（输入"@30,-15"，按回车键确认）
```

完成图 3-45 中矩形②的绘制。

第 3 章 绘制二维图形对象

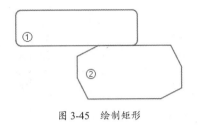

图 3-45 绘制矩形

3.6.2 多边形

执行"多边形"(POLYGON)命令,可以创建具有 3~1024 条等长边的闭合多段线(正多边形)。用户可以通过采用"圆心"和"半径"的方式创建多边形,也可以通过确定多边形的边长和位置来创建多边形。

多边形的边数至少为 3 条,至多可以设置 1024 条,且多边形的边数都是整数,每条边都是等长的。多边形的性质是多段线。

下面结合实例对多边形的命令操作进行讲解。

用户可以通过下列 2 种方式启用"多边形"命令。

- 选择"默认"选项卡,单击"绘图"面板 → "矩形"右侧的箭头 → "多边形"按钮⬠。
- 在命令行中输入"POLYGON"或"POL"命令,并按回车键。

1)以"圆心、半径"的方式创建多边形

以"圆心、半径"的方式创建多边形是系统默认的创建多边形的方式,操作步骤如下。

(1)选择"默认"选项卡,单击"绘图"面板 → "矩形"右侧的箭头 → "多边形"按钮⬠。

(2)打开状态栏"对象捕捉"模式,根据命令行提示操作如下。

```
命令:_POLYGON
输入侧面数<4>:(输入"6",按回车键确认)
指定正多边形的中心或[边(E)]:(拾取图 3-46(a)中小圆的中心)
输入选项[内接于圆(I)/外切于圆(C)]<C>:(输入"I",按回车键确认)
指定圆的半径:(拾取图 3-46(a)中小圆的边)
```

以"内接于圆"的方式绘制如图 3-46(b)所示的多边形。

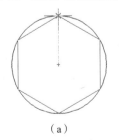
(a)

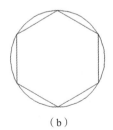
(b)

图 3-46 以"内接于圆"的方式绘制多边形

根据命令行提示操作如下。

81

```
命令：_POLYGON
输入侧面数<4>：(输入"6"，按回车键确认)
指定正多边形的中心或[边(E)]：(拾取图3-47（a）中小圆的中心)
输入选项[内接于圆(I)/外切于圆(C)]<C>：(输入"C"，按回车键确认)
指定圆的半径：(拾取图3-47（a）中小圆的边)
```

以"外切于圆"的方式绘制多边形，如图3-47（b）所示。

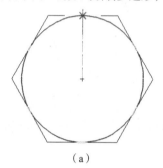
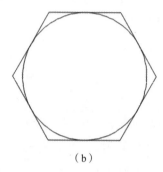

（a） （b）

图3-47 以"外切于圆"的方式绘制多边形

2）以"多边形一条边的长度和位置"的方式绘制多边形

（1）单击"默认"选项卡 → "绘图"面板 → "矩形"右侧的箭头 → "多边形"按钮 ⬠。

（2）以"多边形一条边的长度和位置"的方式绘制多边形，根据命令行提示操作如下。

```
命令：_POLYGON
输入侧面数<4>：(输入"6"，按回车键确认)
指定正多边形的中心或[边(E)]：(输入"E"，按回车键确认)
指定边的第一个端点：(拾取图3-48（a）中矩形左端点处)
指定边的第二个端点：(拾取图3-48（b）中矩形右端点处)
```

系统自动绘制出与矩形边长等长的正六边形，如图3-48（b）所示。

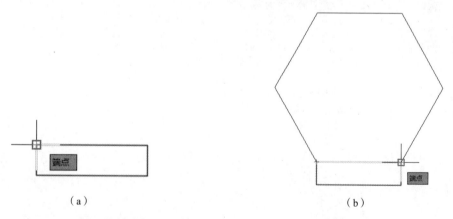

（a） （b）

图3-48 以"多边形一条边的长度和位置"的方式绘制多边形

😊 练习：利用多边形绘制图形

（1）打开练习文件"3-6利用多边形绘制图形"，绘制如图3-49所示的图形。

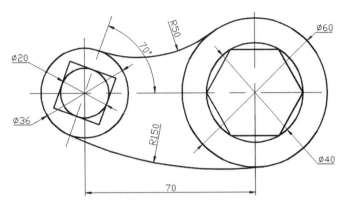

图 3-49 利用多边形绘制图形

（2）选择"默认"选项卡 → "图层"面板 → "中心线"图层。

（3）单击"绘图"面板 → "直线"按钮，绘制两条相交的中心线，根据命令行提示操作如下。

```
命令：_LINE
指定第一点：（在模型空间中的任意空白区域单击）
指定下一点：（水平向右拖动鼠标，输入长度为80，按回车键确认）
指定下一点或[放弃(U)]：（按回车键结束命令）
```

参照上述步骤，绘制垂直中心线，完成两条相交中心线的绘制，如图 3-50 所示。

图 3-50 绘制中心线

（4）单击"修改"面板 → "偏移"按钮（此命令在后续会详细讲解，本节只是简单地介绍操作过程），绘制辅助线，根据命令行提示操作如下。

```
命令：_OFFSET
当前设置：删除源=否  图层=源  OFFSTEGAPTYPE=0
指定偏移距离，或[通过(T)/删除(E)/图层(L)]<通过>：（输入偏移距离为70）
选择要偏移的对象，或[退出(E)/放弃(U)]<退出>：（单击图 3-50 中的垂直中心线）
指定要偏移的那一侧上的点，或[退出(E)/多个(M)/放弃(U)]：（在垂直中心线的右侧单击）
选择要偏移的对象，或[退出(E)/放弃(U)]：（按回车键结束命令）
```

在打开"极轴追踪"模式的前提下，拾取中心线夹点，适当延长新创建的偏移中心线，结果如图 3-51 所示。

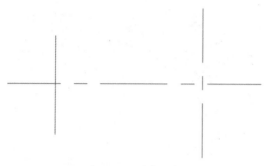

图 3-51 偏移中心线

（5）在功能区"默认"选项卡的"图层"面板中，切换至"粗实线"图层。

（6）单击"绘图"面板 → "圆"按钮，以"圆心、半径"的方式绘制两组同心圆，根据命令行提示操作如下。

命令：_CIRCLE
指定圆的圆心或[三点(3P)/两点(2P)/相切、相切、半径(T)]：（指定圆心，拾取图 3-52 中的交点）
指定圆的半径或[直径(D)]：（输入"10"，按回车键确认）
指定圆的圆心或[三点(3P)/两点(2P)/相切、相切、半径(T)]：（拾取图 3-52 中的交点）
指定圆的半径或[直径(D)]：（输入"18"，按回车键确认）

完成左侧交线上两个同心圆的绘制，如图 3-53 所示。

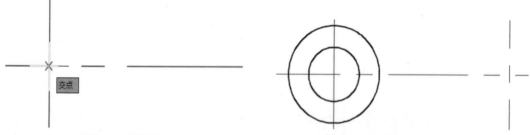

图 3-52 指定圆心　　　　　　　　　图 3-53 左侧交线上的两个同心圆

命令：_CIRCLE
指定圆的圆心或[三点(3P)/两点(2P)/相切、相切、半径(T)]：（指定圆心，拾取图 3-54 中的中点）
指定圆的半径或[直径(D)]：（输入"20"，按回车键确认）
指定圆的圆心或[三点(3P)/两点(2P)/相切、相切、半径(T)]：（拾取图 3-54 中的中点）
指定圆的半径或[直径(D)]：（输入"30"，按回车键确认）

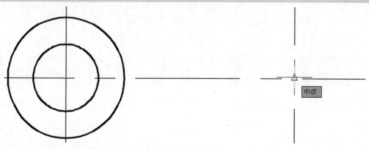

图 3-54 指定圆心

完成右侧交线上两个同心圆的绘制，绘制结果如图 3-55 所示。

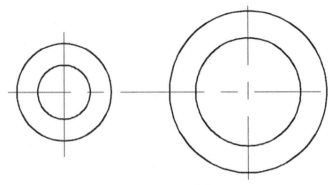

图 3-55　绘制结果

（7）选择"默认"选项卡，单击"修改"面板 → "旋转"按钮，完成如图 3-56 所示的辅助线旋转。

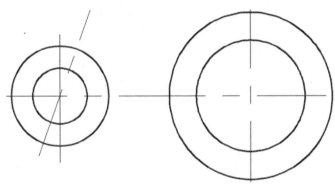

图 3-56　辅助线旋转

根据命令行提示操作如下。

命令：_ROTATE
选择对象：（单击水平中心线，按回车键确认）
指定基点：（指定左侧两条中心线的交点为基点）
指定旋转角度，或[复制(C)/参照(R)]<0>：（输入"C"，按回车键确认）
指定旋转角度，或[复制(C)/参照(R)]<0>：（输入"70"，按回车键确认）

（8）单击"绘图"面板 → "多边形"按钮，打开状态栏"对象捕捉"模式，根据命令行提示操作如下。

命令：_POLYGON
输入侧面数<4>：（输入"4"，按回车键确认）
指定正多边形的中心点或[边(E)]：（单击左侧两条中心线的交点）
输入选项[内接于圆(I)/外切于圆(C)]<I>：（输入"C"，按回车键确认）
指定圆的半径：（拾取图 3-57 中辅助线与直径为 20 的圆的交点）

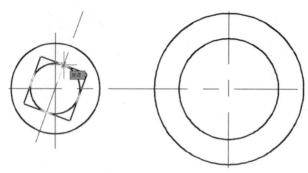

图 3-57 指定四边形与圆的切点

再次启用"多边形"命令,根据命令行提示操作如下。

```
命令:_POLYGON
输入侧面数<4>:(输入"6",按回车键确认)
指定正多边形的中心点或[边(E)]:(单击图 3-58 中右侧两条中心线的交点)
输入选项[内接于圆(I)/外切于圆(C)]<I>:(输入"I",按回车键确认)
指定圆的半径:(拾取图 3-58 中辅助线与直径为 40 的圆的交点)
```

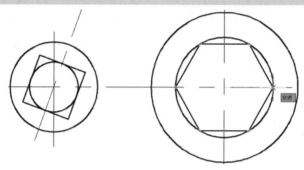

图 3-58 指定六边形半径

完成多边形的绘制,如图 3-59 所示。

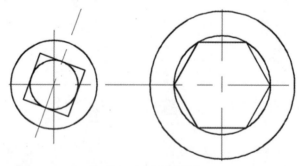

图 3-59 绘制多边形

(9)单击"绘图"面板 → "相切、相切、半径"按钮,根据命令行提示操作如下。

```
命令:_CIRCLE
指定圆的圆心或[三点(3P)/两点(2P)/相切、相切、半径(T)]:_ttr
指定对象与圆的第一个切点:(单击图 3-60(a)中直径为 36 的圆)
指定对象与圆的第二个切点:(单击图 3-60(b)中直径为 60 的圆)
```

指定圆的半径：(输入"50"，按回车键确认)

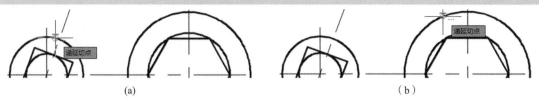

图 3-60 指定对象与圆的切点

再次启用"圆"命令，根据命令行提示操作如下。

命令：_CIRCLE
指定圆的圆心或[三点(3P)/两点(2P)/相切、相切、半径(T)]：_ttr
指定对象与圆的第一个切点：(单击图 3-61(a)中直径为 36 的圆)
指定对象与圆的第二个切点：(单击图 3-61(b)中直径为 60 的圆)
指定圆的半径：(输入"150"，按回车键确认)

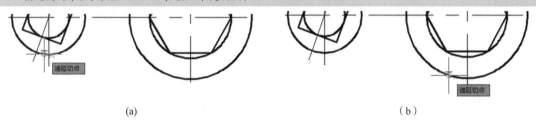

图 3-61 指定对象与圆的切点

完成绘制的图形如图 3-62 所示。

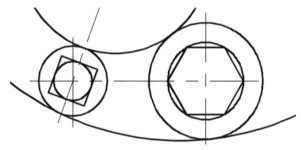

图 3-62 绘制结果

（10）单击"修改"面板 → "修剪"按钮，将不需要的粗实线修剪掉，根据命令行提示操作如下。

命令：_TRIM
选择对象或<全部选择>：(从右向左框选全部对象)
指定对角点：找到 12 个 (按回车键，选择全部对象为修剪对象)
选择要修剪的对象，或按住 Shift 键选择要延伸的对象，或[栏选(F)/窗交(C)/投影(P)/边(E)/删除(R)/放弃(U)]：(单击需要修剪的部分)

（11）在关闭状态栏"对象捕捉"模式的情况下，单击"修改"面板 → "打断"按钮，将辅助线在合适位置打断，之后将不需要的辅助线删除，在进行打断操作时，可以临时关闭"对象捕捉"模式。

完成打断操作后，得到的图形如图 3-63 所示。

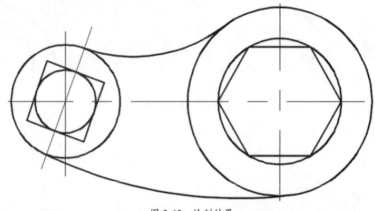

图 3-63　绘制结果

3.7　绘制多段线

多段线又被称为"多义线"，是由多条首尾相连的直线段和圆弧组成的一个复合对象。多段线可以改变首尾线段的线宽，常用于三维建模中，用户可以通过下列 2 种方式启用"多段线"命令。

- 单击"默认"选项卡 →"绘图"面板 →"多段线"按钮 。
- 在命令行中输入"PLINE"或"PL"命令，并按回车键。

执行上述任意一种操作之后，命令行出现如下提示。

```
指定起点：
当前线宽为 0.0000
```

指定起点后，命令行出现如图 3-64 所示的提示框。

```
PLINE 指定下一个点或 [圆弧(A) 半宽(H) 长度(L) 放弃(U) 宽度(W)]:
```

图 3-64　命令行提示框

命令行中的选项，解释如下。

【圆弧(A)】将绘制直线方式转化为绘制圆弧的方式，将圆弧添加到多段线中。

【半宽(H)】用于设置多段线的一半宽度值，即输入的数值为宽度的一半。

【长度(L)】与前一线段相同的角度。

【放弃(U)】用于绘制带厚度的多段线。

【宽度(W)】用于绘制带宽度的多段线，执行该命令后，命令行提示指定多段线的线宽。

1）创建仅包含直线的多段线

创建仅包含直线的多段线类似于创建直线。单击"多段线"按钮后，输入起点位置，在命令行的提示下，直接输入线段的长度或者通过"极轴追踪"捕捉每条线段的长度，可以连续绘制多条线段，该命令绘制的多段线是一个整体。用户可以通过绘制如图 3-65（a）所示的图形，熟悉创建"仅包含直线的多段线"的步骤。

2）创建由圆弧和直线组成的多段线

"多段线"命令允许用户创建由直线和圆弧组成的组合线段。下面结合实例对该命令进行说明。

单击"默认"选项卡 → "绘图"面板 → "多段线"按钮，根据命令行提示操作如下。

```
命令：_PLINE
指定起点：（输入"20,20"，按回车键确认）
当前线宽为 0.0000
指定下一点或[圆弧(A)/半宽(H)/长度(L)/放弃(U)/宽度(W)]：（输入"120,0"，按回车键确认）
指定下一点或[圆弧(A)/半宽(H)/长度(L)/放弃(U)/宽度(W)]：（输入"0,50"，按回车键确认）
指定下一点或[圆弧(A)/半宽(H)/长度(L)/放弃(U)/宽度(W)]：（输入"A"，按回车键确认）
指定圆弧的端点(按住 Ctrl 键以切换方向)或[角度(A)/圆心(CE)/闭合(CL)/方向(D)/半宽(H)/直线(L)/半径(R)/第二个点(S)/放弃(U)/宽度(W)]：（输入"R"，按回车键确认）
指定圆弧的半径：（鼠标沿 X 轴负方向拖动，输入"80"，按回车键确认）
指定圆弧的端点(按住 Ctrl 键以切换方向)或[角度(A)/圆心(CE)/闭合(CL)/方向(D)/半宽(H)/直线(L)/半径(R)/第二个点(S)/放弃(U)/宽度(W)]：（输入"L"，按回车键确认）
指定下一点或[圆弧(A)/闭合(C)/半宽(H)/长度(L)/放弃(U)/宽度(W)]：（输入"-40,0"，按回车键确认）
指定下一点或[圆弧(A)/闭合(C)/半宽(H)/长度(L)/放弃(U)/宽度(W)]：（输入"C"，按回车键确认）
```

完成绘制的多段线如图 3-65（b）所示。

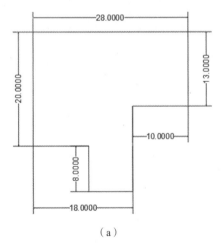
（a）

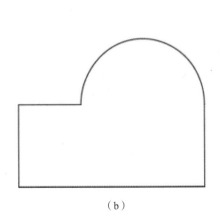
（b）

图 3-65　绘制多段线

3.8　绘制样条曲线

样条曲线是通过拟合一系列离散的点而生成的光滑曲线，它用于创建形状不规则的曲线。

在 AutoCAD 2020 中，用户可以通过下列 2 种方式启用"样条曲线"命令。

- 单击"默认"选项卡 → "绘图"面板 → "样条曲线拟合"或"样条曲线控制点"按钮。

- 在命令行中输入"SPLINE"命令，并按回车键。

1）用拟合点方式绘制样条曲线

单击"绘图"面板 → "样条曲线拟合"按钮，用拟合点方式绘制样条曲线，根据命令行提示操作如下。

```
命令：_SPLINE
指定第一点或[方式(M)/节点(K)/对象(O)]：（拾取图3-66中的1点）
输入下一点或[起点切向(T)/公差(L)]：（拾取图3-66中的2点）
输入下一点或[起点切向(T)/公差(L)/放弃(U)]：（拾取图3-66中的3点）
输入下一点或[起点切向(T)/公差(L)/放弃(U)/闭合(C)]：（拾取图3-66中的4点）
```

完成绘制的样条曲线如图3-66所示。

图3-66 用拟合点方式绘制样条曲线

2）用控制点方式绘制样条曲线

单击"绘图"面板 → "样条曲线控制点"按钮，用控制点方式绘制样条曲线，根据命令行提示操作如下。

```
命令：_SPLINE
指定第一点或[方式(M)/阶数(K)/对象(O)]：（拾取图3-67中的1点）
输入下一点：（拾取图3-67中的2点）
输入下一点或[闭合(C)/或放弃(U)]：（拾取图3-67中的3点）
输入下一点或[闭合(C)/或放弃(U)]：（拾取图3-67中的4点，按回车键结束命令）
```

完成绘制的样条曲线如图3-67所示。

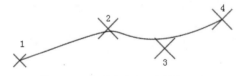

图3-67 用控制点方式绘制样条曲线

3.9 面域

面域是用闭合的形状或环创建的具有物理特性的二维区域。

面域可以用于填充颜色、测量面积、提取设计信息（形心等），并可作为创建三维实体的基础截面。

面域作为一个面，需要先绘制一个封闭的边界，边界可以由直线、圆弧和多段线等图形组成，原则是绘制的边界封闭但不交叉。

用户可以通过下列 3 种方式启用"面域"命令。

- 选择菜单栏中的"绘图"→"面域"命令。
- 单击"默认"选项卡 →"绘图"面板 →"面域"按钮。
- 在命令行中输入"REGION"或"REG"命令,并按回车键。

在 AutoCAD 2020 中定义面域的步骤如下。

(1)单击"默认"选项卡 →"绘图"面板 →"面域"按钮。

(2)选择对象创建面域,并按回车键。所选择的对象需要形成封闭区域,如圆、矩形和多边形等。

☺ 练习:创建面域

打开练习文件"3-9 面域",如图 3-68(a)所示。

1)创建面域

单击"默认"选项卡 →"绘图"面板 →"面域"按钮,根据命令行提示操作如下。

```
命令:_REGION
选择对象:(从右向左框选全部图形对象,按回车键确认)
指定对角点:找到 6 个
选择对象:
已提取 6 个环
已创建 6 个面域
```

2)测量阴影部分面积

单击"默认"选项卡 →"实用工具"面板 →"测量"下拉按钮 →"测量面积"按钮,根据命令行提示操作如下。

```
命令:_MEASUREGEOM
输入选项[距离(D)/半径(R)/角度(A)/面积(AR)/体积(V)] <距离>:_area
指定第一个角点或[对象(O)/增加面积(A)/减少面积(S)/退出(X)]:(输入"A",按回车键确认)
指定第一个角点或[对象(O)/减少面积(S)/退出(X)]:(输入"O",按回车键确认)
("加"模式)选择对象:(单击大圆边界线,如图 3-68(b)所示,按回车键确认)
指定第一个角点或[对象(O)/减少面积(S)/退出(X)]:(输入"S",按回车键确认)
指定第一个角点或[对象(O)/减少面积(S)/退出(X)]:(输入"O",按回车键确认)
("减"模式选择对象):(依次单击图 3-68(c)中的 6 个小圆边界线)
```

完成上述操作,命令行显示阴影部分的面积为 总面积 = 2499478.7474。

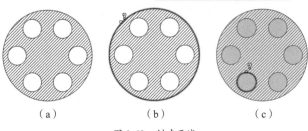

(a)　　　　　(b)　　　　　(c)

图 3-68　创建面域

3.10 图案填充

3.10.1 创建图案填充

在机械制图中常用图案填充功能表示零件实体的剖面线，以凸显某个区域或表示某种材质。用户可以通过下列 3 种方式启用"图案填充"命令。

- 单击"默认"选项卡 → "绘图"面板 → "图案填充"按钮。
- 选择菜单栏中的"绘图" → "图案填充"命令。
- 在命令行中输入"HATCH"命令，并按回车键。

执行上述任意一种操作后，打开"图案填充创建"选项卡，如图 3-69 所示，该选项卡只有在用户使用图案填充命令或编辑图案填充时才会出现。

图 3-69 "图案填充创建"选项卡

在"图案填充创建"选项卡上单击"选项"面板右下角的"对话框启动器"按钮，可以弹出"图案填充和渐变色"对话框，如图 3-70 所示，其内容与"图案填充创建"选项卡一致。

图 3-70 "图案填充和渐变色"对话框

现对主要选项的功能进行简单的介绍。

【边界】"边界"选项组中包括"添加：拾取点"、"添加：选择对象"、"删除边界"、"重新创建边界"和"查看选择集" 5 个按钮。

① "添加：拾取点"按钮：用于指定边界内的任意一点，并在现有对象中检测距离该点最近的边界，构成封闭区域；在封闭区域内拾取光标，封闭区域的边界呈高亮显示；用户可以继续拾取点，添加新的填充边界，按回车键进行填充。该方法是图案填充最常用的方法。

② "添加：选择对象"按钮：通过选择边界对象，将指定的图案填充到封闭区域内。该方法不能自动识别封闭区域内的对象。

③ "删除边界"按钮：删除已定义的图案填充边界。被选择的边界对象不再作为图案填充对象。

④ "重新创建边界"按钮：用于重新创建填充边界，此功能用于编辑填充边界。

⑤ "查看选择集"按钮：使用当前图案填充或填充设置显示当前定义的边界。仅当定义了边界时才可以使用此选项。

【选项】"选项"选项组中包括"注释性""关联""创建独立的图案填充""绘图次序"等选项。

① "注释性"复选框：勾选该复选框，可将填充图案指定为注释性对象，AutoCAD 根据视口比例自动调整填充图案的比例。

② "关联"复选框：用于设置图案填充是否关联。关联的图案填充会随边界的更改而自动更新。

③ "创建独立的图案填充"复选框：当同时设置多个闭合区域时，选择是创建单个图案填充对象还是多个图案填充对象。

④ "绘图次序"下拉列表：用于设置图案填充的绘图次序。可设置为"前置""后置""置于边界之后""置于边界之前"或不指定绘图次序。

☺ 练习：图案填充 1

打开练习文件"3-10 图案填充 1"，如图 3-71 所示。

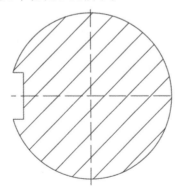

图 3-71　练习文件"3-10 图案填充 1"

（1）在"图案填充创建"选项卡的"图案"面板中，选择填充图案为"ANSI31"。

（2）在"特性"面板中，设置图案填充透明度为 0；图案填充比例为 3.5；图案填充角度为 0。

（3）使用鼠标依次拾取图形中的 4 个空白区域。在"选项"面板中确保"关联"按钮处于打开状态，然后关闭"图案填充创建"选项卡。

☺ 练习：图案填充 2

图中标注的文本（字母和数字）采用 gbeitc.shx，大字体为 gbcbig.shx。

（1）打开练习文件"3-10 图案填充 2"，绘制如图 3-72 所示的图形。

（2）在打开状态栏"对象捕捉"模式和"极轴追踪"模式的情况下，单击"直线"按钮，绘制直线段，根据命令行提示操作如下。

```
命令：_LINE
指定第一点：（在绘图区任意位置单击，作为直线段的第一点）
（水平向右拖动鼠标，输入长度为 60）
指定下一点或[放弃(U)]：（按回车键结束命令）
```

图 3-72　图案填充

在绘图区绘制一条水平线，根据命令行提示操作如下。

```
命令：_LINE
指定第一点：（单击新创建的直线段的左端点）
指定下一点或[放弃(U)]：（切换至英文输入法，输入"@62<57"）
指定下一点或[放弃(U)]：（水平向右拖动鼠标，输入长度为 35）
指定下一点或[闭合(C)/放弃(U)]：（拾取长度为 60 的线段的右端点）
指定下一点或[闭合(C)/放弃(U)]：（按回车键结束命令）
```

绘制结果如图 3-73 所示。

（3）单击"绘图"面板 → "圆"按钮，以"相切、相切、半径"的方式绘制两个半径为 6.5 的圆，根据命令行提示操作如下。

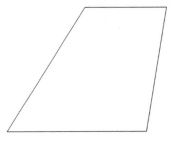

图 3-73 绘制直线段

```
命令：_CIRCLE
指定对象与圆的第一个切点：(拾取图 3-74（a）中直线段上的一点)
指定对象与圆的第二个切点：(拾取图 3-74（b）中直线段上的一点)
指定圆的半径：(输入"6.5"，按回车键确认)
```

再次启用该命令，以"相切、相切、半径"的方式绘制第二个半径为 6.5 的圆，根据命令行提示操作如下。

```
命令：_CIRCLE
指定对象与圆的第一个切点：(拾取图 3-74（c）中线段上的一点)
指定对象与圆的第二个切点：(拾取图 3-74（d）中线段上的一点)
指定圆的半径：(输入"6.5"，按回车键确认)
```

绘制结果如图 3-75 所示。

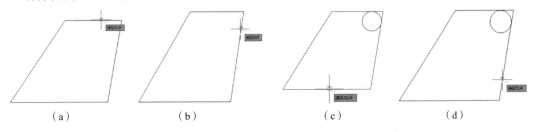

图 3-74 指定对象与圆的切点

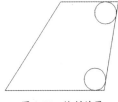

图 3-75 绘制结果

（4）单击"绘图"面板→"圆"按钮，以"三点"的方式绘制圆，根据命令行提示操作如下。

```
命令：_CIRCLE
指定圆的圆心或[三点(3P)/两点(2P)/切点、切点、半径(T)]：_3p
指定圆上的第一个点：(按住 Ctrl 键的同时单击鼠标右键，在弹出的快捷菜单中，选择"切点"命令作为
临时捕捉点，捕捉图 3-76 中右上角半径为 6.5 的圆)
指定圆上的第二个点：(按住 Ctrl 键的同时单击鼠标右键，在弹出的快捷菜单中，选择"切点"命令作为
```

临时捕捉点,捕捉图 3-76 中右下角半径为 6.5 的圆）

指定圆上的第三个点：(按住 Ctrl 键的同时单击鼠标右键，在弹出的快捷菜单中，选择"垂直"命令作为临时捕捉点，捕捉图 3-76 中的斜边）

绘制结果如图 3-77 所示。

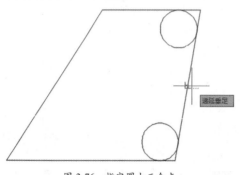
图 3-76 指定圆上三个点

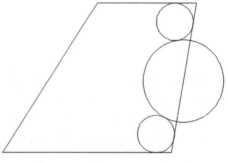
图 3-77 绘制结果

(5) 单击"修改"面板 → "修剪"按钮，将不需要的粗实线修剪掉，最后得到的图形如图 3-78 所示。根据命令行提示操作如下。

命令：_TRIM

选择对象或<全部选择>:（从左向右框选全部对象）

指定对角点，找到 7 个

选择对象：（按回车键修剪对象）

选择要修剪的对象，或按住 Shift 键选择要延伸的对象，或[栏选(F)/窗交(CP)/投影(P)/边(E)/删除(R)/放弃(U)]：（单击要删除的对象）

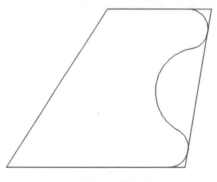
图 3-78 修剪结果

(6) 单击"绘图"面板 → "图案填充"按钮，功能区弹出"图案填充创建"选项卡，如图 3-79 所示，在"图案"面板中，单击"ANSI31"图案样式；在"选项"面板中，单击"关联"按钮。

图 3-79 "图案填充创建"选项卡

设置完成后，单击"边界"面板 → "拾取点"按钮，然后单击需要填充图案的空白区域。单击

"关闭"面板 → "关闭图案填充创建"按钮 ✓，完成图案填充，如图 3-80 所示。

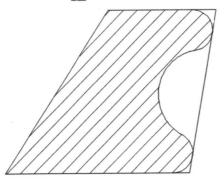

图 3-80　图案填充结果

说明 1：在"图案填充创建"选项卡中，单击"关联"按钮，则表示新创建的图案填充与边界是相互关联的。当对关联图案填充的边界对象进行修改时，图案填充自动随边界做出关联的改变，以当前图案自动填充新的边界，如图 3-81（a）所示，拖动多边形左上角夹点，更改边界形状，则图案填充也发生相应的改变。

如果不选择关联填充，则图案填充不随边界的变化而变化，仍保持原来的形状，如图 3-81（b）所示。

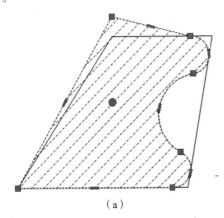
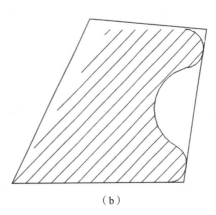

（a）　　　　　　　　　　　　　　（b）

图 3-81　图案填充区域与图案填充边界是否关联

在默认情况下，系统中的图案填充区域与图案填充边界是具有关联性的。

说明 2：当删除边界时并不会删除图案填充。

说明 3：使用"图案填充创建"选项卡中的设定原点功能，可以调整图案填充的排列方式。

说明 4：当激活图案填充命令后，同时在多个区域内创建图案填充或渐变色时，多个区域内的图案填充被视为同一个图案填充对象，当选择某一个区域内的图案填充时，所有区域的图案填充都会被选择。如果想要将图案填充变成多个对象，需要分别创建独立的图案填充对象。

3.10.2 创建渐变色图案填充

渐变色是图案填充的一种特殊形式，可增强演示图形的效果。

用户可以通过下列 3 种方式启用"渐变色填充"命令。

- 单击"默认"选项卡 → "绘图"面板 → "渐变色"按钮。
- 选择菜单栏中的"绘图" → "渐变色"命令。
- 在命令行中输入"GRADIENT"命令，并按回车键。

用户可以在"图案填充创建"选项卡 → "特性"面板 → "图案填充类型"中选择"渐变色"，在"渐变色 1"和"渐变色 2"中设置颜色，在"图案"面板中调整颜色的渐变程度。

在"特性"面板中，可以选择渐变色颜色、调整图案填充透明度和渐变色填充角度等，如图 3-82 所示。

图 3-82　"特性"面板

AutoCAD 2020 默认有 9 种渐变色填充样式，如图 3-83 所示。在"原点"面板中可以设置渐变色是否居中，居中与不居中的填充结果是不同的。

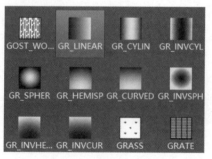

图 3-83　渐变色填充样式

☺ 练习：渐变色填充

（1）打开练习文件"3-10 使用渐变色填充"，对文件中的窗户填充渐变色。

（2）单击"默认"选项卡 → "绘图"面板 → "渐变色"按钮。

（3）在"图案"面板中选择渐变色样式为"GR_HEMISP"。

（4）在"特性"面板中设置渐变色。选择颜色为"蓝"和"255,255,255"，如图 3-84 所示。

图 3-84　渐变色填充颜色选择

（5）单击"边界"面板 →"拾取点"按钮，拾取窗户玻璃进行渐变色填充，按回车键结束此渐变色填充。

（6）重复步骤（4），选择颜色为"蓝"和"黄"，如图 3-85 所示。

图 3-85　渐变色填充颜色选择

（7）重复步骤（5），拾取窗户之间的边框进行渐变色填充，按回车键结束此渐变色填充。

（8）重复步骤（4），选择颜色为"205,105,40"和"247,171,174"，如图 3-86 所示。

图 3-86　渐变色填充颜色选择

（9）在"选项"面板的"绘图顺序"下拉列表中选择"后置"选项。

（10）单击"边界"面板 →"拾取点"按钮，拾取背景墙面进行渐变色填充，按回车键结束此渐变色填充。

（11）窗户填充效果如图 3-87 所示。

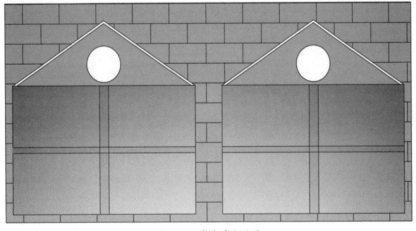

图 3-87　窗户填充结果

3.11　思考与练习

1. 绘制如图 3-88 所示的图形，并填充 ANSI35 图案，设置填充图案比例为 3.5，填充图案角度为 −10°，边界关联。

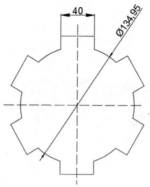

图 3-88　图案填充练习

2. 定数等分与定距等分的区别是什么？

3. 如何创建构造线和射线？二者有什么区别？分别应用在什么场景中？

4. 在 AutoCAD 2020 中，绘制多边形的方法有几种？

5. 在 AutoCAD 2020 中，绘制圆的方法有几种？读者是否已经熟练掌握？

第 4 章

编辑二维图形对象

本章主要内容

- 删除、移动、复制和旋转图形对象；
- 镜像、阵列和偏移图形对象；
- 修改对象的形状和大小；
- 倒角、圆角、打断、合并和分解；
- 编辑对象特性；
- 块的创建与使用；
- 块的编辑与修改。

通过学习本章，有助于用户在绘制复杂图形时提高绘图效率。

4.1 删除、移动、复制和旋转二维图形对象

4.1.1 删除

在绘图过程中，常用"删除"命令清除不需要的辅助线等，用户可以通过下列 3 种方式启用"删除"命令。

- 单击"默认"选项卡 → "修改"面板 → "删除"按钮 。
- 选择要删除的对象，按 Delete 键删除对象。
- 先选择要删除的对象，然后单击"修改"面板 → "删除"按钮 。

如果误删，用户可以在命令行中输入"UNDO"命令恢复被删除的图形；也可以通过单击"快速访问工具栏"中的"放弃"按钮 来恢复被删除的图形。

4.1.2 移动

AutoCAD 2020 中的"移动"命令，允许用户在指定方向和指定位置上移动图形对象。用户可以通过下列 2 种方式启用"移动"命令。

- 单击"默认"选项卡 → "修改"面板 → "移动"按钮 。
- 选择要移动的对象，单击鼠标右键，在弹出的快捷菜单中选择"移动"命令。

用户可以通过指定"基点"和"位移"两种方式移动对象。

【基点】指定基点和第二点，二者构成位移矢量，系统将对象沿两点所确定的位置矢量移动至新位置。

【位移(D)】根据输入的坐标确定对象移动的距离和方向。

☺ 练习："移动"命令

（1）打开练习文件"4-1 移动"，如图 4-1（a）所示。

（2）单击"默认"选项卡 → "修改"面板 → "移动"按钮，根据命令行提示操作如下。

```
命令：_MOVE
选择对象：（选择全部图形对象，按回车键确认）
指定基点或[位移(D)]：（指定小圆中心为基点）
指定第二个点或<使用第一个点作为位移>：（在命令行中输入"50<30°"，按回车键确认）
```

图形移动结果如图 4-1（b）所示。

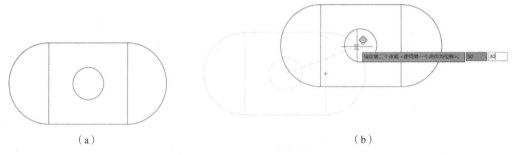

图 4-1　图形移动练习

4.1.3　复制

"复制"命令类似于文字编辑软件 Word 中的文字复制命令，用户可以在指定方向上按照指定距离复制对象，用户可以通过下列 2 种方式启用"复制"命令。

- 单击"默认"选项卡 → "修改"面板 → "复制"按钮。
- 选择要复制的对象，单击鼠标右键，在弹出的快捷菜单中选择"复制"命令。

用户可以通过指定"基点"和"位移"两种方式复制对象。

【基点】指定基点和第二点，二者构成位移矢量，系统将对象沿两点所确定的位移矢量移动至新位置。

【位移(D)】根据输入的坐标确定对象移动的距离和方向。

【模式(O)】模式分为单个（S）和多个（M）两种类型，控制是否自动重复"复制"命令。

☺ 练习："复制"命令

（1）打开练习文件"4-1 复制"。

（2）单击"默认"选项卡 → "修改"面板 → "复制"按钮，根据命令行提示操作如下。

```
命令：_COPY
选择对象：（选择全部图形对象，按回车键确认）
指定基点或[位移(D)/模式(O)]：（指定正方形中心为基点）
指定第二个点或[阵列(A)]：（在绘图平面上任意指定一点作为第二个点，按回车键结束命令）
```

图形复制结果如图 4-2 所示。

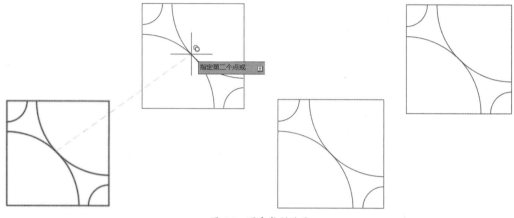

图 4-2 图表复制结果

4.1.4 旋转

用户可以通过指定基点将图形中的对象旋转任意角度。用户可以通过下列 2 种方式启用"旋转"命令。

- 单击"默认"选项卡 → "修改"面板 → "旋转"按钮。
- 选择要旋转的对象，单击鼠标右键，在弹出的快捷菜单中选择"旋转"命令。

指定旋转基点后，命令行出现如图 4-3 所示的提示框。

```
ROTATE 指定旋转角度，或 [复制(C) 参照(R)] <0>:
```

图 4-3 命令行提示框

各选项含义如下。

【复制(C)】在保留原始图形的基础上生成一个新的旋转后的图形对象。

【参照(R)】将图形对象从指定的参照角度旋转至绝对角度。

☺ 练习："旋转"命令 1

（1）打开练习文件"4-1 旋转 1"。

（2）单击"默认"选项卡 → "修改"面板 → "旋转"按钮，根据命令行提示操作如下。

```
命令：_ROTATE
选择对象：（选择全部图形对象，按回车键确认）
指定基点：（指定多边形中心为基点）
指定旋转角度或[复制(C)/参照(R)]：（输入"C"，按回车键确认）
```

指定旋转角度或[复制(C)/参照(R)]:（输入"15"，按回车键确认）

图形旋转结果如图 4-4 所示。

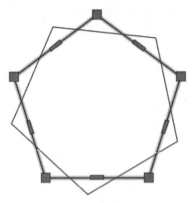

图 4-4　图形旋转结果

☺ **练习："旋转"命令 2**

利用"旋转"命令绘制如图 4-5 所示的图形。

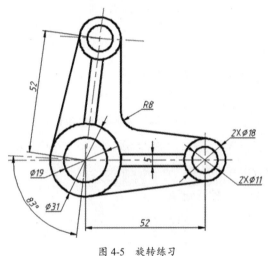

图 4-5　旋转练习

本实例的具体操作步骤如下。

（1）以"无样板打开-公制（M）"的打开方式创建新文件。

（2）单击"默认"选项卡 → "图层"面板 → "图层特性"按钮，在"图层特性管理器"选项板中单击"新建"按钮，创建"粗实线"图层，设置其线型为"Continuous"，线宽为"0.30mm"，颜色为"白"；创建"中心线"图层，设置其线型为"CENTER"，线宽为默认值，颜色为"洋红"；创建"标注"图层，颜色、线型、线宽都设置为默认值。设置结果如图 4-6 所示。

（3）在"中心线"图层中，单击"直线"按钮，绘制两条相交的辅助线，并将垂直中心线向右偏移 52，根据命令行提示操作如下。

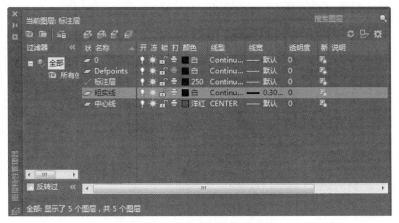

图 4-6　创建图层并设置相应属性

```
命令：_OFFSET
指定偏移距离，或[通过(T)/删除(E)/图层(L)]<通过>：(输入偏移距离为 52)
选择要偏移的对象，或[退出(E)/放弃(U)]<退出>：(单击垂直中心线)
指定要偏移的那一侧上的点，或[退出(E)/多个(M)/放弃(U)]：(在垂直中心线的右侧单击)
选择要偏移的对象，或[退出(E)/放弃(U)]：(按回车键结束命令)
```

将水平中心线上、下各偏移 2.5，根据命令行提示操作如下。

```
命令：_OFFSET
指定偏移距离，或[通过(T)/删除(E)/图层(L)]<通过>：(输入偏移距离为 2.5)
选择要偏移的对象，或[退出(E)/放弃(U)]<退出>：(单击水平中心线)
指定要偏移的那一侧上的点，或[退出(E)/多个(M)/放弃(U)]：(在水平中心线的上方单击)
选择要偏移的对象，或[退出(E)/放弃(U)]：(按回车键确认)
选择要偏移的对象，或[退出(E)/放弃(U)]<退出>：(单击水平中心线)
指定要偏移的那一侧上的点，或[退出(E)/多个(M)/放弃(U)]：(在水平中心线的下方单击)
选择要偏移的对象，或[退出(E)/放弃(U)]：(按回车键结束命令)
```

完成辅助线的绘制，如图 4-7 所示。

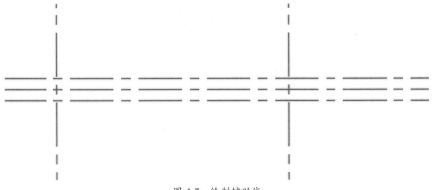

图 4-7　绘制辅助线

（4）切换至"粗实线"图层，利用"绘图"面板中的"圆心、半径"的方式绘制直径为 19、31 和直径为 11、18 的两组同心圆（见图 4-8）。

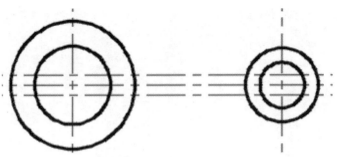

图 4-8　绘制同心圆

根据命令行提示操作如下。

```
命令：_CIRCLE
指定圆的圆心或[三点(3P)/两点(2P)/相切、相切、半径(T)]：(指定图4-7中左侧中心线的交点)
指定圆的半径或[直径(D)]：(输入"D"，按回车键确认)
指定圆的半径或[直径(D)]：(输入"19"，按回车键确认)

命令：_CIRCLE
指定圆的圆心或[三点(3P)/两点(2P)/相切、相切、半径(T)]：(指定图4-7中左侧中心线的交点)
指定圆的半径或[直径(D)]：(输入"D"，按回车键确认)
指定圆的半径或[直径(D)]：(输入"31"，按回车键确认)

命令：_CIRCLE
指定圆的圆心或[三点(3P)/两点(2P)/相切、相切、半径(T)]：(指定图4-7中右侧中心线的交点)
指定圆的半径或[直径(D)]：(输入"D"，按回车键确认)
指定圆的半径或[直径(D)]：(输入"11"，按回车键确认)

命令：_CIRCLE
指定圆的圆心或[三点(3P)/两点(2P)/相切、相切、半径(T)]：(指定图4-7中右侧中心线的交点)
指定圆的半径或[直径(D)]：(输入"D"，按回车键确认)
指定圆的半径或[直径(D)]：(输入"18"，按回车键确认)
```

（5）利用"直线"命令，分别绘制与直径为 31 和直径为 18 的两个圆相切的 2 条直线。命令行提示指定直线第一点时，按住 Shift 键的同时单击鼠标右键，在弹出的"临时捕捉点"快捷菜单中选择"切点"为临时捕捉点，指定直线的第二点同样为"切点"，根据命令行提示操作如下。

```
命令：_LINE
指定第一点：(拾取图4-9(a)中的切点)
指定下一点或[放弃(U)]：(拾取图4-9(b)中的切点)
```

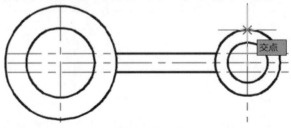

（a）指定第一点

图 4-9　指定直线的起点和终点

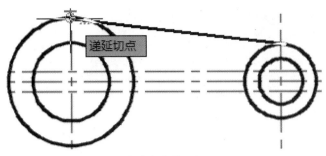

(b)指定第二点

图 4-9 指定直线的起点和终点(续)

再次启用"直线"命令,以上、下偏移距离为 2.5 的辅助线与直径为 18 和直径为 31 的交点处为直线的起点与终点绘制直线,绘制结果如图 4-10 所示。

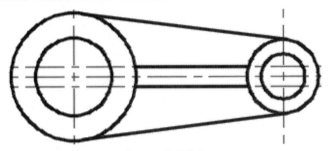

图 4-10 绘制直线

(6)单击"修改"面板 → "旋转"按钮,根据命令行提示操作如下。

```
命令:_ROTATE
选择对象:(选择图 4-11 中的对象)
```

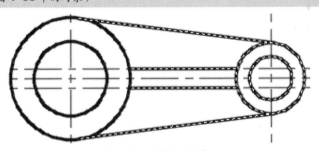

图 4-11 选择旋转对象

```
指定基点:(指定左侧两个同心圆的圆心为基点)
指定旋转角度,或[复制(C)/参照(R)]<0>:(输入"C",按回车键确认)
指定旋转角度,或[复制(C)/参照(R)]<0>:(输入"83",按回车键确认)
```

旋转结果如图 4-12 所示。

(7)单击"圆角"按钮,根据命令行提示操作如下。

```
命令:_FILLET
选择第一个对象或[放弃(U)/多段线(P)/半径(R)/修剪(T)/多个(M)]:(输入"R",按回车键确认)
```

> 指定圆角半径<0.0000>：（输入"8"，按回车键确认）
> 选择第一个对象或[放弃(U)/多段线(P)/半径(R)/修剪(T)/多个(M)]：（输入"T"）
> 输入修剪模式选项[修剪(T)/不修剪(N)]：（选择"修剪(T)"选项）
> 选择第一个对象或[放弃(U)/多段线(P)/半径(R)/修剪(T)/多个(M)]：（单击图4-13中的线段A）
> 选择第二个对象，或按住Shift键选择对象以应用角点或[半径(R)]：（单击图4-13中的线段B）

（8）完成绘制后，保存图形并关闭文件。

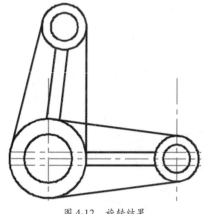
图4-12 旋转结果

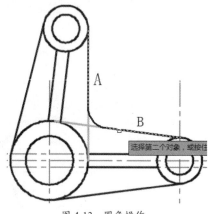
图4-13 圆角操作

4.1.5 旋转CAD视图

用户可以通过用户坐标系（UCS）在不改变坐标系的前提下，旋转视图窗口，其具体操作步骤如下。

（1）确保处于布局窗口中，并已创建好视口。

（2）双击需要旋转的对象的视口。

（3）确保当前UCS与旋转平面平行。如果UCS与旋转平面不平行，依次选择"工具"→"新建UCS（C）"命令进行调整，或在命令行中输入"UCS"命令。

（4）在命令行中输入"UCS"命令，命令行提示如下。

> 当前UCS名称：*世界*
> UCS 指定UCS的原点或 [面(F) 命名(NA) 对象(OB) 上一个(P) 视图(V) 世界(W) X Y Z Z轴(ZA)] <世界>：

（5）选择"Z"选项，此时命令行提示如下。

> 指定UCS的原点或 [面(F)/命名(NA)/对象(OB)/上一个(P)/视图(V)/世界(W)/X/Y/Z/Z轴(ZA)] <世界>：Z
> UCS 指定绕Z轴的旋转角度 <90>：

输入要旋转的角度，顺时针旋转视图则输入90°，逆时针旋转视图则输入-90°。例如，顺时针旋转90°，则坐标系旋转如下。

（6）在命令行中输入快捷键"plan"，或者选择菜单栏中的"视图"→"三维视图"→"平面视图"→"当前 UCS（C）"命令。

（7）整个视图在视口中被旋转，用户可以重新指定视口的比例。

用户也可以使用"MVSETUP"（设置图形的规格）命令对视口中的图形进行方向旋转，其具体操作步骤如下。

（1）首先在视口内双击，选中需要旋转的视口。

（2）在命令行中输入"MVSETUP"命令，命令行提示如下。

```
于目录 C:\Users\Administrator.SKY-20190415BLM\AppData\Roaming\Autodesk\AutoCAD 2019\R23.0\chs\support\.
输入选项 [对齐(A) 创建(C) 缩放视口(S) 选项(O) 标题栏(T) 放弃(U)]:
```

在命令行中输入"A"，此时命令行提示如下。

```
输入选项 [对齐(A)/创建(C)/缩放视口(S)/选项(O)/标题栏(T)/放弃(U)]: A
输入选项 [角度(A) 水平(H) 垂直对齐(V) 旋转视图(R) 放弃(U)]:
```

在命令行中选择"旋转视图(R)"选项，在视口中围绕基点旋转视图，此时命令行提示如下。

```
指定视口中要旋转视图的基点:
```

根据命令行提示绘制一条方向线，完成视图的旋转。这样可以在视口中实现倾斜图纸的摆正打印，而且不会影响模型空间中的坐标系，且在不同的视图中可以使用不同的坐标系。

4.2 镜像、阵列和偏移二维图形对象

4.2.1 镜像

镜像即创建选定对象的镜像副本。用户可以通过"镜像"命令创建半个图形对象，选择这些图形对象并沿指定的线进行镜像以创建另一半。用户可以通过下列 2 种方式启用"镜像"命令。

- 单击"默认"选项卡 →"修改"面板 →"镜像"按钮。
- 选择菜单栏中的"修改"→"镜像"命令。

☺ 练习："镜像"命令 1

（1）打开练习文件"4-2 镜像命令 1"。

（2）单击"默认"选项卡 →"修改"面板 →"镜像"按钮，根据命令行提示操作如下。

```
命令: _MIRROR
选择对象:（选择图 4-14（a）中的全部图形对象，按回车键确认）
指定镜像线的第一点:（单击图 4-14（b）中的①）
指定镜像线的第二点:（单击图 4-14（b）中的②）
要删除源对象吗? [是(Y)/否(N)]:（输入"N"，按回车键确认）
```

完成镜像的效果如图 4-14（c）所示。

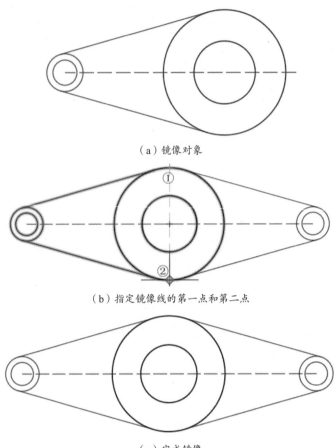

(a) 镜像对象

(b) 指定镜像线的第一点和第二点

(c) 完成镜像

图 4-14 镜像练习

这里需要注意的是，在默认情况下，镜像文字对象不更改文字的方向，MIRRTEXT 系统变量设置为 0；如果要反转文字，需要将 MIRRTEXT 系统变量设置为 1。

☺ 练习："镜像"命令 2

（1）打开练习文件"4-2 镜像命令 2"。

（2）在"默认"选项卡的"图层"面板中，选择"中心线"图层，绘制如图 4-15 所示的中心线。

（3）单击"修改"面板 → "偏移"按钮，根据命令行提示操作如下。

```
命令：_OFFSET
当前设置：删除源=否  图层=源  OFFSTEGAPTYPE=0
指定偏移距离，或 [通过(T)/删除(E)/图层(L)]<通过>：（输入偏移距离为 28.5）
选择要偏移的对象，或 [退出(E)/放弃(U)]<退出>：（单击图 4-15 中的垂直中心线）
指定要偏移的那一侧上的点，或 [退出(E)/多个(M)/放弃(U)]：（在垂直中心线的左侧单击）
选择要偏移的对象，或 [退出(E)/放弃(U)]（输入"E"，退出命令）
命令：_OFFSET
当前设置：删除源=否  图层=源  OFFSTEGAPTYPE=0
```

指定偏移距离, 或[通过(T)/删除(E)/图层(L)]<通过>：(输入偏移距离为 38.5)
选择要偏移的对象, 或[退出(E)/放弃(U)]<退出>：(单击图 4-15 中的水平中心线)
指定要偏移的那一侧上的点, 或[退出(E)/多个(M)/放弃(U)]：(在水平中心线的下方单击)
选择要偏移的对象, 或[退出(E)/放弃(U)]：(输入"E", 退出命令)
命令：_OFFSET
当前设置：删除源=否 图层=源 OFFSTEGAPTYPE=0
指定偏移距离, 或[通过(T)/删除(E)/图层(L)]<通过>：(输入偏移距离为 9)
选择要偏移的对象, 或[退出(E)/放弃(U)]<退出>：(单击新创建的偏移线)
指定要偏移的那一侧上的点, 或[退出(E)/多个(M)/放弃(U)]：(在新创建的偏移线的下方单击)
选择要偏移的对象, 或[退出(E)/放弃(U)]：(输入"E", 退出命令)

偏移结果如图 4-16 所示。

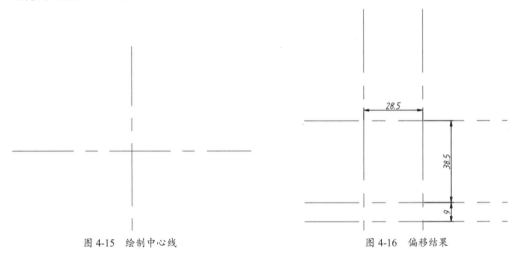

图 4-15　绘制中心线　　　　　　　图 4-16　偏移结果

（4）在"图层"面板中, 切换至"粗实线"图层, 打开状态栏中的"对象捕捉"、"极轴追踪"和"动态输入"模式。

（5）单击"绘图"面板 → "直线"按钮, 根据命令行提示操作如下。

命令：_LINE
指定第一点：(拾取图 4-17 中中心线的交点)
指定下一点或[放弃(U)]：(水平向左拖动鼠标, 输入长度为 10.5)
指定下一点或[放弃(U)]：(输入"@19.14<131")
指定下一点或[闭合(C)/放弃(U)]：(水平向左拖动鼠标, 输入"24", 按回车键确认)
指定下一点或[闭合(C)/放弃(U)]：(垂直向下拖动鼠标, 输入"29", 按回车键确认)
指定下一点或[闭合(C)/放弃(U)]：(水平向右拖动鼠标, 输入"6", 按回车键确认)
指定下一点或[闭合(C)/放弃(U)]：(垂直向下拖动鼠标, 输入"18", 按回车键确认)
指定下一点或[闭合(C)/放弃(U)]：(水平向左拖动鼠标, 输入"6", 按回车键确认)
指定下一点或[闭合(C)/放弃(U)]：(垂直向下拖动鼠标, 输入"15", 按回车键确认)
指定下一点或[闭合(C)/放弃(U)]：(水平向右拖动鼠标, 输入"38.5", 按回车键确认)
指定下一点或[闭合(C)/放弃(U)]：(拾取图 4-18 中中心线的交点)
指定下一点或[闭合(C)/放弃(U)]：(按回车键结束命令)

完成直线的绘制，如图 4-18 所示。

图 4-17 指定直线第一点

图 4-18 绘制直线

（6）单击"圆"按钮，以"圆心、半径"的方式绘制直径为 9 的圆。

（7）单击"修改"面板 →"镜像"按钮，镜像在步骤（5）~步骤（6）中绘制的图形，根据命令行提示操作如下。

```
命令：_MIRROR
选择对象：（选择步骤（5）~步骤（6）中绘制的直线）
选择对象：找到 11 个
指定镜像线的第一点：（拾取图 4-19 中的上端点）
指定镜像线的第二点：（拾取图 4-20 中的下端点）
要删除源对象吗？[是(Y)/否(N)]：（输入"N"，按回车键确认）
```

镜像结果如图 4-20 所示。

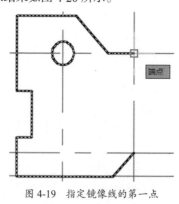

图 4-19 指定镜像线的第一点

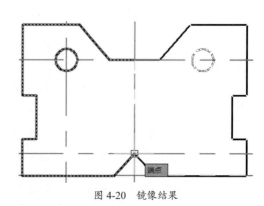

图 4-20 镜像结果

4.2.2 阵列

AutoCAD 2020 为用户提供了 3 种阵列方式：矩形阵列、环形阵列和路径阵列。矩形阵列是指用户可以自定义阵列对象的行数、列数和行间距、列间距；环形阵列是指按照某个旋转轴均匀形成的环形图案；路径阵列是指沿整个自定义路径或部分路径均匀分布对象副本。本节通过实例操作介绍上述 3 种阵列方式。

1) 矩形阵列

（1）打开练习文件"4-2 矩形阵列"。

（2）单击"默认"选项卡 → "修改"面板 → "阵列"下拉按钮 → "矩形阵列"按钮，根据命令行提示操作如下。

> 命令：_ARRAYRECT
> 选择对象：（单击练习文件中的圆，按回车键确认）
> 选择夹点以编辑阵列或[关联(AS)/基点(B)/计数(COU)/间距(S)/列数(COL)/行数(R)/层数(L)/退出(X)]：（输入"COU"，按回车键确认）
> 输入列数或[表达式(E)]<4>：（输入"5"，按回车键确认）
> 输入行数或[表达式(E)]<3>：（输入"3"，按回车键确认）
> 选择夹点以编辑阵列或[关联(AS)/基点(B)/计数(COU)/间距(S)/列数(COL)/行数(R)/层数(L)/退出(X)]：（输入"S"，按回车键确认）
> 指定列之间的距离或[单位单元(U)]<60>：（按回车键确认）
> 指定行之间的距离或[单位单元(U)]<60>：（按回车键确认）
> 选择夹点以编辑阵列或[关联(AS)/基点(B)/计数(COU)/间距(S)/列数(COL)/行数(R)/层数(L)/退出(X)]：（选择"关联(AS)"选项）
> 创建关联阵列[是(Y)/否(N)]<是>：（按回车键确认）
> 选择夹点以编辑阵列或[关联(AS)/基点(B)/计数(COU)/间距(S)/列数(COL)/行数(R)/层数(L)/退出(X)]：（按回车键结束命令）

完成矩形阵列的绘制，如图 4-21 所示。

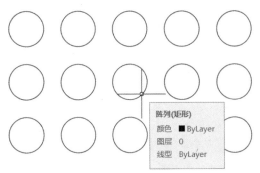

图 4-21 绘制矩形阵列

2) 环形阵列

（1）打开练习文件"4-2 环形阵列"，如图 4-22（a）所示。

（2）单击"默认"选项卡 → "修改"面板 → "阵列"下拉按钮 → "环形阵列"按钮，根据命令行提示操作如下。

> 命令：_ARRAYPOLAR
> 选择对象：（单击图 4-22（a）中的两个同心小圆，按回车键确认）
> 类型=极轴 关联=是
> 指定阵列的中心点或[基点(B)/旋转轴(A)]：（选择基点）

```
指定基点：（单击图4-22（a）中的大圆的圆心）
选择夹点以编辑阵列或[关联(AS)/基点(B)/项目(I)/间距(S)/项目间角度(A)/填充角度(F)/行
(ROW)/层(L)/旋转项目(ROT)/退出(X)]：（输入"I"，按回车键确认）
输入阵列的项目数或[表达式(E)]<6>：（按回车键确认）
选择夹点以编辑阵列或[关联(AS)/基点(B)/项目(I)/间距(S)/项目间角度(A)/填充角度(F)/行
(ROW)/层(L)/旋转项目(ROT)/退出(X)]：（按回车键结束命令）
```

完成环形阵列的绘制，如图4-22（b）所示。

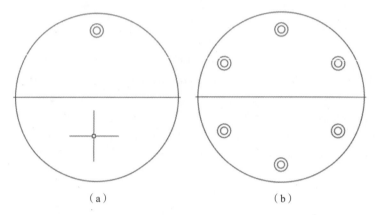

图4-22 绘制环形阵列

☺ **练习：环形阵列**

（1）打开练习文件"4-2 环形阵列"，参照下述步骤绘制文件中的图形。

（2）在"图层"面板的"图层"下拉列表中，选择"中心线"图层，并打开状态栏中的"极轴追踪"模式和"对象捕捉"模式。

（3）单击"默认"选项卡 → "绘图"面板 → "直线"按钮，根据命令行提示操作如下。

```
命令：_LINE
指定第一点：（在绘图区任意位置单击）
指定下一点或[放弃(U)]：（水平向右拖动鼠标，输入长度为145，按回车键确认）
```

重复上述步骤，在绘图区绘制两条相交的中心线，如图4-23所示。

（4）单击"绘图"面板 → "圆心、半径"按钮，以两条相交中心线的交点作为圆心，绘制半径为53和半径为25的同心圆，根据命令行提示操作如下。

```
命令：_CIRCLE
指定圆的圆心或[三点(3P)/两点(2P)/相切、相切、半径(T)]：（指定圆心）
指定圆的半径或[直径(D)]：（指定圆的半径为53）
命令：_CIRCLE
指定圆的圆心或[三点(3P)/两点(2P)/相切、相切、半径(T)]：（指定圆心）
指定圆的半径或[直径(D)]：（指定圆的半径为25）
```

完成同心圆的绘制，如图4-24所示。

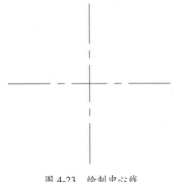
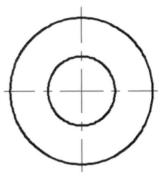

图 4-23 绘制中心线　　　　　　　　　图 4-24 绘制同心圆

（5）单击"绘图"面板 → "圆"下拉按钮 → "两点"按钮，根据命令行提示操作如下。

```
命令：_CIRCLE
指定圆的圆心或[三点(3P)/两点(2P)/相切、相切、半径(T)]：_2p
指定圆直径的第一个端点：（拾取图 4-25 中的大圆边界与中心线的交点）
指定圆直径的第二个端点：（拾取图 4-26 中的小圆与中心线的交点）
```

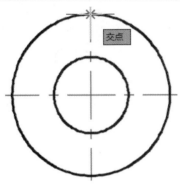
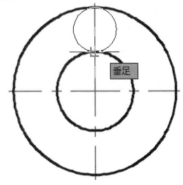

图 4-25 指定圆直径的第一个端点　　　　图 4-26 指定圆直径的第二个端点

（6）单击"默认"选项卡 → "阵列"下拉按钮 → "环形阵列"按钮，根据命令行提示操作如下。

```
命令：_ARRAYPOLAR
选择对象：（单击步骤（5）中绘制的圆）
选择对象：找到 1 个
（按回车键确认）
指定阵列的中心点或[基点(B)/旋转轴(A)]：（选择图 4-26 中中心线的交点为基点）
选择夹点以编辑阵列或[关联(AS)/基点(B)/计数(COU)/间距(S)/列数(COL)/行数(R)/层数(L)/退出(X)]：（输入"AS"，按回车键确认）
创建关联阵列[是(Y)/否(N)]：（输入"N"，按回车键确认）
选择夹点以编辑阵列或[关联(AS)/基点(B)/项目(I)/项目间角度(A)/填充角度(F)/行(ROW)/层(L)/旋转项目(ROT)/退出(X)]：（输入"I"，按回车键确认）
输入阵列中的项目数或[表达式(E)]：（输入"6"，按回车键确认）
选择夹点以编辑阵列或[关联(AS)/基点(B)/项目(I)/项目间角度(A)/填充角度(F)/行(ROW)/层(L)/旋转项目(ROT)/退出(X)]：（输入"X"，按回车键确认）
```

完成环形阵列的绘制，如图 4-27 所示。

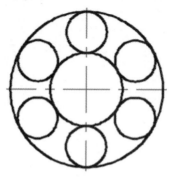

图 4-27　绘制环形阵列

（7）单击"绘图"面板 → "相切、相切、相切"按钮，根据命令行提示操作如下。

```
命令：_CIRCLE
指定圆的圆心或[三点(3P)/两点(2P)/相切、相切、半径(T)]：_3p
指定圆上的第一个点：_tan 到（单击图 4-28（a）中的圆）
指定对象与圆的第二个点：_tan 到（单击图 4-28（b）中的圆）
指定对象与圆的第三个点：_tan 到（单击图 4-28（c）中的圆）
```

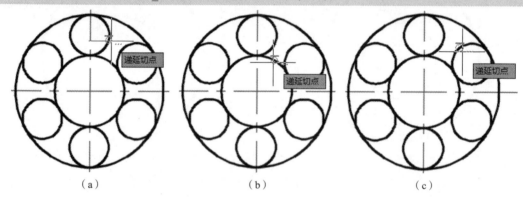

图 4-28　确定圆的三个切点

绘制结果如图 4-29 所示。

（8）单击"默认"选项卡 → "阵列"下拉按钮 → "环形阵列"按钮，根据命令行提示操作如下。

```
命令：_ARRAYPOLAR
选择对象：（单击步骤（7）中绘制的圆）
选择对象：找到 1 个
（按回车键确认）
指定阵列的中心点或[基点(B)/旋转轴(A)]：（选择图 4-29 中中心线的交点为基点）
选择夹点以编辑阵列或[关联(AS)/基点(B)/计数(COU)/间距(S)/列数(COL)/行数(R)/层数(L)/退出(X)]：（输入"AS"，按回车键确认）
创建关联阵列[是(Y)/否(N)]：（输入"N"，按回车键确认）
选择夹点以编辑阵列或[关联(AS)/基点(B)/项目(I)/项目间角度(A)/填充角度(F)/行(ROW)/层(L)/
```

旋转项目(ROT)/退出(X)]：(输入"I"，按回车键确认)
　　输入阵列中的项目数或[表达式(E)]：(输入"6"，按回车键确认)
　　选择夹点以编辑阵列或[关联(AS)/基点(B)/项目(I)/项目间角度(A)/填充角度(F)/行(ROW)/层(L)/旋转项目(ROT)/退出(X)]：(输入"X"，按回车键确认)

完成环形阵列的绘制，如图 4-30 所示。

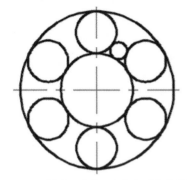

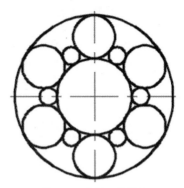

图 4-29　以"相切、相切、相切"的方式绘制圆　　　图 4-30　绘制环形阵列

（9）单击"修改"面板 → "修剪"按钮，根据命令行提示操作如下。

命令：_TRIM
　　选择对象或<全部选择>：(按回车键确认)
　　(默认选全部对象为修剪对象，进入自动修剪模式)
　　选择要修剪的对象，或按住 Shift 键选择要延伸的对象，或[栏选(F)/窗交(C)/投影(P)/边(E)/删除(R)/放弃(U)]：(单击多余的粗实线)

最后得到的图形如图 4-31 所示。

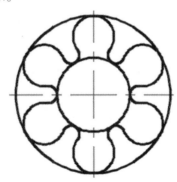

图 4-31　绘制结果

3）路径阵列

（1）打开练习文件"4-2 路径阵列"。

（2）单击"默认"选项卡 → "阵列"下拉按钮 → "路径阵列"按钮。

根据命令行提示操作如下。

命令：_ARRAYPATH
　　选择对象：(单击图 4-32（a）中的两个同心小圆)

> 类型=路径 关联=是
> 选择路径曲线：(单击图4-32（b）中的轮廓线)
> 选择夹点以编辑阵列或[关联(AS)/方法(M)/基点(B)/切向(T)/项目(I)/行(R)/层(L)/对齐项目(A)/方向(Z)/退出(X)]:（输入"B"，按回车键确认）
> 指定基点或[关键点(K)]<路径曲线的终点>:（拾取图4-32（c）中的圆心）
> 选择夹点以编辑阵列或[关联(AS)/方法(M)/基点(B)/切向(T)/项目(I)/行(R)/层(L)/对齐项目(A)/方向(Z)/退出(X)]:（输入"I"，按回车键确认）
> 指定沿路径的项目之间的距离或[表达式(E)]<18>:（输入"25"，按回车键确认）
> 选择夹点以编辑阵列或[关联(AS)/方法(M)/基点(B)/切向(T)/项目(I)/行(R)/层(L)/对齐项目(A)/方向(Z)/退出(X)]:（输入"AS"，按回车键确认）
> 创建关联阵列[是(Y)/否(N)]<是>:（按回车键确认）
> 选择夹点以编辑阵列或[关联(AS)/方法(M)/基点(B)/切向(T)/项目(I)/行(R)/层(L)/对齐项目(A)/方向(Z)/退出(X)]:（按回车键结束命令）

完成绘制的图形如图4-32（d）所示。

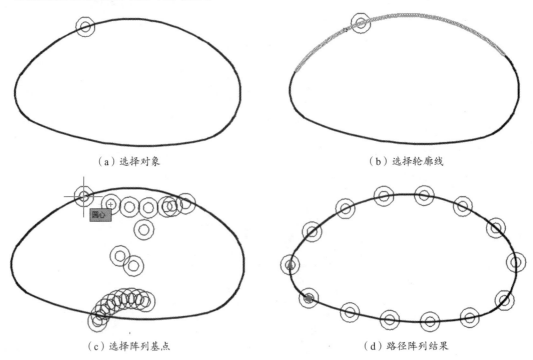

图4-32 绘制路径阵列

4.2.3 偏移

偏移是一种特殊的复制对象的方法，是根据指定的距离或通过点建立一个与所选对象平行的图形，从而使对象数量得到增加。执行偏移命令可创建同心圆、平行线和等距曲线。

启用"偏移"命令的一般步骤如下。

（1）单击"默认"选项卡 → "修改"面板 → "偏移"按钮。

第 4 章 编辑二维图形对象

（2）指定偏移距离。

（3）选择需要偏移的对象。

（4）指定偏移的方向，系统会自动按照指定的偏移距离进行偏移。

（5）对于偏移数目较多的，可以输入"多个(M)"，按回车键或空格键。

☺ 练习："偏移"命令

（1）打开练习文件"4-2 偏移命令"，依据命令行提示依次进行操作。

（2）打开状态栏"对象捕捉"模式和"极轴追踪"模式。

（3）单击"默认"选项卡 → "绘图"面板 → "直线"按钮，根据命令行提示操作如下。

```
命令：_LINE
指定第一点：（在绘图区任意位置单击）
指定下一点或[放弃(U)]：（垂直向上拖动鼠标，输入长度为100，按回车键确认）
指定下一点或[放弃(U)]：（水平向右拖动鼠标，输入长度为100，按回车键确认）
指定下一点或[闭合(C)/放弃(U)]：（垂直向下拖动鼠标，输入长度为100，按回车键确认）
```

完成边长为 100 的正方形的绘制，如图 4-33 所示。

（4）单击"修改"面板 → "偏移"按钮，根据命令行提示操作如下。

```
命令：_OFFSET
当前设置：删除源=否 图层=源 OFFSETGAPTYPE=0
指定偏移距离或[通过(T)/删除(E)/图层(L)]<通过>：（输入"25"，按回车键确认）
选择要偏移的对象，或[退出(E)/放弃(U)]<退出>：（单击图 4-33 中正方形的上边线）
指定要偏移的那一侧上的点，或[退出(E)/多个(M)/放弃(U)]<退出>：（单击图 4-33 中正方形内部）
选择要偏移的对象，或[退出(E)/放弃(U)]<退出>：（单击图 4-33 中正方形的左边线）
指定要偏移的那一侧上的点，或[退出(E)/多个(M)/放弃(U)]<退出>：（单击图 4-33 中正方形内部）
选择要偏移的对象，或[退出(E)/放弃(U)]<退出>：（单击图 4-33 中正方形的下边线）
指定要偏移的那一侧上的点，或[退出(E)/多个(M)/放弃(U)]<退出>：（单击图 4-33 中正方形内部）
选择要偏移的对象，或[退出(E)/放弃(U)]<退出>：（单击图 4-33 中正方形的右边线）
指定要偏移的那一侧上的点，或[退出(E)/多个(M)/放弃(U)]<退出>：（单击图 4-33 中正方形内部）
选择要偏移的对象，或[退出(E)/放弃(U)]<退出>：（按回车键结束命令）
```

再次启用"偏移"命令，进行第二次偏移操作，指定偏移距离为 13，根据命令行提示操作如下。

```
命令：_OFFSET
当前设置：删除源=否 图层=源 OFFSETGAPTYPE=0
指定偏移距离或[通过(T)/删除(E)/图层(L)]<通过>：（输入"13"，按回车键确认）
选择要偏移的对象，或[退出(E)/放弃(U)]<退出>：（单击新创建的上偏移线）
指定要偏移的那一侧上的点，或[退出(E)/多个(M)/放弃(U)]<退出>：（单击图 4-34 中正方形内部）
选择要偏移的对象，或[退出(E)/放弃(U)]<退出>：（单击新创建的左偏移线）
指定要偏移的那一侧上的点，或[退出(E)/多个(M)/放弃(U)]<退出>：（单击图 4-34 中正方形内部）
选择要偏移的对象，或[退出(E)/放弃(U)]<退出>：（单击新创建的下偏移线）
指定要偏移的那一侧上的点，或[退出(E)/多个(M)/放弃(U)]<退出>：（单击图 4-34 中正方形内部）
```

选择要偏移的对象，或[退出(E)/放弃(U)]<退出>：(单击结束命令新创建的右偏移线)
指定要偏移的那一侧上的点，或[退出(E)/多个(M)/放弃(U)]<退出>：(单击图 4-34 中正方形内部)
选择要偏移的对象，或[退出(E)/放弃(U)]<退出>：(按回车键结束命令)

偏移结果如图 4-34 所示。

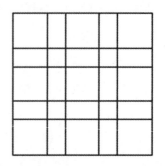

图 4-33　绘制正方形　　　　　　　　　　图 4-34　偏移结果

（5）单击"绘图"面板 → "圆弧"下拉按钮 → "起点、端点、半径"按钮，以"起点、端点、半径"的方式绘制圆弧，根据命令行提示操作如下。

命令：_ARC
指定圆弧的起点或[圆心(C)]：(拾取图 4-35（a）中的交点)
指定圆弧的第二个点或[圆心(C)/端点(E)]：(拾取图 4-35（b）中的垂足)
指定圆弧的半径（按住 Ctrl 键以切换方向）：(输入半径为 25，按回车键确认)

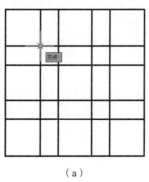
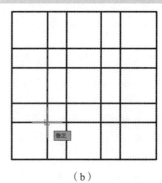

（a）　　　　　　　　　　　　　（b）
图 4-35　指定圆弧的起点和端点

完成第一个圆弧的绘制后，再次执行该命令，绘制半径为 12 的圆弧，根据命令行提示操作如下。

命令：_ARC
指定圆弧的起点或[圆心(C)]：(拾取图 4-36（a）中的垂足)
指定圆弧的第二个点或[圆心(C)/端点(E)]：(拾取图 4-36（b）中的垂足)
指定圆弧的半径（按 Ctrl 键以切换方向）：(输入半径为 12，按回车键确认)

完成圆弧的绘制，如图 4-37 所示。

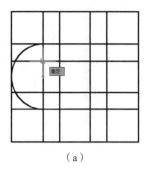　　　　　　　　　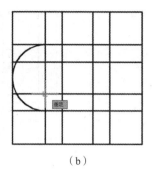

　　　　（a）　　　　　　　　　　　　　　　（b）

图 4-36　指定圆弧的起点和端点

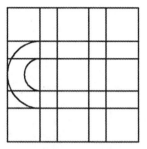

图 4-37　绘制圆弧

（6）单击"修改"面板 → "镜像"按钮，根据命令行提示操作如下。

```
命令：_MIRROR
选择对象：（单击步骤（5）中绘制的圆弧）
选择对象：找到 1 个，总计 2 个
指定镜像线的第一点：（指定边长为 100 的正方形上边线的中点，如图 4-38（a）所示）
指定镜像线的第二点：（指定边长为 100 的正方形下边线的中点，如图 4-38（b）所示）
要删除源对象吗？[是(Y)/否(N)]<否>：（输入"N"，按回车键确认）
```

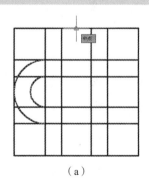　　　　　　　　　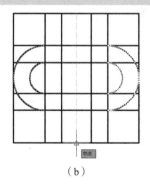

　　　　（a）　　　　　　　　　　　　　　　（b）

图 4-38　指定镜像线

两段圆弧的镜像结果如图 4-39 所示。

参照步骤（5）～步骤（6），绘制正方形上边线的两个圆弧，并以对称轴为镜像线，镜像两段圆弧，完成结果如图 4-40 所示。

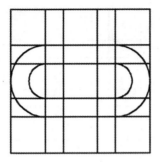
图4-39 两段圆弧的镜像结果

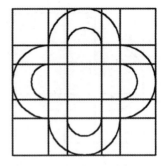
图4-40 四段圆弧的镜像结果

（7）单击"修改"面板 → "修剪"按钮，修剪不需要的粗实线，修剪结果如图4-41所示。

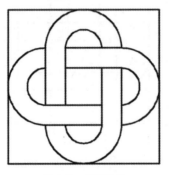
图4-41 修剪结果

4.3 修改二维图形对象的形状和大小

本节主要讲解用户在绘图过程中修改二维图形对象的形状和大小时常用的命令，主要包括"缩放"命令、"拉伸"命令和"修剪"命令。

下面结合具体实例对每个命令进行详细的说明。

4.3.1 缩放

"缩放"命令是指按照指定的基点和比例因子，放大或缩小选定的对象，且缩放前后对象的比例保持不变。比例因子大于1时将放大对象，比例因子为0~1时将缩小对象。

缩放操作的一般步骤如下。

（1）单击"默认"选项卡 → "修改"面板 → "缩放"按钮。

（2）选择缩放对象。

（3）指定缩放的基点。

（4）命令行提示指定比例因子或[复制(C)参照(R)]，使用比例因子或参照距离对选定的对象进行缩放。

☺ 练习："缩放"命令

（1）打开练习文件"4-3 缩放命令"。

（2）单击"默认"选项卡 → "修改"面板 → "缩放"按钮，根据命令行提示操作如下。

```
命令：_SCALE
选择对象：(从左向右框选图形对象为缩放对象，如图4-42所示)
(这里需要注意的是，为了形成缩放前后的对比，没有选择中心线为缩放对象)
指定对角点：找到5个
指定基点：(拾取图4-42中小圆中心为基点)
指定比例因子或[复制(C)/参照(R)]：(在命令行中输入比例因子"2"，按回车键确认)
```

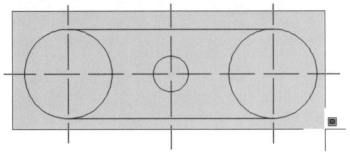

图 4-42　选择对象

完成缩放操作后，观察图 4-43（a）中缩放前的原图和图 4-43（b）中缩放后的图形的辅助线可以看出，缩放后图形放大了两倍，图形外形和比例与原始图形保持一致。

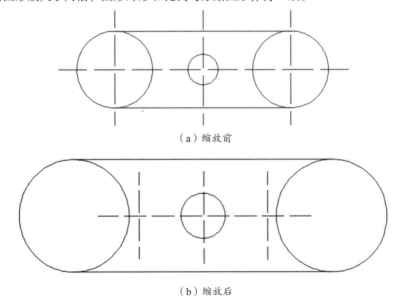

（a）缩放前

（b）缩放后

图 4-43　缩放前与缩放后对比

4.3.2　拉伸

"拉伸"命令是指使用"窗交"的方式选择拉伸的对象。被"窗交"窗口部分包围的对象将被拉伸，而完全包含在"窗交"窗口中的对象或单独选择的对象则执行"移动"命令，注意圆、椭圆和块等无法执行"拉伸"命令。

☺ 练习:"拉伸"命令

如图 4-44 所示的拉伸操作的具体步骤如下。

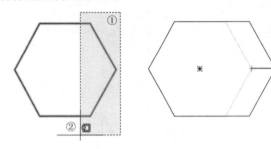

图 4-44 拉伸操作

单击"默认"选项卡 → "修改"面板 → "拉伸"按钮，根据命令行提示操作如下。

```
命令:_STRETCH
以交叉窗口或交叉多边形选择要拉伸的对象
指定对角点:找到 1 个
(使用鼠标从图 4-44 中的点①拖动到点②,按回车键确认)
指定基点或[位移(D)]:(选择六边形中心)
指定第二点或<使用第一点作为位移>:(拖动鼠标向 X 轴正方向移动,在任意位置单击)
```

4.3.3 修剪与延伸

"修剪"命令用于修剪对象以适合其他对象的边。用户可以先选择要修剪的对象的边界,再选择要修剪的对象。在命令行首次出现"选择对象"提示时按回车键,默认将所有对象用作修剪边界。这里要说明的是,选择的修剪边或者边界边无须与修剪对象相交,二者延长后相交即可进行修剪。

"延伸"命令和"修剪"命令的效果相反,两个命令操作方法基本类似,在使用过程中可以通过按 Shift 键相互转换。

☺ 练习:"修剪"命令

本例通过指定修剪边界和不指定修剪边界两种方式,修剪如图 4-45 所示的粗实线部分。

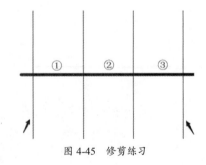

图 4-45 修剪练习

1)指定修剪边界

单击"默认"选项卡 → "修改"面板 → "修剪"按钮，根据命令行提示操作如下。

```
命令：_TRIM
选择对象或[全部选择]：（单击图 4-45 中左右两侧箭头所指的直线）
选择对象：找到 1 个，总计 2 个
选择对象：（按回车键确认）
选择要修剪的对象，或按住 Shift 键选择要延长的对象，或
[栏选(F)/窗交(C)/投影(P)/边(E)/删除(R)/放弃(U)]：（单击图 4-45 中标有序号①②③的水平直线）
```

由图 4-46 可以看出，指定修剪边界以后，可以一次性删除边界内的所有多余线段。

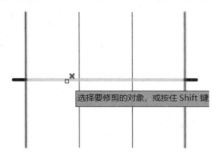

图 4-46 "指定修剪边界"修剪

2）不指定修剪边界

单击"默认"选项卡 → "修改"面板 → "修剪"按钮，根据命令行提示操作如下。

```
命令：_TRIM
选择对象或[全部选择]：（按回车键选择全部对象）
选择要修剪的对象，或按住 Shift 键选择要延长的对象，或
[栏选(F)/窗交(C)/投影(P)/边(E)/删除(R)/放弃(U)]：（单击图 4-45 中序号①处的水平直线）
选择要修剪的对象，或按住 Shift 键选择要延长的对象，或
[栏选(F)/窗交(C)/投影(P)/边(E)/删除(R)/放弃(U)]：（单击图 4-45 中序号②处的水平直线）
选择要修剪的对象，或按住 Shift 键选择要延长的对象，或
[栏选(F)/窗交(C)/投影(P)/边(E)/删除(R)/放弃(U)]：（单击图 4-45 中序号③处的水平直线）
选择要修剪的对象，或按住 Shift 键选择要延长的对象，或
[栏选(F)/窗交(C)/投影(P)/边(E)/删除(R)/放弃(U)]：（按回车键结束命令）
```

修剪的结果如图 4-47 所示。

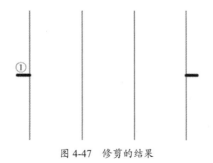

图 4-47 修剪的结果

通过对比可知，不指定修剪边界时，用户需要依次单击需要修剪的对象进行修剪。

☺ 练习:"延伸"命令

单击"默认"选项卡 → "修改"面板 → "延伸"按钮 ，根据命令行提示操作如下。

```
命令:_EXTEND
选择对象或[全部选择]:(按回车键选择全部对象)
选择要延伸的对象,或按住 Shift 键选择要延长的对象,或
[栏选(F)/窗交(C)/投影(P)/边(E)/删除(R)/放弃(U)]:(单击图 4-47 中序号①处的粗实线)
选择要延伸的对象,或按住 Shift 键选择要延长的对象,或
[栏选(F)/窗交(C)/投影(P)/边(E)/删除(R)/放弃(U)]:(按回车键结束命令)
```

延伸的结果如图 4-48 所示。

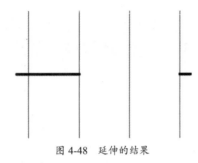

图 4-48 延伸的结果

4.4 倒角、圆角、打断、合并和分解

4.4.1 倒角

给对象加倒角,即给选择的对象应用指定的距离和角度。也可以说截掉一角,形成新的两个钝角。可以倒角的对象包括直线、多段线和三维实体等。

用户可在"默认"选项卡的"修改"面板中单击"倒角"按钮 。启用"倒角"命令后,命令行中出现如图 4-49 所示的提示信息。

图 4-49 启用"倒角"命令后的命令行提示信息

命令行中的选项,解释如下。

【放弃(U)】恢复上一次执行的操作。

【多段线(P)】对整个二维多段线进行倒角。所有相交的多段线线段的顶点处都将执行"倒角"命令。对于闭合的多段线,默认以逆时针方向为正方向绘制倒角。

【距离(D)】设定倒角到所选边的距离。如果两个距离都设置为 0,两边自动修剪或者延伸到相交点处。在执行距离模式时,要求用户定义每一条线段的距离,最后进行修剪或延伸操作。当设置相同的倒角距离时,将绘制出 45°夹角线。

【角度(A)】通过输入第一条边的倒角距离和第一条边的倒角角度确定倒角。

【修剪(T)】用于设置在倒角时是否需要修剪两端多余的边。

【方式(E)】选择不同倒角的方式。

【多个(M)】同时为多组对象的边倒角。

如果两个需要倒角的对象在不同的图层,则新创建的图形将会在当前图层中;如果需要倒角的两个对象在同一图层,则新创建的图形也在该图层中。

在倒角时,按 Shift 键,则无论设置的倒角距离为多少,系统默认创建尖角;在倒角时,系统默认单击的部分是将要保存的部分,因此根据单击位置的不同,倒角的结果也会有所不同。

☺ 练习:"倒角"命令

(1)打开练习文件"4-4 倒角"。

(2)单击"默认"选项卡 → "修改"面板 → "倒角"按钮,根据命令行提示操作如下。

```
命令:_CHAMFER
  选择第一条直线或[放弃(U)/多段线(P)/距离(D)/角度(A)/修剪(T)/方式(E)/多个(M)]:(输入"D",按回车键确认)
    指定第一个倒角距离<0.0000>:(输入"8",按回车键确认)
    指定第二个倒角距离<0.0000>:(输入"12",按回车键确认)
    选择第一条直线或[放弃(U)/多段线(P)/距离(D)/角度(A)/修剪(T)/方式(E)/多个(M)]:(输入"M",按回车键确认)
    选择第一条直线或[放弃(U)/多段线(P)/距离(D)/角度(A)/修剪(T)/方式(E)/多个(M)]:(单击图 4-50(a)中的线段)
    选择第二条直线或[放弃(U)/多段线(P)/距离(D)/角度(A)/修剪(T)/方式(E)/多个(M)]:(单击图 4-50(b)中的线段)
    选择第一条直线或[放弃(U)/多段线(P)/距离(D)/角度(A)/修剪(T)/方式(E)/多个(M)]:(单击图 4-50(c)中的线段)
    选择第二条直线或[放弃(U)/多段线(P)/距离(D)/角度(A)/修剪(T)/方式(E)/多个(M)]:(单击图 4-50(d)中的线段)
    选择第一条直线或[放弃(U)/多段线(P)/距离(D)/角度(A)/修剪(T)/方式(E)/多个(M)]:(按回车键结束命令)
```

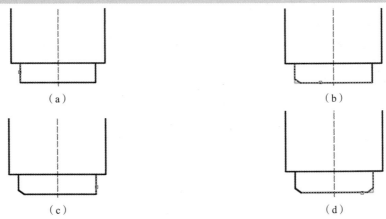

图 4-50 选择倒角的边

（3）单击"默认"选项卡 → "绘图"面板 → "直线"按钮，根据命令行提示操作如下。

```
命令：_LINE
指定第一点：（拾取步骤（2）中的左倒角端点）
指定下一点或[放弃(U)]：（拾取步骤（2）中的右倒角端点）
```

绘制一条直线段，倒角结果如图4-51所示。

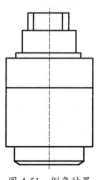

图4-51　倒角结果

4.4.2　圆角

"圆角"命令与"倒角"命令类似，不同的是，"圆角"命令使用具有指定半径的圆弧将两个对象连接起来，创建的圆弧与选定的两条直线均相切。若将圆角半径设置为0，则创建锐角转角。

用户可在"默认"选项卡的"修改"面板中单击"圆角"按钮 。启用"圆角"命令后，命令行中出现如图4-52所示的提示信息。这里的命令提示与倒角类似，不再具体解释各选项的含义。

　　　▼ FILLET 选择第一个对象或 [放弃(U) 多段线(P) 半径(R) 修剪(T) 多个(M)]：

图4-52　启用"圆角"命令后的命令行提示信息

☺ 练习："圆角"命令

（1）打开练习文件"4-4 圆角"，如图4-53（a）所示。

（2）单击"默认"选项卡 → "修改"面板 → "圆角"按钮 ，根据命令行提示操作如下。

```
命令：_FILLET
选择第一个对象或[放弃(U)/多段线(P)/半径(R)/修剪(T)/多个(M)]：（输入"R"，按回车键确认）
指定圆角半径<0.0000>：（输入"8"，按回车键确认）
选择第一个对象或[放弃(U)/多段线(P)/半径(R)/修剪(T)/多个(M)]：（输入"T"，按回车键确认）
输入修剪模式选项[修剪(T)/不修剪(N)]：（输入"T"，按回车键确认）
选择第一个对象或[放弃(U)/多段线(P)/半径(R)/修剪(T)/多个(M)]：（输入"M"，按回车键确认）
选择第一个对象或[放弃(U)/多段线(P)/半径(R)/修剪(T)/多个(M)]：（单击图4-53（b）中的序号①）
选择第二个对象或[放弃(U)/多段线(P)/半径(R)/修剪(T)/多个(M)]：（单击图4-53（b）中的序号②）
选择第一个对象或[放弃(U)/多段线(P)/半径(R)/修剪(T)/多个(M)]：（单击图4-53（b）中的序号③）
选择第二个对象或[放弃(U)/多段线(P)/半径(R)/修剪(T)/多个(M)]：（单击图4-53（b）中的序号④）
选择第一个对象或[放弃(U)/多段线(P)/半径(R)/修剪(T)/多个(M)]：（按回车键结束命令）
```

圆角结果如图4-53（c）所示。

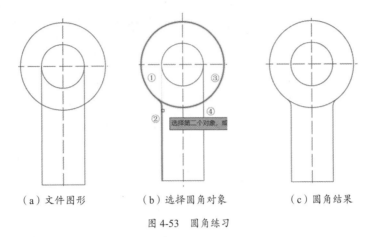

（a）文件图形　　　　（b）选择圆角对象　　　　（c）圆角结果

图 4-53　圆角练习

☺ **练习：利用"倒角"和"圆角"命令绘制图形**

绘制如图 4-54 所示的图形。通过此练习增强用户利用"圆角"和"倒角"命令创建几何图形的能力。

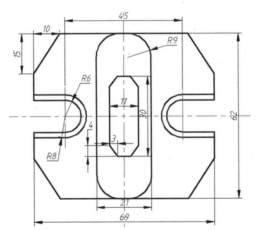

图 4-54　利用"圆角"和"倒角"命令绘制图形

（1）选择"图层"面板中的"图层"下拉列表，切换至"中心线"图层。

（2）单击"绘图"面板 → "直线"按钮，在绘图区任意空白位置单击，选择直线的第一点，绘制两条辅助中心线。

（3）单击"修改"面板 → "偏移"按钮，根据命令行提示，将垂直中心线向左、右各偏移 22.5，根据命令行提示操作如下。

```
命令:_OFFSET
当前设置：删除源=否 图层=源 OFFSTEGAPTYPE=0
指定偏移距离，或[通过(T)/删除(E)/图层(L)]<通过>:（输入偏移距离为22.5）
选择要偏移的对象，或[退出(E)/放弃(U)]<退出>:（单击垂直中心线）
指定要偏移的那一侧上的点，或[退出(E)/多个(M)/放弃(U)]:（在垂直中心线的左侧单击）
选择要偏移的对象，或[退出(E)/放弃(U)]<退出>:（单击垂直中心线）
指定要偏移的那一侧上的点，或[退出(E)/多个(M)/放弃(U)]:（在垂直中心线的右侧单击）
```

选择要偏移的对象，或[退出(E)/放弃(U)]：（输入"E"，按回车键确认）

完成辅助线的绘制，如图 4-55 所示。

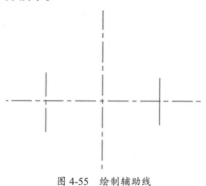

图 4-55　绘制辅助线

（4）完成辅助线的绘制后，切换至"粗实线"图层。

（5）启用"直线"命令，绘制如图 4-56（a）所示的长 69、宽 62 的矩形。

（6）单击"修改"面板 → "偏移"按钮，将两条边长为 62 的直线段分别向矩形内偏移 24，如图 4-56（b）所示，根据命令行提示操作如下。

命令：_OFFSET
当前设置：删除源=否　图层=源　OFFSTEGAPTYPE=0
指定偏移距离，或[通过(T)/删除(E)/图层(L)]<通过>：（输入偏移距离为 24）
选择要偏移的对象，或[退出(E)/放弃(U)]<退出>：（单击图 4-56（a）中左侧边长为 62 的直线段）
指定要偏移的那一侧上的点，或[退出(E)/多个(M)/放弃(U)]：（在图 4-56（a）中的矩形内单击）
选择要偏移的对象，或[退出(E)/放弃(U)]<退出>：（单击图 4-56（a）中右侧边长为 62 的直线段）
指定要偏移的那一侧上的点，或[退出(E)/多个(M)/放弃(U)]：（在图 4-56（a）中的矩形内单击）
选择要偏移的对象，或[退出(E)/放弃(U)]<退出>：（输入"E"，按回车键确认）

（7）单击"绘图"面板 → "直线"按钮，绘制如图 4-56（c）所示的矩形，矩形的长为 30、宽为 11。

（8）单击"绘图"面板 → "圆"按钮，以"圆心、半径"的方式绘制两个半径为 6 的圆，并将其向外偏移 2，根据命令行提示操作如下。

命令：_OFFSET
当前设置：删除源=否　图层=源　OFFSTEGAPTYPE=0
指定偏移距离，或[通过(T)/删除(E)/图层(L)]<通过>：（输入偏移距离为 2）
选择要偏移的对象，或[退出(E)/放弃(U)]<退出>：（单击图 4-56（d）中半径为 6 的小圆）
指定要偏移的那一侧上的点，或[退出(E)/多个(M)/放弃(U)]：（在小圆外单击）

（9）单击"绘图"面板 → "直线"按钮，确认状态栏"对象捕捉"模式处于启用模式，指定圆与辅助线的交点作为直线段的第一点，指定垂足为直线段的第二点，创建直线段，根据命令行提示操作如下。

命令：_LINE

指定第一点:(拾取辅助线与圆的交点)
指定第二点:(拾取边长为62的直线段)

重复上述命令,完成8条直线段的绘制,绘制结果如图4-56(d)所示。

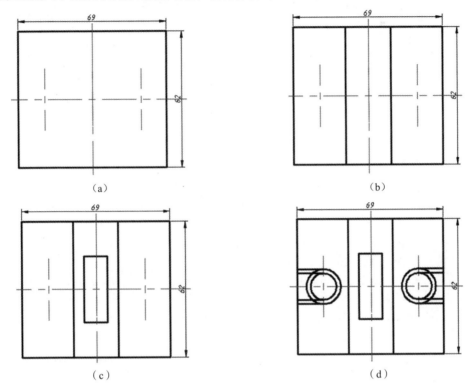

图 4-56　绘制直线段和圆

(10)单击"修改"面板→"倒角"按钮，根据命令行提示操作如下。

命令:_CHAMFER
选择第一条直线或[放弃(U)/多段线(P)/距离(D)/角度(A)/修剪(T)/方式(E)/多个(M)]:(输入"D",按回车键确认)
指定第一个倒角距离<3.0000>:(输入"15",按回车键确认)
指定第二个倒角距离<15.0000>:(输入"10",按回车键确认)
选择第一条直线或[放弃(U)/多段线(P)/距离(D)/角度(A)/修剪(T)/方式(E)/多个(M)]:(单击图4-57(a)中的直线段)
选择第二条直线,或按Shift键选择直线以应用角点或[距离(D)/角度(A)/方法(M)]:(单击图4-57(b)中的直线段)

重复步骤(10),完成其余3处的倒角,因为前面已经使用过倒角命令,系统会自动记录最近一次倒角命令的参数,命令行提示为:("修剪"模式)当前倒角距离1 = 15.0000,距离 2 = 10.0000,所以可以直接利用前面的倒角参数。

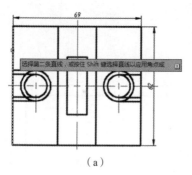 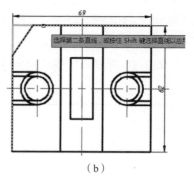

图 4-57 选择倒角直线

（11）再次启用"倒角"命令，设置倒角距离 1 为 3.0000、距离 2 为 4.0000，对长为 30 的小矩形进行倒角操作，根据命令行提示操作如下。

> 命令：_CHAMFER
> 选择第一条直线或[放弃(U)/多段线(P)/距离(D)/角度(A)/修剪(T)/方式(E)/多个(M)]：（输入"D"，按回车键确认）
> 指定第一个倒角距离<3.0000>：（输入"3"，按回车键确认）
> 指定第二个倒角距离<15.0000>：（输入"4"，按回车键确认）
> 选择第一条直线或[放弃(U)/多段线(P)/距离(D)/角度(A)/修剪(T)/方式(E)/多个(M)]：（单击图 4-58（a）中的直线段）
> 选择第二条直线，或按住 Shift 键选择直线以应用角点或[距离(D)/角度(A)/方法(M)]：（单击图 4-58(b) 中的直线段）

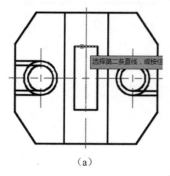 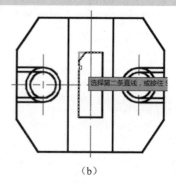

图 4-58 选择倒角直线

参照步骤（11），完成其余 3 处的倒角，倒角操作的结果如图 4-59 所示。

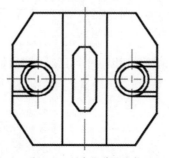

图 4-59 倒角操作的结果

（12）单击"修改"面板 → "圆角"按钮，对图形对象进行圆角操作，根据命令行提示操作如下。

```
命令：_FILLET
选择第一个对象或[放弃(U)/多段线(P)/半径(R)/修剪(T)/多个(M)]:（输入"R"，按回车键确认）
选择第一个对象或[放弃(U)/多段线(P)/半径(R)/修剪(T)/多个(M)]:（输入"T"，按回车键确认）
输入修剪模式选项[修剪(T)/不修剪(N)]<修剪>:（选择"不修剪(N)"选项）
选择第一个对象或[放弃(U)/多段线(P)/半径(R)/修剪(T)/多个(M)]:（单击图4-60(a)中的直线段）
选择第二条直线，或按住Shift键选择直线以应用角点或[半径(R)]:（单击图4-60(b)中的直线段）
```

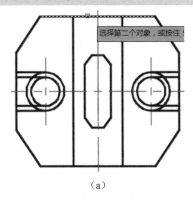
(a)

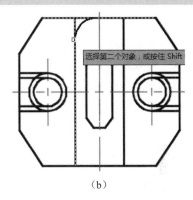
(b)

图 4-60　选择圆角直线

参照步骤（12），完成其余3处的圆角操作，系统已记录最近一次的圆角参数，可直接利用该参数进行圆角操作。圆角操作的结果如图4-61所示。

（13）单击"修改"面板 → "修剪"按钮，在命令行提示选择对象时按回车键，默认选择全部对象为修剪对象，进入自动修剪模式，修剪不需要的粗实线，完成如图4-62所示的图形绘制。

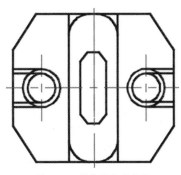

图 4-61　圆角操作的结果

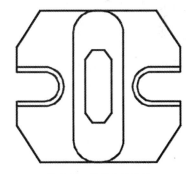

图 4-62　图形绘制结果

通过上述练习，可以得出如下结论。

（1）当两条线相交或不相连时，可以执行"圆角"命令进行修剪和延伸；当两条线相交或不相连时，将圆角半径设置为0，执行"圆角"命令可以自动进行修剪和延伸而不出现圆弧，比使用"修剪"和"延伸"命令操作更加便捷。

（2）对平行直线进行圆角操作时，不仅可以对相交或未连接的线进行圆角操作，也可以对平行的直线、构造线和射线进行圆角操作。但对平行线进行圆角时，软件将忽略原来的圆角设置，自动调整圆角半径，生成一个半圆连接两条直线，常用于绘制键槽等零件。

（3）当对多段线上多个位置进行圆角操作时，可以使用"多段线(P)"选项进行操作。

4.4.3 打断

"打断"命令，即在两点之间打断选定的对象。用户可以在两点之间选定打断的对象，也可以在一点打断选定的对象。

1）在一点打断选定的对象

用户可以通过单击"默认"选项卡 → "修改"面板 → "打断于点"按钮 启用"打断"命令。该命令从指定点处将对象分成两部分，或删除对象上所指定两点之间的部分。该命令的有效对象包括直线、开放的多段线和圆弧，不能在一点打断闭合对象，如圆。该命令只打断对象，而不产生间隙，打断后的对象看起来与打断前无差别，单击对象时，则由一个对象变为多个对象。

2）在两点之间打断选定的对象

在两点之间打断选定的对象的一般步骤如下。

（1）用户可以通过单击"默认"选项卡 → "修改"面板 → "打断"按钮 ，启用"打断"命令。

（2）选择要打断的对象，在默认情况下鼠标单击的点即为打断的第一点。可根据命令行提示"指定打断第二点或[第一点(F)]"更改打断第一点的位置。

（3）指定第二个打断点。如果只打断对象而不产生间隙，可以在命令行中输入"@0,0"作为第二个打断点，根据命令行提示操作如下。

> 命令：_BREAK
> 选择对象：（选择图4-63（a）中的直线为打断对象）
> 指定第二个打断点或[第一点(F)]：（指定图4-63（b）中的点）

完成打断操作的结果如图4-63（c）所示。

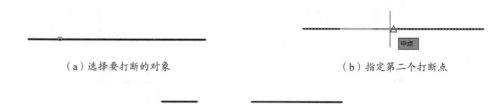

（a）选择要打断的对象　　　　　　　（b）指定第二个打断点

（c）打断结果

图4-63　打断操作

4.4.4 合并

"合并"命令可以将相似对象合并成一个完整的对象。"合并"命令用于在对象的公共端点处合并一系列有限的线型和开放的弯曲对象，创建单个二维或者三维对象。合并产生的对象类型取决于选定的对象类型。

☺ 练习："合并"命令

执行"合并"命令，将图 4-64（a）中的两条直线合并成图 4-64（b）中的一条直线。

（a）选择合并对象　　　　　　　　　　　　（b）合并结果

图 4-64　合并操作

具体操作步骤如下。

单击"默认"选项卡 → "修改"面板 → "合并"按钮 ，根据命令行提示操作如下。

命令：_JOIN
选择源对象或需要一次合并的多个对象：（依次单击图 4-64（a）中的两条直线段）
选择要合并的对象：找到 1 个，总计 2 个
选择要合并的对象：（按回车键结束命令）

完成上述操作后，两条直线将合并为一条直线。

4.4.5　分解

"分解"命令用于将复合对象分解为多个独立对象，可以分解的对象包括块、多段线和面域等。这里需要注意的是，对象的颜色、线型和线宽会随着分解命令的执行而产生相应的变化，例如，面域分解后会变成直线、圆弧或多段线；多行文字分解后会变为单行文字。

☺ 练习："分解"命令

在图 4-65 中，利用"分解"命令将环形矩阵形成的整体分解成独立的个体，具体操作步骤如下。

单击"默认"选项卡 → "修改"面板 → "分解"按钮 ，根据命令行提示操作如下。

命令：_EXPLODE
选择对象：（选择图 4-65 中环形阵列形成的对象）
选择对象：找到 1 个
选择对象：（按回车键结束命令）

完成环形阵列分解，如图 4-65 所示。

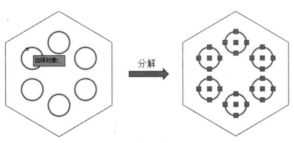

图 4-65　分解操作

4.5 编辑对象特性

对象特性包括基本特性和几何特性。基本特性是指对象的颜色、线宽、图层和打印样式等；几何特性是指对象的尺寸和位置。选中需要编辑的对象，单击鼠标右键，在弹出的快捷菜单中分别选择"特性"命令和"快捷特性"命令，如图4-66（a）所示，分别打开"特性"选项板和"快捷特性"选项板，如图4-66（b）和图4-66（c）所示。

（a）

（b）

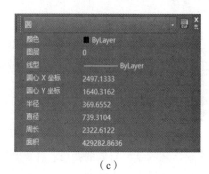
（c）

图 4-66 右键快捷菜单、"特性"选项板和"快捷特性"选项板

用户一般是在"特性"选项板中设置和修改对象的特性。"特性"选项板中显示所选对象的所有特性和特性集，若用户一次选择多个对象，则在选项板中显示这些对象的共有特性。

选择图形对象后，用户可以通过下列3种方式启用"特性"选项板。

- 选择菜单栏中的"修改"→"特性"命令。
- 单击"默认"选项卡→"特性"面板→"特性匹配"按钮 。
- 选择图形对象后，单击鼠标右键，在弹出的快捷菜单中选择"特性"命令。

用户可以在"默认"选项卡的"特性"面板中来修改指定对象的颜色、线宽和线型等，"特性"面板如图4-67所示。在默认情况下，对象的特性都设置为"ByLayer"，即随图层的改变而发生相应的改变。例如，若某一图层指定直线的颜色为黑色，并将在该图层上绘制的直线颜色设置为"ByLayer"，那么在该图层上绘制的直线的颜色为黑色。

图 4-67 "特性"面板

4.6 块的创建与使用

在绘图过程中，常出现相同的图形对象被多次使用的情况，为了提高绘图效率，可以通过创建块的方式来完成相同图形的插入。

4.6.1 创建块

每一个块都包括块名、一个或多个对象、用于插入块的基点坐标和相关的属性特征。

☺ 练习：创建块

（1）打开练习文件"4-6 块的创建和使用"，如图 4-68 所示。

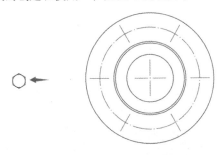

图 4-68　练习文件"4-6 块的创建和使用"

（2）单击"默认"选项卡 → "块"面板 → "创建"按钮 ，打开如图 4-69 所示的"块定义"对话框。

图 4-69　"块定义"对话框

（3）在"名称"下拉列表框中输入所创建块的名称，在本例中输入"铆钉"。

（4）在"对象"选项组中选择"转换为块"单选按钮，然后单击"选择对象"按钮 ，在绘图区中框选图 4-68 中箭头所指的图形，按回车键。

（5）在"基点"选项组中单击"拾取点"按钮 ，拾取如图 4-70 所示的图形的圆心为基点。

（6）用户可以根据实际情况在"说明"列表框中输入说明信息，如图 4-71 所示。

（7）单击"确定"按钮，完成块的创建。

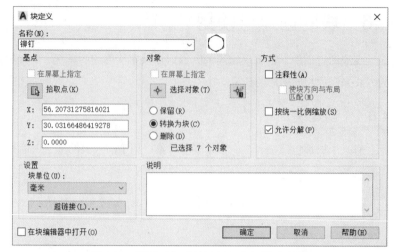

图 4-70 指定基点　　　图 4-71 "块定义"对话框中的"说明"文本框

4.6.2 插入块

本节主要介绍将创建完成的块插入指定位置的方法和步骤。

☺ 练习：插入块

在上一节中，已经创建了名称为"铆钉"的块。下面主要讲解插入块的具体步骤。

（1）单击"插入"下拉按钮→"更多选项"按钮，打开如图 4-72 所示的"插入"对话框。

（2）在"名称"下拉列表框中选择所需的块名称。也可以单击"浏览"按钮，在弹出的"选择图形文件"对话框中选择需要插入的块文件。

（3）在"插入"对话框中单击"确定"按钮。

（4）将上一节中绘制的"铆钉"块插入相应位置，完成"插入块"操作，结果如图 4-73 所示。

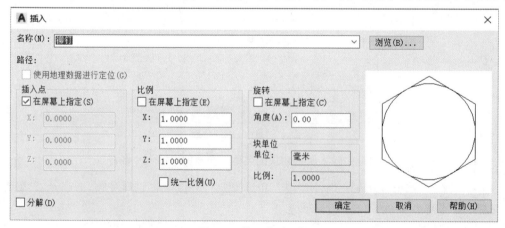

图 4-72 "插入"对话框

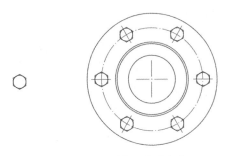

图 4-73 "插入块"操作的结果

用户也可以利用"设计中心"插入块。

该方法的操作步骤如下。

(1) 单击"视图"选项卡 → "选项板"面板 → "设计中心"按钮。

(2) 打开"DESIGNCENTER"选项板,如图 4-74 所示。

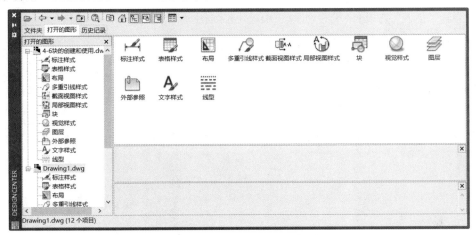

图 4-74 "DESIGNCENTER"选项板

(3) 在"DESIGNCENTER"选项板中,用户可以根据左侧的树状图,单击需要插入块的文件夹。

(4) 将选择的块拖入当前绘制的图形中。

(5) 双击要插入到当前图形的块,可以对其"比例""旋转"等相关参数进行设置。

4.7 块的编辑与修改

块是以一个整体的形式插入图形中的,用户可以通过块的分解与重定义、块的在位编辑等方式对块进行修改,但是不能直接对块进行操作。

4.7.1 块的分解与重定义

1) 块的分解

块的分解是将块由一个整体分解为组成块的原始图线,然后对原始图线进行修改的过程。

用户可以通过下列2种方式分解块。

- 单击"默认"选项卡 → "修改"面板 → "分解"按钮 。
- 在命令行中输入"EXPLODE"命令，并按回车键。

这里需要注意的是，一次分解只能分解一级块，如果是嵌套块，需要将嵌套进去的块进行进一步分解才能得到相互独立的图线。

2）块的重定义

块的重定义常用于批量插入一个块的情况，如某个块在一个图形中被多次插入，且插入位置与插入图层不同，在这种情况下对块进行重定义，可以快速将图形中所有同名块更改为新的样式。

☺ 练习：块的重定义

在4.6节中，已经完成了"铆钉"块的插入。在本节练习中，利用块的重定义将"铆钉"块更改为"螺母"块。

（1）单击"插入"选项卡 → "块定义"面板 → "创建块"下拉按钮 → "创建"按钮 。在打开的"块定义"对话框的"名称"下拉列表框中选择"铆钉"选项，单击"基点"选项组中的"拾取点"按钮，拾取"螺母"块的中心点为块的基点，如图4-75所示。

（2）单击"对象"选项组中的"选择对象"按钮，使用窗口的方式将"螺母"块全部选中，按回车键返回"块定义"对话框，单击"确定"按钮。

（3）此时会弹出"块-重新定义块"警告对话框，如图4-76所示，选择"重新定义块"选项，完成操作。

图4-75 拾取基点

4-76 "块-重新定义块"警告对话框

（4）此时，图形中所有的"铆钉"都已经更改为"螺母"，如图4-77所示。

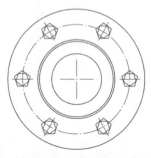

图4-77 重定义的结果

4.7.2 块的在位编辑

所谓块的在位编辑，实际上是指在原来图形的基础上进行块编辑。

块的在位编辑的一般步骤如下。

（1）选择需要编辑的块，单击鼠标右键，在弹出的快捷菜单中选择"在位编辑块"命令，弹出"参照编辑"对话框，如图 4-78 所示。在此对话框中显示了要编辑的块的参照名和预览图。如果块中有嵌套的块，还会显示嵌套的树状图，用户可以选择嵌套的块进行在位编辑。

（2）选择需要编辑的块的名称，单击"确定"按钮，此时进入参照编辑状态，在位编辑块呈高亮状态，其他图形全部褪色（见图 4-79）。用户可根据需要对块进行编辑。

图 4-78 "参照编辑"对话框　　　　　图 4-79 块的在位编辑状态

（3）完成块的修改后，单击"编辑参照"面板 → "保存修改"按钮，在弹出的警告对话框中单击"确定"按钮，将修改保存到块的定义中。

4.8 思考与练习

1. 用环形阵列的方式绘制如图 4-80 所示的图形，尺寸可自行设定。

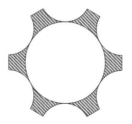

图 4-80 环形阵列练习

2. 镜像文字对象但不更改文字的方向，则 MIRRTEXT 系统变量应设置为多少？
3. 简述一种创建和使用块的方法。
4. 阵列包括几种类型？分别应用在哪些场合？
5. 使用"拉伸"命令时，通过哪种方式选择拉伸的对象？

第 5 章

简单二维图形绘制实例

本章主要内容

- 利用倒角命令绘制二维图形实例；
- 利用环形阵列命令绘制二维图形实例；
- 利用相切和镜像命令绘制二维图形实例；
- 利用旋转和打断命令绘制二维图形实例；
- 利用修剪命令绘制二维图形实例；
- 利用旋转和偏移命令绘制二维图形实例。

二维图形的形状都比较简单，创建起来比较容易，其是整个 AutoCAD 的绘图基础，任何复杂的图形都可以分解成简单的点、线、面等基本图形。

本章主要介绍几个简单二维图形的绘制步骤，熟练掌握本章的几个实例将有利于用户学习后续较复杂的零件图和装配图的绘制。

5.1 利用倒角命令绘制二维图形实例

本节主要讲解如图 5-1 所示图形的绘制和标注步骤及方法。

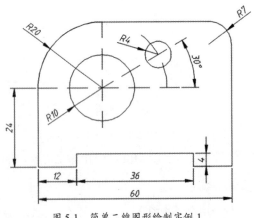

图 5-1　简单二维图形绘制实例 1

第 5 章　简单二维图形绘制实例

本实例中涉及的主要知识点包括①绘制中心线；②绘制圆；③绘制直线；④绘制倒角；⑤修剪对象；⑥标注尺寸。

本实例的具体操作步骤如下。

（1）在"快速访问工具栏"中单击"新建"按钮，弹出"选择样板"对话框。通过"选择样板"对话框选择"图形样板"文件夹中的"5-1 简单绘图样板"，单击"打开"按钮。在"草图与注释"工作空间中绘制如图 5-1 所示的简单图形。

（2）在"图层"面板的"图层控制"下拉列表中，选择"中心线"图层，如图 5-2 所示。

图 5-2　选择"中心线"图层

（3）单击"直线"按钮，绘制水平中心线，根据命令行提示操作如下。

```
命令：_LINE
指定第一点：（输入"20,100"，按回车键确认）
（水平向右拖动鼠标，输入长度为 80）
指定下一点或[放弃(U)]：（按回车键结束命令）
```

在绘图区绘制的一条水平中心线如图 5-3 所示。

（4）单击"直线"按钮，绘制垂直中心线，根据命令行提示操作如下。

```
命令：_LINE
指定第一点：（输入"48,126"，按回车键确认）
（垂直向下拖动鼠标，输入长度为 50）
指定下一点或[放弃(U)]：（按回车键结束命令）
```

在绘图区绘制的一条垂直中心线如图 5-4 所示。

图 5-3　绘制水平中心线　　　　　　　图 5-4　绘制垂直中心线

（5）单击"默认"选项卡→"修改"面板→"旋转"按钮，根据命令行提示操作如下。

```
命令：_ROTATE
选择对象：（单击图 5-4 中的水平中心线，按回车键确认）
指定基点：（拾取两条中心线的交点作为旋转基点）
指定旋转角度，或[复制(C)/参照(R)]<0>：（输入"C"，按回车键确认）
指定旋转角度，或[复制(C)/参照(R)]<0>：（输入"30"，按回车键确认）
```

（6）打开状态栏中的"对象捕捉"模式，以"圆心、半径"的方式，在中心线交点处绘制半径为20的辅助圆。

完成辅助线的旋转和辅助圆的绘制，如图 5-5 所示。

（7）在"图层"面板的"图层控制"下拉列表中，选择"0"图层。

（8）单击"直线"按钮，绘制如图 5-6 所示的多边形，根据命令行提示操作如下。

命令：_LINE
指定第一点：（拾取图 5-5 中辅助圆与水平中心线的左交点）
指定下一点或[放弃(U)]：（垂直向下拖动鼠标，输入长度为 24，按回车键确认）
指定下一点或[放弃(U)]：（水平向右拖动鼠标，输入长度为 12，按回车键确认）
……
指定下一点或[放弃(U)]：（垂直向上拖动鼠标，输入长度为 44，按回车键确认）
指定下一点或[放弃(U)]：（水平向左拖动鼠标，拾取辅助圆与垂直中心线的上交点，单击鼠标左键，完成多边形的绘制）

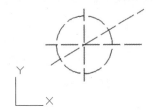
图 5-5　旋转辅助线并绘制辅助圆

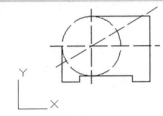
图 5-6　绘制多边形

（9）以"圆心、半径"的方式，绘制半径为 10 的辅助圆的同心圆，根据命令行提示操作如下。

命令：_CIRCLE
指定圆的圆心或[三点(3P)/两点(2P)/相切、相切、半径(T)]：（使用鼠标拾取图 5-6 中心线的交点）
指定圆的半径或[直径(D)]：（输入"10"，按回车键确认）

完成辅助圆的同心圆的绘制，如图 5-7 所示。

（10）再次执行"圆"命令，以"圆心、半径"的方式，绘制半径为 4 的圆，根据命令行提示操作如下。

命令：_CIRCLE
指定圆的圆心或[三点(3P)/两点(2P)/相切、相切、半径(T)]：（使用鼠标拾取图 5-6 中辅助圆与偏移线的交点）
指定圆的半径或[直径(D)]：（输入"4"，按回车键确认）

绘制的图形如图 5-7 所示。

（11）单击"圆弧"下拉按钮→"起点、端点、半径"按钮，根据命令行提示操作如下。

命令：_ARC
指定圆弧的起点或[圆心(C)]：（单击图 5-7 中的 A 点）
指定圆弧的端点：（单击图 5-7 中的 B 点）
指定圆弧的中心点(按住 Ctrl 键以切换方向)或[角度(A)/方向(D)/半径(R)]：_r

指定圆弧的半径(按住 Ctrl 键以切换方向):(输入"20",按回车键确认)

完成圆弧的绘制,如图 5-8 所示。

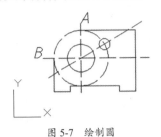

图 5-7　绘制圆　　　　　　　　　图 5-8　绘制圆弧

(12)单击"默认"选项卡 → "修改"面板 → "删除"按钮 ,根据命令行提示操作如下。

命令:_ERASE
选择对象:(使用鼠标拾取辅助圆)
选择对象:找到 1 个
(按回车键,辅助圆被删除)

(13)单击"默认"选项卡 → "修改"面板 → "倒角"下拉按钮 → "圆角"按钮,完成如图 5-9 所示圆角的绘制,根据命令行提示操作如下。

命令:_FILLET
当前设置:模式=修剪,半径=0.0000
选择第一个对象或[放弃(U)/多段线(P)/半径(R)/修剪(T)/多个(M)]:(输入"R",按回车键确认)
指定圆角半径<0.0000>:(输入"7",按回车键确认)
选择第一个对象或[放弃(U)/多段线(P)/半径(R)/修剪(T)/多个(M)]:(单击图 5-9 中的直线 C)
选择第二个对象,或按住 Shift 键选择对象以应用角点或[半径(R)]:(单击图 5-9 中的直线 D)

(14)在"图层"面板的"图层控制"下拉列表中,选择"标注"图层。

(15)在"注释"选项卡的"标注"面板中,单击"线性"按钮 ,选择如图 5-10 所示的点①作为第一条尺寸界线原点,选择点②作为第二条尺寸界线原点,移动鼠标光标指定尺寸线的放置位置。

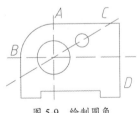　　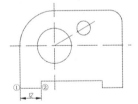

图 5-9　绘制圆角　　　　　　　　图 5-10　指定尺寸界线原点

(16)在"注释"选项卡的"标注"面板中,单击"连续"按钮 ,根据命令行提示操作如下。

命令:_DIMCONTINUE
选择连续标注:(选择步骤(15)中标注的尺寸)
指定第二个尺寸界线原点或[选择(S)/放弃(U)]<选择>:(拾取图 5-11 中的端点)
指定第二个尺寸界线原点或[选择(S)/放弃(U)]<选择>:(按回车键结束命令)

(17)参照步骤(14),创建其余线性标注,标注结果如图 5-12 所示。

145

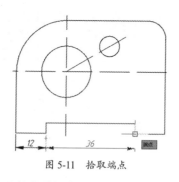
图 5-11　拾取端点

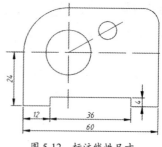
图 5-12　标注线性尺寸

（18）选择菜单栏中的"标注"→"半径标注"命令，在图形中单击要标注的圆弧，移动鼠标光标指定尺寸线位置，如图 5-13 所示。

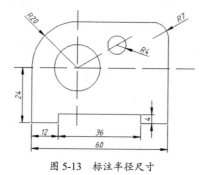
图 5-13　标注半径尺寸

根据命令行提示操作如下。

命令：_DIMRADIUS
选择圆弧或圆：（单击要标注的圆弧或圆）
标注文字=20
指定尺寸线位置或[多行文字(M)/文字(T)/角度(A)]：（移动光标并单击）

（19）选择菜单栏中的"标注"→"角度标注"命令，依据命令行提示完成角度标注，如图 5-14 所示，根据命令行提示操作如下。

命令：_DIMANGULAR
选择圆弧、圆、直线或<指定顶点>：（移动光标单击倾斜的中心线）
选择第二条直线：（移动鼠标光标并单击水平中心线）
指定标注弧线位置或[多行文字(M)/文字(T)/角度(A)/象限点(Q)]：（移动鼠标光标指定尺寸线的放置位置）

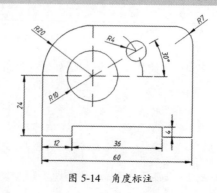
图 5-14　角度标注

（20）在"快速访问工具栏"中单击"另存为"按钮，将图形文件保存为"简单二维图形绘制实例 1.dwg"。

5.2 利用环形阵列命令绘制二维图形实例

本节主要讲解如图 5-15 所示图形的绘制和标注步骤及方法。图中标注的文本（字母和数字）采用 gbeitc.shx，大字体为 gbcbig.shx。

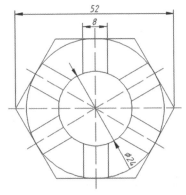

图 5-15 简单图形绘制实例 2

本实例涉及的主要知识点包括①绘制中心线；②绘制圆；③绘制多边形；④环形阵列；⑤尺寸标注；⑥修改图层。

本实例具体操作步骤如下。

（1）在"快速访问工具栏"中单击"新建"按钮，弹出"选择样板"对话框。通过"选择样板"对话框选择"图形样板"文件夹中的"5-2 简单绘图样板"，单击"打开"按钮。在"草图与注释"工作空间中绘制如图 5-15 所示的简单实例。

（2）在功能区"默认"选项卡的"图层"面板中单击"图层特性"按钮，打开"图层特性管理器"选项板，将"中心线"图层的颜色更改为"洋红"，线宽更改为"0.18mm"，如图 5-16 所示。修改完成后关闭"图层特性管理器"选项板。

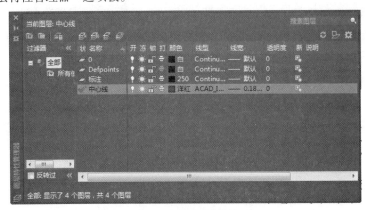

图 5-16 修改图层特性

（3）在"图层"面板的"图层控制"下拉列表中，选择"中心线"图层。

（4）在"绘图"面板中单击"直线"按钮，在"图层"面板的"图层控制"下拉列表中选择"中心线"图层，绘制一条水平中心线和一条垂直中心线作为辅助线，如图 5-17 所示。

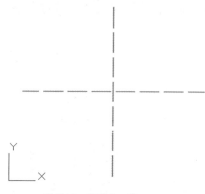

图 5-17　绘制中心线

（5）在"图层"面板的"图层控制"下拉列表中选择"0"图层。

（6）单击"绘图"面板 → "多边形"按钮，打开状态栏"对象捕捉"模式，根据命令行提示操作如下。

```
命令：_POLYGON
输入侧面数<4>：（输入"6"，按回车键确认）
指定正多边形的中心点或[边(E)]：（单击图 5-17 中两条中心线的交点）
输入选项[内接于圆(I)/外切于圆(C)]<I>：（输入"I"，按回车键确认）
指定圆的半径：（输入"26"，按回车键确认）
```

完成正六边形的绘制，如图 5-18 所示。

（7）单击"绘图"面板 → "圆心、半径"按钮，以正六边形的中心为圆心，绘制直径为 24 的圆，根据命令行提示操作如下。

```
命令：_CIRCLE
指定圆的圆心或[三点(3P)/两点(2P)/相切、相切、半径(T)]：（指定圆心）
指定圆的半径或[直径(D)]：（指定圆的直径为 24）
```

（8）单击"绘图"面板 → "相切、相切、相切"按钮，绘制直径为 24 的圆的同心圆，根据命令行提示操作如下。

```
命令：_CIRCLE
指定圆的圆心或[三点(3P)/两点(2P)/相切、相切、半径(T)]：_3p
指定圆上的第一个点：_tan 到 （单击图 5-18 中多边形的边①）
指定圆上的第二个点：_tan 到 （单击图 5-18 中多边形的边②）
指定圆上的第三个点：_tan 到 （单击图 5-18 中多边形的边③）
```

完成两个圆的绘制，如图 5-19 所示。

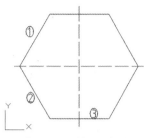
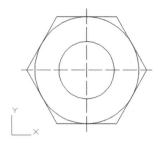

图 5-18 绘制正六边形　　　　　　图 5-19 绘制两个圆

（9）单击"修改"面板 → "环形阵列"按钮，根据命令行提示操作如下。

```
命令：_ARRAYPOLAR
选择对象：（单击图 5-19 中的垂直中心线，按回车键确认）
指定阵列的中心点或[基点(B)/旋转轴(A)]：（拾取图 5-19 中正六边形的中点）
```

系统弹出"阵列创建"选项卡，如图 5-20 所示。

图 5-20 "阵列创建"选项卡

在"项目"面板中，将"项目数"设置为"6"，"介于"设置为"60"，"填充"设置为"360"。

在"行"面板中，将"行数"设置为"1"，"介于"和"总计"按默认值设定。

在"层级"面板中，将"级别"、"介于"和"总计"都设置为"1"。

设置完成后，单击"关闭"面板中的"关闭阵列"按钮。

完成环形阵列的中心线绘制，如图 5-21 所示。

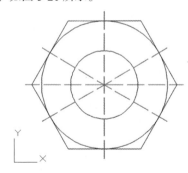

图 5-21 绘制环形阵列的中心线

（10）单击"修改"面板 → "分解"按钮，将环形阵列的中心线进行分解，根据命令行提示操作如下。

```
命令：_EXPLODE
选择对象：（单击图 5-21 中环形阵列的中心线）
选择对象：找到 1 个
```

（按回车键结束命令）

将环形阵列的中心线由 1 个块分解为 4 个单独的个体。

（11）单击"修改"面板 → "偏移"按钮，根据命令行提示操作如下。

```
命令：_OFFSET
当前设置：删除源=否  图层=源  OFFSTEGAPTYPE=0
指定偏移距离或[通过(T)/删除(E)/图层(L)]<通过>：（输入偏移距离为 4）
选择要偏移的对象，或[退出(E)/放弃(U)]<退出>：（单击垂直中心线）
指定要偏移的那一侧上的点，或[退出(E)/多个(M)/放弃(U)]：（在垂直中心线的左侧单击）
选择要偏移的对象，或[退出(E)/放弃(U)]<退出>：（单击垂直中心线）
指定要偏移的那一侧上的点，或[退出(E)/多个(M)/放弃(U)]：（在垂直中心线的右侧单击）
选择要偏移的对象，或[退出(E)/放弃(U)]：（按回车键结束命令）
```

（12）选中偏移后的两条中心线，从"图层"面板的"图层控制"下拉列表中选择"0"图层，更改两条中心线的图层。

（13）单击"修改"面板 → "修剪"按钮，修剪多余的辅助线，根据命令行提示操作如下。

```
命令：_TRIM
选择对象或<选择全部>：（按回车键选择全部对象为修剪对象）
选择要修剪的对象[栏选(F)/窗交(C)/投影(P)/边(E)/删除(R)/放弃(U)]：（依次单击要修剪的部分）
```

完成修剪的图形如图 5-22 所示。

（14）单击"修改"面板 → "环形阵列"按钮，根据命令行提示操作如下。

```
命令：_ARRAYPOLAR
选择对象：（选择步骤（13）中修剪完成的直线段）
指定阵列的中心点或[基点(B)/旋转轴(A)]：（拾取图 5-22 中正六边形的中点）
选择夹点以编辑阵列或[关联(AS)/基点(B)/项目(I)/项目间角度(A)/填充角度(F)/行(ROW)/层(L)/
旋转项目(ROT)/退出(X)]<退出>：（输入"I"，按回车键确认）
输入阵列中的项目数或[表达式(E)]<6>：（按回车键确认）
选择夹点以编辑阵列或[关联(AS)/基点(B)/项目(I)/项目间角度(A)/填充角度(F)/行(ROW)/层(L)/
旋转项目(ROT)/退出(X)]<退出>：（输入"F"，按回车键确认）
指定填充角度(+=逆时针、-=顺时针)或[表达式(EX)]<360>：（输入"360"，按回车键确认）
选择夹点以编辑阵列或[关联(AS)/基点(B)/项目(I)/项目间角度(A)/填充角度(F)/行(ROW)/层(L)/
旋转项目(ROT)/退出(X)]<退出>：（输入"AS"，按回车键确认）
创建关联矩阵[是(Y)/否(N)]<是>：（输入"N"，按回车键确认）
选择夹点以编辑阵列或[关联(AS)/基点(B)/项目(I)/项目间角度(A)/填充角度(F)/行(ROW)/层(L)/
旋转项目(ROT)/退出(X)]<退出>：（按回车键结束命令）
```

完成环形阵列的绘制，如图 5-23 所示。

（15）从"图层"面板的"图层控制"下拉列表中选择"标注"图层；在"注释"面板的"标注样式"下拉列表中选择"Standard"样式。

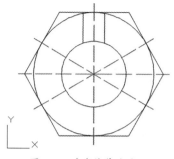
图 5-22　完成修剪的图形

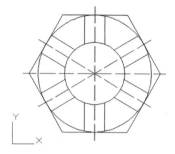
图 5-23　绘制环形阵列

（16）选择菜单栏中的"标注"→"直径标注"命令，在图形中单击要标注的圆弧，移动鼠标光标指定尺寸线的位置，根据命令行提示操作如下。

```
命令：_DIMRADIUS
选择圆弧或圆：（单击要标注的圆弧和圆）
标注文字=24
指定尺寸线位置或[多行文字(M)/文字(T)/角度(A)]：（移动光标并单击）
```

（17）在"默认"选项卡→"注释"面板中，单击"线性标注"按钮，选择第一条尺寸界线原点和第二条尺寸界线原点，移动鼠标光标指定尺寸线的放置位置，完成线性标注。

（18）在"快速访问工具栏"中单击"保存"按钮，保存绘制好的图形文件。

在绘制过程中，用到了"默认"选项卡的"修改"面板中的"环形阵列"命令。在 AutoCAD 2020 中，用户可以选择矩形阵列、路径阵列和环形阵列。在启用不同的阵列命令之后，命令行依次出现不同的命令选项。

矩形阵列：需要定义矩阵的行数、列数、行偏移值、列偏移值和起始角度等选项。

路径阵列：需要定义阵列的路径曲线、沿路径列的方向、项目数和间距等选项。

环形阵列：需要定义阵列的圆心、项目数、环形阵列的角度或各项目之间的角度等选项。

5.3　利用相切和镜像命令绘制二维图形实例

本节主要讲解如图 5-24 所示图形的绘制和标注步骤及方法。图中标注的文本（字母和数字）采用 gbeitc.shx，大字体为 gbcbig.shx。

本实例详细介绍的主要知识点包括①创建构造线；②绘制相切圆；③绘制直线；④圆角；⑤镜像操作；⑥修剪命令；⑦改变线型比例；⑧标注尺寸；⑨编辑尺寸文本。

本实例的具体操作步骤如下。

（1）在"快速访问工具栏"中单击"新建"按钮，弹出"选择样板"对话框。通过"选择样板"对话框选择"图形样板"文件夹中的"5-3 简单绘图样板"，单击"打开"按钮。在"草图与注释"工作空间中绘制如图 5-24 所示的简单图形。

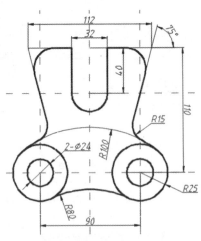

图 5-24 简单图形绘制实例 3

（2）在功能区"默认"选项卡的"图层"面板中单击"图层特性"按钮，打开"图层特性管理器"选项板。将"中心线"图层的颜色更改为"洋红"，将"图层1"图层的线宽更改为"0.30mm"，如图 5-25 所示。修改完成后关闭"图层特性管理器"选项板。

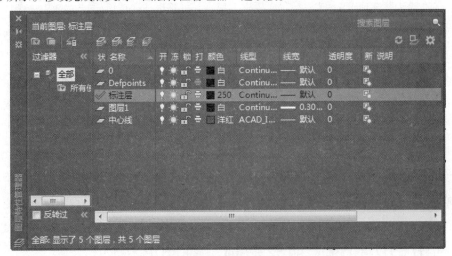

图 5-25 修改图层特性

（3）按 F8 键，打开"正交"模式，并在状态栏中打开"显示/隐藏线宽"模式，以设置在图形窗口中显示线宽。

（4）单击"默认"选项卡 → "注释"面板 → "线性"下拉列表 → "标注样式"按钮，在弹出的"标注样式管理器"对话框中，选择"ISO-25"标注样式，单击右侧的"修改"按钮。

（5）在"修改样式-ISO-25"对话框的"符号与箭头"选项卡中，将"箭头大小"设置为"5"；在"文字"选项卡中，将"文字高度"设置为"7.5"，在"文字对齐"选项组中选择"ISO 标准"。

（6）单击"绘图"面板 → "构造线"按钮，绘制一条水平中心线和一条垂直中心线作为辅助线，如图 5-26 所示。

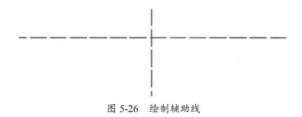

图 5-26 绘制辅助线

（7）单击"修改"面板 →"偏移"按钮，根据命令行提示操作如下。

```
命令：_OFFSET
当前设置：删除源=否  图层=源  OFFSTEGAPTYPE=0
指定偏移距离，或[通过(T)/删除(E)/图层(L)]<通过>：(输入偏移距离为45)
选择要偏移的对象，或[退出(E)/放弃(U)]<退出>：(单击图5-26中的垂直中心线)
指定要偏移的那一侧上的点，或[退出(E)/多个(M)/放弃(U)]：(在垂直中心线的左侧单击)
选择要偏移的对象，或[退出(E)/放弃(U)]<退出>：(单击图5-26中的垂直中心线)
指定要偏移的那一侧上的点，或[退出(E)/多个(M)/放弃(U)]：(在垂直中心线的右侧单击)
选择要偏移的对象，或[退出(E)/放弃(U)]：(输入"E"，按回车键确认)
```

完成偏移操作后的图形效果如图 5-27 所示。

图 5-27 绘制垂直偏移辅助线

继续执行"偏移"命令，根据命令行提示操作如下。

```
命令：_OFFSET
当前设置：删除源=否  图层=源  OFFSTEGAPTYPE=0
指定偏移距离，或[通过(T)/删除(E)/图层(L)]<通过>：(输入偏移距离为70)
选择要偏移的对象，或[退出(E)/放弃(U)]<退出>：(单击图5-27中的水平中心线)
指定要偏移的那一侧上的点，或[退出(E)/多个(M)/放弃(U)]：(在水平中心线的上方单击)
选择要偏移的对象，或[退出(E)/放弃(U)]：(按回车键结束命令)
```

完成偏移操作后的图形效果如图 5-28 所示。

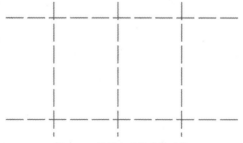

图 5-28 绘制水平偏移辅助线

（8）在"图层"面板的"图层控制"下拉列表中选择"图层1"图层，并在状态栏中打开"对象捕捉"模式。

（9）单击"圆心、半径"按钮，在如图5-29所示的位置分别绘制半径为12和半径为25的同心圆，根据命令行提示操作如下。

```
命令：_CIRCLE
指定圆的圆心或[三点(3P)/两点(2P)/相切、相切、半径(T)]:（指定圆心）
指定圆的半径或[直径(D)]:（输入"12"，按回车键确认）
命令：_CIRCLE
指定圆的圆心或[三点(3P)/两点(2P)/相切、相切、半径(T)]:（指定圆心）
指定圆的半径或[直径(D)]:（输入"25"，按回车键确认）
```

绘制完成的同心圆图形如图5-29所示。

再次执行"圆心、半径"命令，在如图5-30所示的位置分别绘制半径为12和半径为25的同心圆，根据命令行提示操作如下。

```
命令：_CIRCLE
指定圆的圆心或[三点(3P)/两点(2P)/相切、相切、半径(T)]:（指定圆心）
指定圆的半径或[直径(D)]:（输入"12"，按回车键确认）
命令：_CIRCLE
指定圆的圆心或[三点(3P)/两点(2P)/相切、相切、半径(T)]:（指定圆心）
指定圆的半径或[直径(D)]:（输入"25"，按回车键确认）
```

再次绘制完成的同心圆图形如图5-30所示。

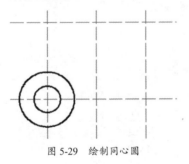

图5-29　绘制同心圆

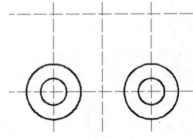

图5-30　绘制同心圆

再次执行"圆心、半径"命令，在如图5-31所示的位置绘制半径为16的圆，根据命令行提示操作如下。

```
命令：_CIRCLE
指定圆的圆心或[三点(3P)/两点(2P)/相切、相切、半径(T)]:（指定圆心）
指定圆的半径或[直径(D)]:（输入"16"，按回车键确认）
```

绘制完成的图形如图5-31所示。

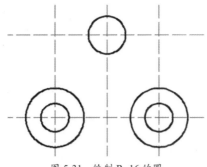

图 5-31 绘制 R=16 的圆

(10) 单击"直线"按钮，根据命令行提示操作如下。

命令：_LINE
指定第一点：(拾取图 5-32 中 R=16 的圆与水平中心线右侧相交处)
(水平向上拖动鼠标，输入长度为 40)
指定下一点或[放弃(U)]：(水平向右拖动鼠标，输入长度为 40，按回车键确认)
指定下一点或[放弃(U)]：(输入"90<-105"，按回车键确认)
指定下一点或[放弃(U)]：(按回车键结束命令)

完成绘制的图形如图 5-32 所示。

(11) 单击"镜像"按钮，根据命令行提示操作如下。

命令：_MIRROR
选择对象：(拾取步骤(10)中绘制完成的直线段，按回车键确认)
指定镜像线的第一点：(拾取 R=16 的圆的圆心)
指定镜像线的第二点：(拾取图 5-33 中辅助线的中点)
要删除源对象吗？[是(Y)/否(N)]<否>：(输入"N"，按回车键确认)

完成镜像后的图形如图 5-33 所示。

图 5-32 绘制直线段

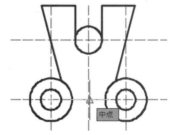

图 5-33 镜像

(12) 单击"绘图"面板 → "相切、相切、半径"按钮，根据命令行提示操作如下。

命令：_CIRCLE
指定圆的圆心或[三点(3P)/两点(2P)/相切、相切、半径(T)]：_ttr
指定对象与圆的第一个切点：(单击图 5-34 (a) 中的中心线左侧半径为 25 的圆)
指定对象与圆的第二个切点：(单击图 5-34 (b) 中的中心线右侧半径为 25 的圆)
指定圆的半径：(输入"100"，按回车键确认)

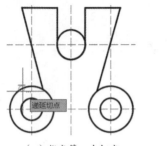

（a）指定第一个切点　　　　　　（b）指定第二个切点

图 5-34　指定第一个切点

再次执行"相切、相切、半径"命令，根据命令行提示操作如下。

```
命令：_CIRCLE
指定圆的圆心或[三点(3P)/两点(2P)/相切、相切、半径(T)]：_ttr
指定对象与圆的第一个切点：(单击图 5-35 (a)中的中心线左侧半径为25的圆)
指定对象与圆的第二个切点：(单击图 5-35 (b)中的中心线右侧半径为25的圆)
指定圆的半径：(输入"80"，按回车键确认)
```

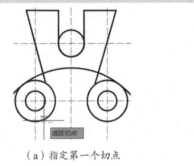

（a）指定第一个切点　　　　　　（b）指定第二个切点

图 5-35　指定第二个切点

完成两个相切圆的绘制，如图 5-36 所示。

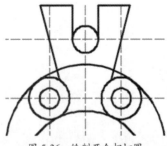

图 5-36　绘制两个相切圆

（13）单击"修改"面板 → "倒角"下拉按钮 → "圆角"按钮，根据命令行提示操作如下。

```
命令：_FILLET
当前设置：模式=修剪，半径=0.0000
选择第一个对象或[放弃(U)/多段线(P)/半径(R)/修剪(T)/多个(M)]：(输入"R"，按回车键确认)
指定圆角半径<0.0000>：(输入"12"，按回车键确认)
```

选择第一个对象或[放弃(U)/多段线(P)/半径(R)/修剪(T)/多个(M)]:（单击图 5-37 中的右侧直线段）
选择第二个对象，或按住 Shift 键选择对象以应用角点或[半径(R)]:（单击图 5-38 中的外切圆）

完成第一个圆角的绘制，如图 5-38 所示。

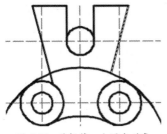

图 5-37 选择第一个圆角对象

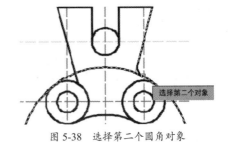

图 5-38 选择第二个圆角对象

绘制对称位置圆角，根据命令行提示操作如下。

命令：_FILLET
当前设置：模式=修剪，半径=0.0000
选择第一个对象或[放弃(U)/多段线(P)/半径(R)/修剪(T)/多个(M)]:（输入"R"，按回车键确认）
指定圆角半径<0.0000>:（输入"12"，按回车键确认）
选择第一个对象或[放弃(U)/多段线(P)/半径(R)/修剪(T)/多个(M)]:（单击与图 5-37 中的直线段对称的直线段）
选择第二个对象，或按住 Shift 键选择对象以应用角点或[半径(R)]:（单击图 5-38 中的外切圆）

绘制 R=18 的圆角，根据命令行提示操作如下。

命令：_FILLET
当前设置：模式=修剪，半径=0.0000
选择第一个对象或[放弃(U)/多段线(P)/半径(R)/修剪(T)/多个(M)]:（输入"R"，按回车键确认）
指定圆角半径<0.0000>:（输入"18"，按回车键确认）
选择第一个对象或[放弃(U)/多段线(P)/半径(R)/修剪(T)/多个(M)]:（单击图 5-39 中的直线段）
选择第二个对象，或按住 Shift 键选择对象以应用角点或[半径(R)]:（单击图 5-40 中的直线段）

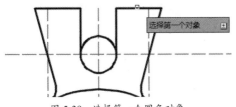

图 5-39 选择第一个圆角对象

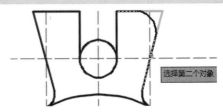

图 5-40 选择第二个圆角对象

再次执行"圆角"命令，绘制对称位置的圆角，操作步骤同上，这里不再赘述。

完成上述圆角操作后，得到的图形如图 5-41 所示。

（14）单击"修改"面板 → "修剪"按钮，命令行提示：选择对象或<全部选择>，直接按回车键，选择全部对象为修剪对象，进入自动修剪模式，将不需要的粗实线修剪掉，最后得到的图形如图 5-42 所示。

（15）单击"修改"面板 → "打断"按钮，将辅助线在合适位置打断，之后将不需要的辅助线删除，在进行打断操作时，可以临时关闭"对象捕捉"模式。完成打断操作后，得到的图形如

图 5-43 所示。

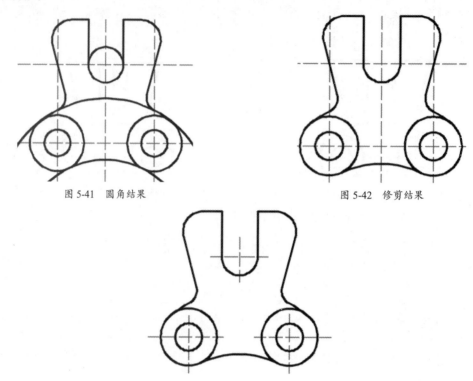

图 5-41 圆角结果　　　　　图 5-42 修剪结果

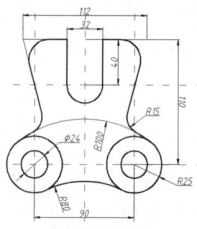

图 5-43 修剪辅助线的结果

单击"修改"面板 →"删除"按钮，选择不需要的辅助线，将其删除。或者用户可以直接选中多余的辅助线，按 Delete 键，快速删除对象。

（16）切换至"标注"图层，分别单击"线性"按钮、"直径"按钮和"半径"按钮来标注图形尺寸，如图 5-44 所示。

图 5-44 标注图形尺寸

（17）选择菜单栏中的"标注"→"角度标注"命令，完成如图 5-45 所示的角度标注，根据命令行提示操作如下。

```
命令：_DIMANGULAR
选择圆弧、圆、直线或<指定顶点>：(选择组成夹角的一条直线)
选择第二条直线：(选择组成夹角的另一条直线)
指定标注弧线位置或[多行文字(M)/文字(T)/角度(A)/象限点(Q)]：
(移动鼠标光标在适合放置文本的位置单击)
标注文字=75
```

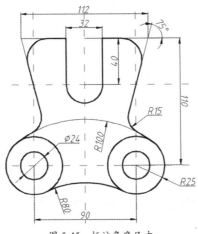

图 5-45　标注角度尺寸

（18）在图形中，选择半径为 12 的圆，在命令行中输入"TEXTEDIT"或"ED"命令，按回车键，则功能区弹出"文字编辑器"选项卡，在出现的方框内将光标移动到尺寸文字左侧，输入"2-"，如图 5-46 所示。

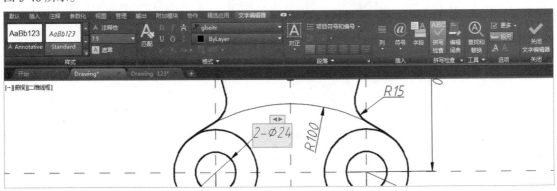

图 5-46　编辑尺寸文字

单击"文字编辑器"选项卡中的"关闭文字编辑器"按钮，完成标注后的图形如图 5-47 所示。

（19）在"快速访问工具栏"中单击"另存为"按钮，保存绘制好的图形文件。

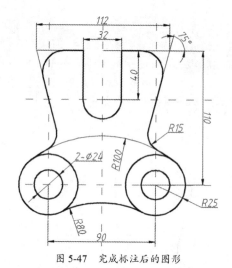

图 5-47　完成标注后的图形

5.4　利用旋转和打断命令绘制二维图形实例

本节主要讲解如图 5-48 所示图形的绘制和标注步骤及方法。图中标注的文本（字母和数字）采用 gbeitc.shx，大字体为 gbcbig.shx。

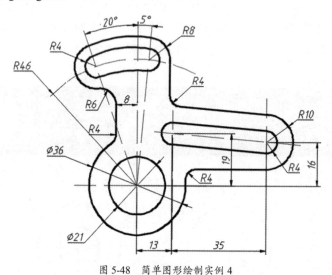

图 5-48　简单图形绘制实例 4

本实例详细介绍的主要知识点包括①创建中心线；②绘制圆；③绘制直线；④圆角；⑤打断操作；⑥修剪命令；⑦旋转命令；⑧标注尺寸；⑨编辑图层特性；⑩偏移命令。

本实例的具体操作步骤如下。

（1）在"快速访问工具栏"中单击"新建"按钮，弹出"选择样板"对话框。通过"选择样板"对话框选择"图形样板"文件夹中的"5-4 简单绘图样板"，单击"打开"按钮。在"草图与注释"工作空间中绘制如图 5-48 所示的简单图形。

（2）在功能区"默认"选项卡的"图层"面板中单击"图层特性"按钮，打开"图层特性管理器"选项板。将"标注"图层的线型更改为"Continuous",修改完成后关闭"图层特性管理器"选项板。

(3)按 F8 键,打开"正交"模式,并在状态栏中打开"显示/隐藏线宽"模式,以设置在图形窗口中显示线宽。

(4)单击"默认"选项卡 → "注释"面板 → "线性"下拉列表 → "标注样式"按钮,在弹出的"标注样式管理器"对话框中,选择"ISO-25"标注样式,单击右侧的"修改"按钮。

(5)在"修改样式-ISO-25"对话框的"符号与箭头"选项卡中,将"箭头大小"设置为"2";在"文字"选项卡中,将"文字高度"设置为"3.5",在"文字对齐"选项组中选择"ISO 标准"。

(6)在"图层"面板的"图层控制"下拉列表中选择"中心线"图层,并在状态栏中打开"对象捕捉"模式。

(7)在"绘图"面板中单击"构造线"按钮,绘制一条水平中心线和一条垂直中心线作为辅助线,如图 5-49 所示。

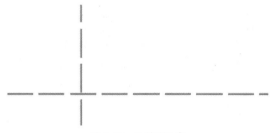

图 5-49 绘制辅助线

(8)单击"修改"面板 → "旋转"按钮,绘制辅助线,根据命令行提示操作如下。

```
命令:_ROTATE
UCS 当前的正角方向:ANGDIR=逆时针 ANGBASE=0
选择对象:(单击图 5-49 中的垂直中心线)
选择对象:找到 1 个
(按回车键确认)
指定基点:(拾取图 5-49 中辅助线的交点)
指定旋转角度,或[复制(C)/参照(R)]<0>:(输入"C",按回车键确认)
旋转一组选定对象
指定旋转角度,或[复制(C)/参照(R)]<0>:(输入"-5",按回车键确认)
```

继续第二条辅助线的绘制。

```
命令:_ROTATE
UCS 当前的正角方向:ANGDIR=逆时针 ANGBASE=0
选择对象:(单击图 5-49 中的垂直中心线)
选择对象:找到 1 个
(按回车键确认)
指定基点:(拾取图 5-49 中辅助线的交点)
指定旋转角度,或[复制(C)/参照(R)]<0>:(输入"C",按回车键确认)
```

旋转一组选定对象

指定旋转角度，或[复制(C)/参照(R)]<0>：（输入"20"，按回车键确认）

完成两条辅助线的绘制，如图5-50所示。

（9）单击"修改"面板 → "偏移"按钮 ，绘制辅助线，根据命令行提示操作如下。

命令：_OFFSET

当前设置：删除源=否 图层=源 OFFSTEGAPTYPE=0

指定偏移距离，或[通过(T)/删除(E)/图层(L)]<通过>：（输入偏移距离为16）

选择要偏移的对象，或[退出(E)/放弃(U)]<退出>：（单击图5-50中的水平中心线）

指定要偏移的那一侧上的点，或[退出(E)/多个(M)/放弃(U)]：（在水平中心线的上方单击）

选择要偏移的对象，或[退出(E)/放弃(U)]：（按回车键结束命令）

继续第二条水平偏移辅助线的绘制，根据命令行提示操作如下。

命令：_OFFSET

当前设置：删除源=否 图层=源 OFFSTEGAPTYPE=0

指定偏移距离，或[通过(T)/删除(E)/图层(L)]<通过>：（输入偏移距离为19）

选择要偏移的对象，或[退出(E)/放弃(U)]<退出>：（单击图5-50中的水平中心线）

指定要偏移的那一侧上的点，或[退出(E)/多个(M)/放弃(U)]：（在水平中心线的上方单击）

选择要偏移的对象，或[退出(E)/放弃(U)]：（按回车键结束命令）

完成水平偏移辅助线的绘制，如图5-51所示。

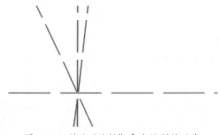 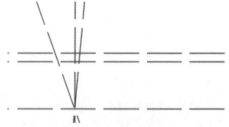

图5-50 利用"旋转"命令绘制辅助线　　　图5-51 利用"偏移"命令绘制水平偏移辅助线

接下来绘制垂直偏移辅助线，根据命令行提示操作如下。

命令：_OFFSET

当前设置：删除源=否 图层=源 OFFSTEGAPTYPE=0

指定偏移距离，或[通过(T)/删除(E)/图层(L)]<通过>：（输入偏移距离为13）

选择要偏移的对象，或[退出(E)/放弃(U)]<退出>：（单击图5-51中的垂直中心线）

指定要偏移的那一侧上的点，或[退出(E)/多个(M)/放弃(U)]：（在垂直中心线的右侧单击）

选择要偏移的对象，或[退出(E)/放弃(U)]：（按回车键结束命令）

继续第二条垂直偏移辅助线的绘制，根据命令行提示操作如下。

命令：_OFFSET

当前设置：删除源=否 图层=源 OFFSTEGAPTYPE=0

指定偏移距离，或[通过(T)/删除(E)/图层(L)]<通过>：（输入偏移距离为48）

选择要偏移的对象，或[退出(E)/放弃(U)]<退出>：（单击图5-51中的垂直中心线）

指定要偏移的那一侧上的点，或[退出(E)/多个(M)/放弃(U)]：(在垂直中心线的右侧单击)
选择要偏移的对象，或[退出(E)/放弃(U)]：(按回车键结束命令)

完成垂直偏移辅助线的绘制，如图 5-52 所示。

（10）单击"绘图"面板 →"圆心、半径"按钮⊙，以图 5-49 中辅助线的交点为圆心，绘制半径为 46 的圆，根据命令行提示操作如下。

命令：_CIRCLE
指定圆的圆心或[三点(3P)/两点(2P)/相切、相切、半径(T)]：(指定圆心为图 5-49 中水平中心线与垂直中心线的交点)
指定圆的半径或[直径(D)]：(指定圆的半径为 46)

完成辅助圆的绘制，如图 5-53 所示。

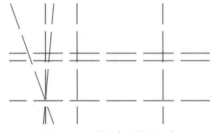
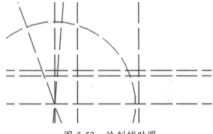

图 5-52　绘制垂直偏移辅助线　　　　图 5-53　绘制辅助圆

（11）在"图层"面板的"图层控制"下拉列表中选择"粗实线"图层，并在状态栏中启用"对象捕捉"模式。

（12）以"圆心、直径"的方式，分别绘制直径为 36 和直径为 21 的圆，如图 5-54 所示，根据命令行提示操作如下。

命令：_CIRCLE
指定圆的圆心或[三点(3P)/两点(2P)/相切、相切、半径(T)]：(指定圆心)
指定圆的半径或[直径(D)]：(输入"D"，按回车键确认)
指定圆的半径或[直径(D)]：(输入"21"，按回车键确认)
指定圆的圆心或[三点(3P)/两点(2P)/相切、相切、半径(T)]：(指定圆心)
指定圆的半径或[直径(D)]：(输入"D"，按回车键确认)
指定圆的半径或[直径(D)]：(输入"36"，按回车键确认)

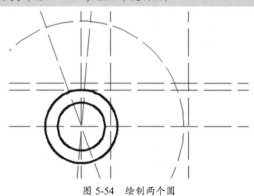

图 5-54　绘制两个圆

用户也可以以"圆心、半径"的方式绘制所需要的两个圆。

（13）单击"圆心、半径"按钮，绘制如图5-55所示的四个圆，根据命令行提示操作如下。

```
命令：_CIRCLE
指定圆的圆心或[三点(3P)/两点(2P)/相切、相切、半径(T)]：（指定圆心）
指定圆的半径或[直径(D)]：（输入"4"，按回车键确认）
指定圆的圆心或[三点(3P)/两点(2P)/相切、相切、半径(T)]：（指定圆心）
指定圆的半径或[直径(D)]：（输入"8"，按回车键确认）
指定圆的圆心或[三点(3P)/两点(2P)/相切、相切、半径(T)]：（指定圆心）
指定圆的半径或[直径(D)]：（输入"4"，按回车键确认）
指定圆的圆心或[三点(3P)/两点(2P)/相切、相切、半径(T)]：（指定圆心）
指定圆的半径或[直径(D)]：（输入"8"，按回车键确认）
```

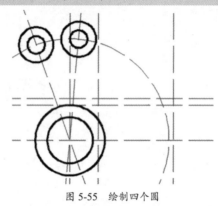

图 5-55 绘制四个圆

（14）单击"圆心、半径"按钮，绘制如图5-56所示的三个圆，根据命令行提示操作如下。

```
命令：_CIRCLE
指定圆的圆心或[三点(3P)/两点(2P)/相切、相切、半径(T)]：（指定圆心）
指定圆的半径或[直径(D)]：（输入"4"，按回车键确认）
指定圆的圆心或[三点(3P)/两点(2P)/相切、相切、半径(T)]：（指定圆心）
指定圆的半径或[直径(D)]：（输入"4"，按回车键确认）
指定圆的圆心或[三点(3P)/两点(2P)/相切、相切、半径(T)]：（指定圆心）
指定圆的半径或[直径(D)]：（输入"10"，按回车键确认）
```

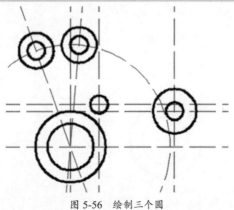

图 5-56 绘制三个圆

（15）单击"直线"按钮 ，绘制如图5-57所示的直线段。

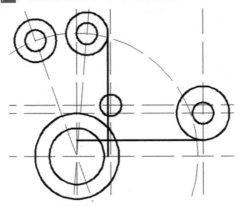

图5-57　绘制两条直线段

绘制第一条直线段，根据命令行提示操作如下。

命令：_LINE
指定第一点：（按住Ctrl键的同时单击鼠标右键，弹出如图5-58所示的快捷菜单，选择"切点"命令确定第一点，切点位置如图5-59所示）
指定下一点或[放弃(U)]：（按住Ctrl键的同时单击鼠标右键，弹出如图5-58所示的快捷菜单，选择"切点"命令确定第二点，切点位置如图5-60所示）
指定下一点或[放弃(U)]：（按回车键结束命令）

绘制第二条直线段，根据命令行提示操作如下。

命令：_LINE
指定第一点：（按住Ctrl键的同时单击鼠标右键，弹出如图5-58所示的快捷菜单，选择"切点"命令确定第一点，切点位置如图5-61所示）
指定下一点或[放弃(U)]：（按住Ctrl键的同时单击鼠标右键，弹出如图5-58所示的快捷菜单，选择"切点"命令确定第二点，切点位置如图5-62所示）

图5-58　右键快捷菜单

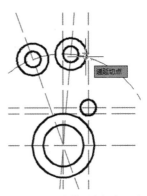

图5-59　确定第一个切点位置

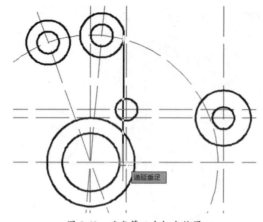

图 5-60　确定第二个切点位置

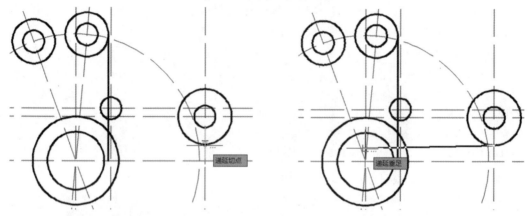

图 5-61　确定第一个切点位置　　　　　　　图 5-62　确定第二个切点位置

（16）单击"修改"面板→"偏移"按钮，绘制辅助线，并将其转换为直线，根据命令行提示操作如下。

```
命令：_OFFSET
当前设置：删除源=否  图层=源  OFFSTEGAPTYPE=0
指定偏移距离，或[通过(T)/删除(E)/图层(L)]<通过>：（输入偏移距离为8）
选择要偏移的对象，或[退出(E)/放弃(U)]<退出>：（单击图5-63中的中心线）
```

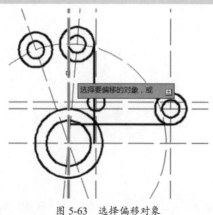

图 5-63　选择偏移对象

将通过"偏移"命令得到的辅助线更改为"粗实线"图层,完成的结果如图 5-64 所示。

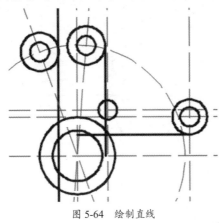

图 5-64 绘制直线

(17)单击"三点"按钮，绘制如图 5-65 所示的圆弧。

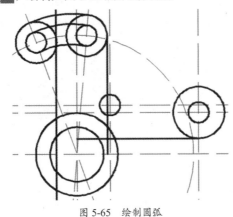

图 5-65 绘制圆弧

根据命令行提示操作如下。

```
命令：_ARC
指定圆弧的起点或[圆心(C)]：(拾取图 5-66 中的 A 点)
指定圆弧的第二个点或[圆心(C)/端点(E)]：(拾取图 5-66 中的 B 点)
指定圆弧的端点：(拾取图 5-66 中的 C 点)
```

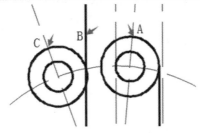

图 5-66 拾取三点绘制圆弧

用同样的方式绘制另外两条圆弧。

(18)单击"直线"按钮，绘制如图 5-67 所示的两条直线段。

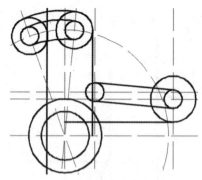

图 5-67　绘制两条直线段

绘制第一条直线段，根据命令行提示操作如下。

命令：_LINE
指定第一点：（按住 Ctrl 键的同时单击鼠标右键，在弹出的快捷菜单中，选择"切点"命令确定第一点，切点位置如图 5-68 所示）
指定下一点或[放弃(U)]：（按住 Ctrl 键的同时单击鼠标右键，在弹出的快捷菜单中选择"切点"命令确定第二点，切点位置如图 5-69 所示）
指定下一点或[放弃(U)]：（按回车键结束命令）

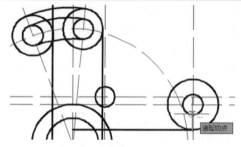

图 5-68　确定第一个切点位置

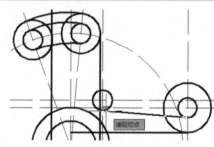

图 5-69　确定第二个切点位置

绘制第二条直线段，根据命令行提示操作如下。

命令：_LINE
指定第一点：（按住 Ctrl 键的同时单击鼠标右键，在弹出的快捷菜单中选择"切点"命令，切点位置如图 5-70 所示）
指定下一点或[放弃(U)]：（按住 Ctrl 键的同时单击鼠标右键，在弹出的快捷菜单中选择"切点"命令，切点位置如图 5-71 所示）
指定下一点或[放弃(U)]：（按回车键结束命令）

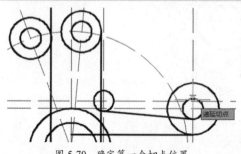

图 5-70　确定第一个切点位置

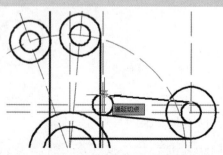

图 5-71　确定第二个切点位置

绘制的两条直线段如图 5-67 所示。

（19）单击"修改"面板 →"偏移"按钮，绘制如图 5-72 所示的直线段，根据命令行提示操作如下。

命令：_OFFSET
当前设置：删除源=否 图层=源 OFFSTEGAPTYPE=0
指定偏移距离，或[通过(T)/删除(E)/图层(L)]<通过>：(输入偏移距离为 6)
选择要偏移的对象，或[退出(E)/放弃(U)]<退出>：(单击图 5-72 中的直线段)
指定要偏移的那一侧上的点，或[退出(E)/多个(M)/放弃(U)]：(在直线段上方单击)
选择要偏移的对象，或[退出(E)/放弃(U)]：(按回车键结束命令)

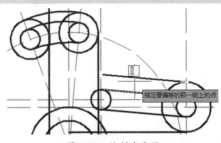

图 5-72 绘制直线段

（20）单击"修改"面板 →"倒角"按钮 →"圆角"按钮，根据命令行提示操作如下。

命令：_FILLET
当前设置：模式=修剪，半径=0.0000
选择第一个对象或[放弃(U)/多段线(P)/半径(R)/修剪(T)/多个(M)]：(输入"R"，按回车键确认)
指定圆角半径<0.0000>：(输入"4"，按回车键确认)
选择第一个对象或[放弃(U)/多段线(P)/半径(R)/修剪(T)/多个(M)]：(单击图 5-73 中的直线)
选择第二个对象，或按住 Shift 键选择对象以应用角点或[半径(R)]：(单击图 5-74 中的直线)

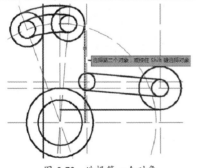 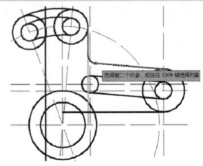

图 5-73 选择第一个对象　　　　图 5-74 选择第二个对象

完成第一个圆角的绘制，如图 5-74 所示，继续完成其他圆角的绘制，根据命令行提示操作如下。

命令：_FILLET
当前设置：模式=修剪，半径=0.0000
选择第一个对象或[放弃(U)/多段线(P)/半径(R)/修剪(T)/多个(M)]：(输入"R"，按回车键确认)
指定圆角半径<0.0000>：(输入"6"，按回车键确认)
选择第一个对象或[放弃(U)/多段线(P)/半径(R)/修剪(T)/多个(M)]：(单击图 5-75 中的圆)

169

选择第二个对象，或按住Shift键选择对象以应用角点或[半径(R)]:（单击图5-76中的直线）

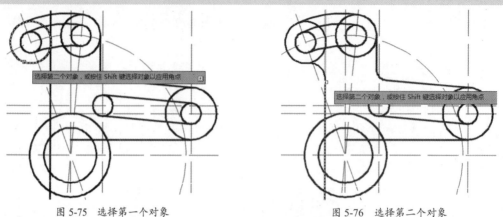

图5-75 选择第一个对象　　　　　　　图5-76 选择第二个对象

命令：_FILLET
当前设置：模式=修剪，半径=0.0000
选择第一个对象或[放弃(U)/多段线(P)/半径(R)/修剪(T)/多个(M)]:（输入"R"，按回车键确认）
指定圆角半径<0.0000>:（输入"4"，按回车键确认）
选择第一个对象或[放弃(U)/多段线(P)/半径(R)/修剪(T)/多个(M)]:（单击图5-77中的直线）
选择第二个对象，或按住Shift键选择对象以应用角点或[半径(R)]:（单击图5-78中的圆）

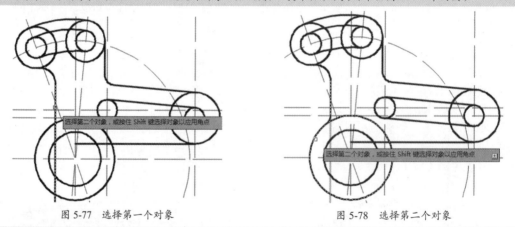

图5-77 选择第一个对象　　　　　　　图5-78 选择第二个对象

命令：_FILLET
当前设置：模式=修剪，半径=0.0000
选择第一个对象或[放弃(U)/多段线(P)/半径(R)/修剪(T)/多个(M)]:（输入"R"，按回车键确认）
指定圆角半径<0.0000>:（输入"4"，按回车键确认）
选择第一个对象或[放弃(U)/多段线(P)/半径(R)/修剪(T)/多个(M)]:（单击图5-79中的直线）
选择第二个对象，或按住Shift键选择对象以应用角点或[半径(R)]:（单击图5-80中的圆）

执行上述圆角命令后的结果如图5-81所示。

（21）单击"修改"面板 → "修剪"按钮，将不需要的粗实线修剪掉，得到如图5-82所示的图形，根据命令行提示操作如下。

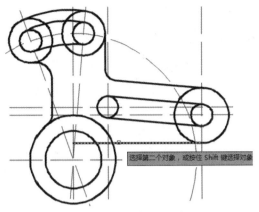
图 5-79 选择第一个对象

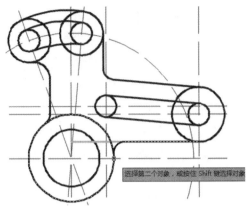
图 5-80 选择第一个对象

```
命令:_TRIM
选择对象或<全部选择>:（从左向右框选全部对象）
指定对角点，找到 21 个
选择对象:（按回车键修剪对象）
选择要修剪的对象，或按住 Shift 键选择要延伸的对象，或
[栏选(F)/窗交(CP)/投影(P)/边(E)/删除(R)/放弃(U)]:（单击要删除的对象）
```

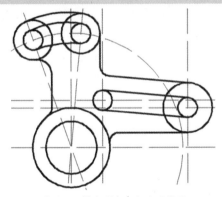
图 5-81 执行圆角命令后的结果

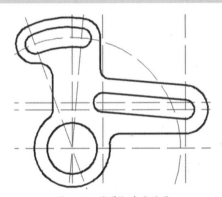
图 5-82 修剪粗实线结果

（22）单击"修改"面板 → "打断"按钮，在合适位置将辅助线打断，之后将不需要的辅助线删除，在进行打断操作时，可以临时关闭"对象捕捉"模式。完成打断操作后，得到如图 5-83 所示的图形。

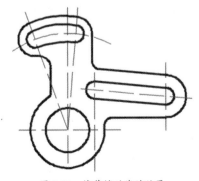
图 5-83 修剪辅助线的效果

（23）可以通过单击"特性"按钮，打开"特性"选项板，对选定的中心线进行线型比例的修改，以获得较佳的中心线效果。也可以选择菜单栏中的"格式"→"线型"命令，在弹出的"线型管理器"中通过调整"全局比例因子"来调整线型比例。

（24）切换至"标注"图层，单击"线性"按钮，对图形对象中的尺寸进行线性标注，根据命令行提示操作如下。

```
命令：_DIMLINEAR
指定第一条尺寸界线原点或<选择对象>：（单击图 5-84 中的圆心）
指定第二条尺寸界线原点：（单击图 5-85 中的中心线）
指定尺寸线位置或
[多行文字(M)/文字(T)/角度(A)/水平(H)/垂直(V)/旋转(R)]：（将尺寸线放置在合适位置）
```

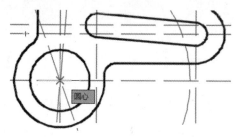
图 5-84　指定第一条尺寸界线原点

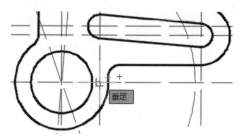
图 5-85　指定第二条尺寸界线原点

完成第一个线性尺寸标注，如图 5-86 所示。

单击"注释"选项卡 → "标注"面板 → "连续"按钮，继续完成其他线性尺寸的标注，根据命令行提示操作如下。

```
命令：_DIMCONTINUE
指定第二条尺寸界线原点或[选择(S)/放弃(U)]<选择>：（单击图 5-86 中两条辅助线的中点）
指定第二条尺寸界线原点或[选择(S)/放弃(U)]<选择>：（按回车键结束标注命令）
```

当启用"连续"标注命令时，系统自动选择上次结束标注的位置作为本次标注的起点，该命令可以提高线性标注的效率。

单击"线性"按钮，继续标注其他线性尺寸，标注结果如图 5-87 所示。

（25）分别单击"直径"按钮和"半径标注"按钮来给图形标注尺寸，标注结果如图 5-88 所示。根据命令行提示操作如下。

```
命令：_DIMRADIUS
选择圆弧或圆：（单击需要标注的圆弧）
指定尺寸线位置或[多行文字(M)/文字(T)/角度(A)]：（拖动鼠标将标注尺寸放置在合适位置）
命令：_DIMDIAMETER
选择圆弧或圆：（单击需要标注的圆弧或圆）
指定尺寸线位置或[多行文字(M)/文字(T)/角度(A)]：（拖动鼠标将标注尺寸放置在合适位置）
```

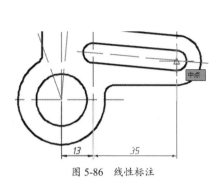

图 5-86 线性标注

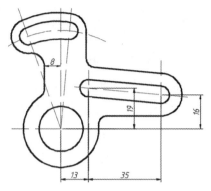

图 5-87 线性尺寸的标注结果

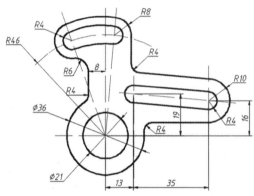

图 5-88 标注图形的半径、直径尺寸

（26）选择菜单栏中的"标注"→"角度标注"命令，依据命令行提示进行操作，完成如图 5-89 所示的角度标注。

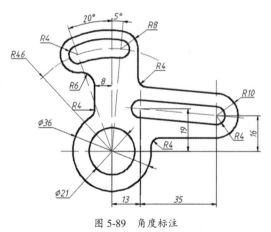

图 5-89 角度标注

（27）在"快速访问工具栏"中单击"另存为"按钮，将图形文件保存为"简单图形绘制实例 4.dwg"。

5.5 利用修剪命令绘制二维图形实例

本节主要讲解如图 5-90 所示图形的绘制和标注的步骤和方法。图中标注的文本（字母和数字）采用 gbeitc.shx，大字体为 gbcbig.shx。

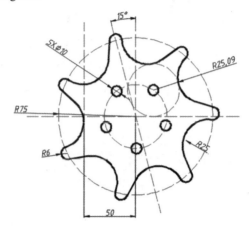

图 5-90　简单图形绘制实例 5

本实例详细介绍的主要知识点包括①绘制圆；②绘制直线；③修剪命令；④标注尺寸；⑤创建环形阵列。

本实例的具体操作步骤如下。

（1）在"快速访问工具栏"中单击"新建"按钮，弹出"选择样板"对话框。通过"选择样板"对话框选择"图形样板"文件夹中的"5-5 简单绘图样板"文件，单击"打开"按钮。在"草图与注释"工作空间中绘制如图 5-90 所示的简单实例。

（2）在功能区"默认"选项卡的"图层"面板中，单击"图层特性"按钮，打开"图层特性管理器"选项板。将"标注"图层的线型更改为"Continuous"，修改完成后关闭"图层特性管理器"选项板。

（3）按 F8 键，打开"正交"模式，并在状态栏中单击"显示/隐藏线宽"按钮，在图形窗口中显示线宽。

（4）单击"默认"选项卡 → "注释"面板 → "线性"下拉列表 → "标注样式"按钮，在弹出的"标注样式管理器"对话框中，选择"ISO-25"标注样式，然后单击右侧的"修改"按钮。

（5）在弹出的"修改样式-ISO-25"对话框中，在"符号与箭头"选项卡中，将"箭头大小"设置为"5"；在"文字"选项卡中，将"文字高度"设置为"7"，在"文字对齐"选项组中选择"ISO 标准"。

（6）在"图层"面板的"图层控制"下拉列表中选择"中心线"图层，并在状态栏中启用"对象捕捉"模式。

（7）在"绘图"面板中，单击"构造线"按钮，绘制一条水平中心线和一条垂直中心线作为辅助线，如图 5-91 所示。

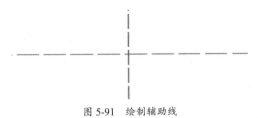

图 5-91 绘制辅助线

（8）单击"修改"面板→"旋转"按钮，绘制辅助线，根据命令行提示操作如下。

```
命令：_ROTATE
UCS 当前的正角方向：ANGDIR=逆时针 ANGBASE=0
选择对象：（单击图 5-91 中的垂直中心线）
选择对象：找到 1 个
（按回车键确认）
指定基点：（单击辅助线的交点）
指定旋转角度，或[复制(C)/参照(R)]<0>：（输入"C"，按回车键确认）
旋转一组选定对象
指定旋转角度，或[复制(C)/参照(R)]<0>：（输入"5"，按回车键确认）
```

（9）单击"修改"面板→"偏移"按钮，绘制辅助线，根据命令行提示操作如下。

```
命令：_OFFSET
当前设置：删除源=否 图层=源 OFFSTEGAPTYPE=0
指定偏移距离，或[通过(T)/删除(E)/图层(L)]<通过>：（输入偏移距离为 50）
选择要偏移的对象，或[退出(E)/放弃(U)]<退出>：（单击图 5-91 中的垂直中心线）
指定要偏移的那一侧上的点，或[退出(E)/多个(M)/放弃(U)]：（在垂直中心线的左侧单击）
选择要偏移的对象，或[退出(E)/放弃(U)]：（按回车键结束命令）
```

完成旋转和偏移操作，结果如图 5-92 所示。

（10）单击"绘图"面板→"圆心、半径"按钮，绘制图 5-93 中半径为 75 和半径为 30.4396 的辅助圆。

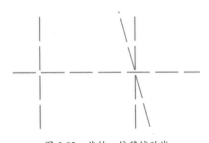

图 5-92 旋转、偏移辅助线

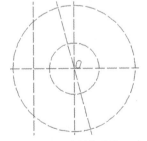

图 5-93 绘制辅助圆

根据命令行提示操作如下。

```
命令：_CIRCLE
指定圆的圆心或[三点(3P)/两点(2P)/相切、相切、半径(T)]：（指定圆心）
指定圆的半径或[直径(D)]：（输入"75"，按回车键确认）
命令：_CIRCLE
```

指定圆的圆心或[三点(3P)/两点(2P)/相切、相切、半径(T)]：(指定圆心)
指定圆的半径或[直径(D)]：(输入"30.4396"，按回车键确认)

（11）切换至"粗实线"图层，单击"圆心、半径"按钮 ⊙，绘制如图 5-94 所示的圆，根据命令行提示操作如下。

命令：_CIRCLE
指定圆的圆心或[三点(3P)/两点(2P)/相切、相切、半径(T)]：(指定圆心)
指定圆的半径或[直径(D)]：(输入"6"，按回车键确认)

（12）单击"修改"面板 → "环形阵列"按钮 ᠄᠄᠄，根据命令行提示操作如下。

命令：_ARRAYPOLAR
选择对象：(单击图 5-94 中半径为 6 的圆，按回车键确认)
指定阵列的中心点或[基点(B)/旋转轴(A)]：(单击图 5-94 中的 O 点)

系统弹出"阵列创建"选项卡，在该选项卡中进行如下设置。

在"项目"面板，将"项目数"设置为"7"，"介于"设置为"51"，"填充"设置为"360"。

在"行"面板中，将"行数"设置为"1"，"介于"和"总计"按默认值设置。

在"层级"面板中，将"级别"、"介于"和"总计"都设置为"1"。

设置完成后，单击"关闭"面板中的"关闭阵列"按钮 ✓。

环形阵列的结果如图 5-95 所示。

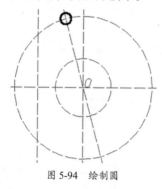

图 5-94　绘制圆　　　　　　图 5-95　环形阵列的结果

（13）单击"直线"按钮 ╱，根据命令行提示操作如下。

命令：_LINE
指定第一点：(单击图 5-96 中的 A 点)
指定下一点或[放弃(U)]：(按住 Ctrl 键的同时单击鼠标右键，在弹出的快捷菜单中选择"切点"命令，指定图 5-96 中的 B 点为第二个切点)

绘制的直线段如图 5-96 所示。

（14）单击"绘图"面板 → "相切、相切、半径"按钮 ⊙，绘制如图 5-97 所示的圆。

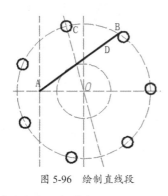
图 5-96 绘制直线段

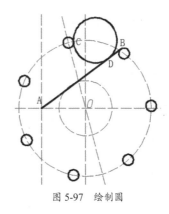
图 5-97 绘制圆

根据命令行提示操作如下。

```
命令：_CIRCLE
指定圆的圆心或[三点(3P)/两点(2P)/相切、相切、半径(T)]：_ttr
指定对象与圆的第一个切点：（单击图 5-96 中的 C 点）
指定对象与圆的第二个切点：（单击图 5-96 中的 D 点）
指定圆的半径：（输入"25"，按回车键确认）
```

（15）单击"直线"按钮，重新绘制直线段 BD，方便下一步进行修剪操作，根据命令行提示操作如下。

```
命令：_LINE
指定第一点：（单击图 5-97 中的 B 点）
指定下一点或[放弃(U)]：（单击图 5-97 中的 D 点）
```

（16）单击"修改"面板 → "修剪"按钮，命令行提示：选择对象或<全部选择>，直接按回车键，选择全部对象为修剪对象，进入自动修剪模式，将不需要的粗实线修剪掉，最后得到的图形如图 5-98 所示。

（17）单击"修改"面板 → "环形阵列"按钮，根据命令行提示操作如下。

```
命令：_ARRAYPOLAR
选择对象：（选择修剪完成的线段）
指定阵列的中心点或[基点(B)/旋转轴(A)]：（单击图 5-98 中的 O 点）
```

系统弹出"阵列创建"选项卡，在该选项卡中进行如下设置。

在"项目"面板中，将"项目数"设置为"7"，"介于"设置为"51"，"填充"设置为"360"。

在"行"面板中，将"行数"设置为"1"，"介于"和"总计"按默认值设置。

在"层级"面板中，将"级别"、"介于"和"总计"都设置为"1"。

设置完成后，单击"关闭"面板中的"关闭阵列"按钮。

环形阵列的结果如图 5-99 所示。

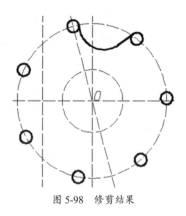
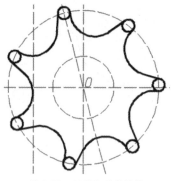

图 5-98 修剪结果　　　　　　　　图 5-99 环形阵列的结果

（18）单击"绘图"面板 →"相切、相切、相切"按钮，绘制如图 5-100 所示的圆，根据命令行提示操作如下。

```
命令：_CIRCLE
指定圆的圆心或[三点(3P)/两点(2P)/相切、相切、半径(T)]：_3p
指定圆上的第一个点：_tan 到（单击图 5-100 中的 A 点）
指定圆上的第二个点：_tan 到（单击图 5-100 中的 B 点）
指定圆上的第三个点：_tan 到（单击图 5-100 中的 C 点）
```

（19）单击"绘图"面板 →"圆心、半径"按钮，绘制如图 5-101 所示的圆。

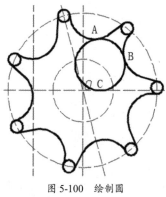
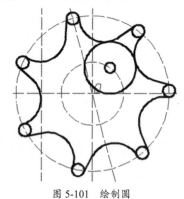

图 5-100 绘制圆　　　　　　　　图 5-101 绘制圆

根据命令行提示操作如下。

```
命令：_CIRCLE
指定圆的圆心或[三点(3P)/两点(2P)/相切、相切、半径(T)]：（拾取步骤（18）中绘制的圆的圆心）
指定圆的半径或[直径(D)]：（输入"5"，按回车键确认）
```

（20）删除步骤（18）中绘制的圆，单击"修改"面板 →"环形阵列"按钮，根据命令行提示操作如下。

```
命令：_ARRAYPOLAR
选择对象：（单击步骤（19）中绘制的 R=5 的圆）
指定阵列的中心点或[基点(B)/旋转轴(A)]：（单击图 5-101 中的 O 点）
```

系统弹出"阵列创建"选项卡，在该选项卡中进行如下设置。

在"项目"面板中,将"项目数"设置为"7","介于"设置为"51","填充"设置为"360"。

在"行"面板中,将"行数"设置为"1","介于"和"总计"按默认值设置。

在"层级"面板中,将"级别"、"介于"和"总计"都设置为"1"。

设置完成后,单击"关闭"面板中的"关闭阵列"按钮。

环形阵列的结果如图 5-102 所示。

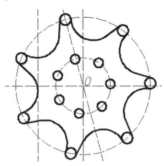

图 5-102　环形阵列的结果

（21）单击"修改"面板 → "打断"按钮，在合适位置将辅助线打断,之后将不需要的辅助线删除,在进行打断操作时,可以临时关闭"对象捕捉"模式。

（22）切换至"标注"图层,分别单击"线性"按钮、"直径"按钮和"半径"按钮来给图形标注尺寸,如图 5-103 所示。

（23）选择菜单栏中的"标注" → "角度标注"命令,完成如图 5-104 所示的角度标注,根据命令行提示操作如下。

```
命令:_DIMANGULAR
选择圆弧、圆、直线或<指定顶点>:(单击图 5-104 中的垂直中心线)
选择第二条直线:(单击图 5-104 中的旋转15°的辅助线)
指定标注弧线位置或[多行文字(M)/文字(T)/角度(A)/象限点(Q)]:
(移动鼠标光标在适合放置文本的位置单击)
标注文字=15
```

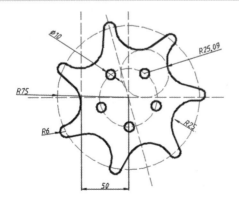

图 5-103　标注图形尺寸

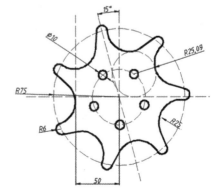

图 5-104　角度标注

（24）在图形中，选择直径为 10 的圆，接着在命令行中输入"TEXTEDIT"或"ED"命令，按回车键，则功能区弹出"文字编辑器"选项卡，在出现的方框内将光标移动到尺寸文本左侧，输入"5×"，如图 5-105 所示。

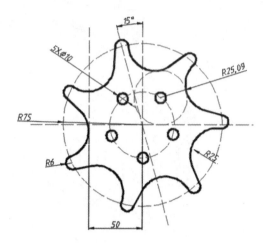

图 5-105　编辑尺寸文字

（25）在"快速访问工具栏"中单击"另存为"按钮，将图形文件保存为"简单图形绘制实例 5.dwg"。

5.6　利用旋转和偏移命令绘制二维图形实例

本节主要讲解如图 5-106 所示图形的绘制和标注的步骤和方法。图中标注的文本（字母和数字）采用 gbeitc.shx，大字体为 gbcbig.shx。

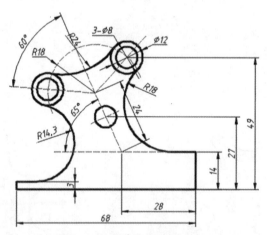

图 5-106　简单图形绘制实例 6

本实例详细介绍的主要知识点包括①创建构造线；②绘制圆；③绘制直线；④打断操作；⑤修剪命令；⑥旋转命令；⑦标注尺寸；⑧偏移命令。

本实例的具体操作步骤如下。

第 5 章 简单二维图形绘制实例

（1）在"快速访问工具栏"中单击"新建"按钮，弹出"选择样板"对话框。通过"选择样板"对话框选择"图形样板"文件夹中的"5-6 简单绘图样板"文件，单击"打开"按钮。在"草图与注释"工作空间中绘制如图 5-106 所示的简单实例。

（2）在功能区"默认"选项卡的"图层"面板中单击"图层特性"按钮，打开"图层特性管理器"选项板。将"标注"图层的线型更改为"Continuous"，修改完成后关闭"图层特性管理器"选项板。

（3）按 F8 键，打开"正交"模式，并在状态栏中单击"显示/隐藏线宽"按钮，在图形窗口中显示线宽。

（4）单击"默认"选项卡 → "注释"面板 → "线性"下拉列表 → "标注样式"按钮，在弹出的"标注样式管理器"对话框中，选择"ISO-25"标注样式，然后单击右侧的"修改"按钮。

（5）在弹出的"修改样式-ISO-25"对话框中，在"符号与箭头"选项卡中，将"箭头大小"设置为"2.5"；在"文字"选项卡中，将"文字高度"设置为"3"，在"文字对齐"选项组中选择"ISO 标准"。

（6）在"图层"面板的"图层控制"下拉列表中，选择"中心线"图层，并在状态栏中启用"对象捕捉"模式。

（7）在"绘图"面板中，单击"构造线"按钮，绘制一条水平中心线和一条垂直中心线作为辅助线，如图 5-107 所示。

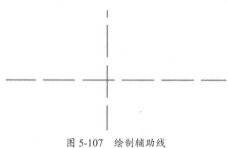

图 5-107 绘制辅助线

（8）单击"修改"面板 → "偏移"按钮，绘制辅助线，根据命令行提示操作如下。

```
命令：_OFFSET
当前设置：删除源=否 图层=源 OFFSTEGAPTYPE=0
指定偏移距离，或[通过(T)/删除(E)/图层(L)]<通过>：（输入偏移距离为 34）
选择要偏移的对象，或[退出(E)/放弃(U)]<退出>：（单击图 5-107 中的垂直中心线）
指定要偏移的那一侧上的点，或[退出(E)/多个(M)/放弃(U)]：（在垂直中心线的左侧单击）
选择要偏移的对象，或[退出(E)/放弃(U)]：（按回车键结束命令）
命令：_OFFSET
指定偏移距离，或[通过(T)/删除(E)/图层(L)]<通过>：（输入偏移距离为 34）
选择要偏移的对象，或[退出(E)/放弃(U)]<退出>：（单击图 5-107 中的垂直中心线）
指定要偏移的那一侧上的点，或[退出(E)/多个(M)/放弃(U)]：（在垂直中心线的右侧单击）
选择要偏移的对象，或[退出(E)/放弃(U)]：（按回车键结束命令）
```

```
命令：_OFFSET
指定偏移距离，或[通过(T)/删除(E)/图层(L)]<通过>：（输入偏移距离为6）
选择要偏移的对象，或[退出(E)/放弃(U)]<退出>：（单击图5-107中的垂直中心线）
指定要偏移的那一侧上的点，或[退出(E)/多个(M)/放弃(U)]：（在垂直中心线的右侧单击）
选择要偏移的对象，或[退出(E)/放弃(U)]：（按回车键结束命令）
```

进行偏移操作后的结果如图 5-108 所示。

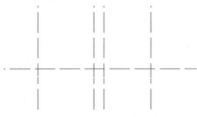

图 5-108　偏移垂直中心线

（9）单击"修改"面板→"偏移"按钮，绘制辅助线，根据命令行提示操作如下。

```
命令：_OFFSET
当前设置：删除源=否　图层=源　OFFSTEGAPTYPE=0
指定偏移距离，或[通过(T)/删除(E)/图层(L)]<通过>：（输入偏移距离为14）
选择要偏移的对象，或[退出(E)/放弃(U)]<退出>：（单击图5-108中的水平中心线）
指定要偏移的那一侧上的点，或[退出(E)/多个(M)/放弃(U)]：（在水平中心线的上侧单击）
选择要偏移的对象，或[退出(E)/放弃(U)]：（按回车键结束命令）
命令：_OFFSET
当前设置：删除源=否　图层=源　OFFSTEGAPTYPE=0
指定偏移距离，或[通过(T)/删除(E)/图层(L)]<通过>：（输入偏移距离为27）
选择要偏移的对象，或[退出(E)/放弃(U)]<退出>：（单击图5-108中的水平中心线）
指定要偏移的那一侧上的点，或[退出(E)/多个(M)/放弃(U)]：（在水平中心线的上侧单击）
选择要偏移的对象，或[退出(E)/放弃(U)]：（按回车键结束命令）
命令：_OFFSET
当前设置：删除源=否　图层=源　OFFSTEGAPTYPE=0
指定偏移距离，或[通过(T)/删除(E)/图层(L)]<通过>：（输入偏移距离为49）
选择要偏移的对象，或[退出(E)/放弃(U)]<退出>：（单击图5-108中的水平中心线）
指定要偏移的那一侧上的点，或[退出(E)/多个(M)/放弃(U)]：（在水平中心线的上侧单击）
选择要偏移的对象，或[退出(E)/放弃(U)]：（按回车键结束命令）
```

进行偏移操作后的结果如图 5-109 所示。

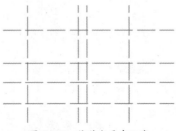

图 5-109　偏移水平中心线

(10)单击"直线"按钮，根据命令行提示操作如下。

```
命令：_LINE
指定第一点：(拾取图 5-110 中的交点)
指定下一点或[放弃(U)]：(在英文输入法状态下，输入"24<115")
```

完成辅助线的绘制，如图 5-111 所示。

图 5-110 指定辅助线第一点（1）

图 5-111 绘制辅助线（1）

单击"直线"按钮，根据命令行提示操作如下。

```
命令：_LINE
指定第一点：(拾取图 5-112 中的端点)
指定下一点或[放弃(U)]：(在英文输入法状态下，输入"40<175")
```

完成辅助线的绘制，如图 5-113 所示。

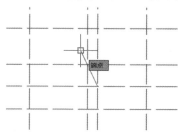

图 5-112 指定辅助线第一点（2）

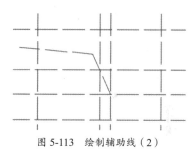

图 5-113 绘制辅助线（2）

(11)单击"绘图"面板 → "圆心、半径"按钮，绘制图 5-115 中半径为 18 的辅助圆，根据命令行提示操作如下。

```
命令：_CIRCLE
指定圆的圆心或[三点(3P)/两点(2P)/相切、相切、半径(T)]：(指定图 5-114 中的端点为圆心)
指定圆的半径或[直径(D)]：(输入"18"，按回车键确认)
```

图 5-114 指定圆心

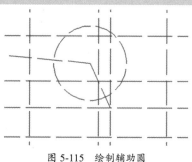

图 5-115 绘制辅助圆

（12）在"图层"面板的"图层控制"下拉列表中选择"粗实线"图层，单击"绘图"面板中的"圆心、半径"按钮，绘制半径为 4 的圆，根据命令行提示操作如下。

```
命令：_CIRCLE
指定圆的圆心或[三点(3P)/两点(2P)/相切、相切、半径(T)]:（指定图 5-116 中的交点为圆心）
指定圆的半径或[直径(D)]:（输入"4"，按回车键确认）
```

完成半径为 4 的圆的绘制，如图 5-117 所示。

图 5-116　指定圆心（1）

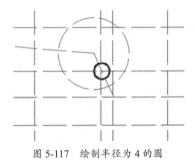
图 5-117　绘制半径为 4 的圆

接着分别绘制半径为 4 和半径为 6 的同心圆，根据命令行提示操作如下。

```
命令：_CIRCLE
指定圆的圆心或[三点(3P)/两点(2P)/相切、相切、半径(T)]:（指定图 5-118 中的交点为圆心）
指定圆的半径或[直径(D)]:（输入"6"，按回车键确认）
命令：_CIRCLE
指定圆的圆心或[三点(3P)/两点(2P)/相切、相切、半径(T)]:（指定图 5-118 中的交点为圆心）
指定圆的半径或[直径(D)]:（输入"4"，按回车键确认）
```

完成同心圆的绘制，如图 5-119 所示。

图 5-118　指定圆心（2）

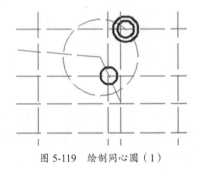
图 5-119　绘制同心圆（1）

再绘制一组同心圆，根据命令行提示操作如下。

```
命令：_CIRCLE
指定圆的圆心或[三点(3P)/两点(2P)/相切、相切、半径(T)]:（指定图 5-120 中的垂足为圆心）
指定圆的半径或[直径(D)]:（输入"6"，按回车键确认）
命令：_CIRCLE
指定圆的圆心或[三点(3P)/两点(2P)/相切、相切、半径(T)]:（指定图 5-120 中的垂足为圆心）
指定圆的半径或[直径(D)]:（输入"4"，按回车键确认）
```

完成同心圆的绘制，如图 5-121 所示。

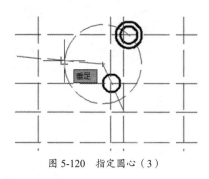
图 5-120　指定圆心（3）

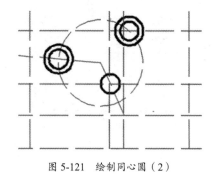
图 5-121　绘制同心圆（2）

（13）单击"直线"按钮，完成如图 5-122 所示的直线段绘制。

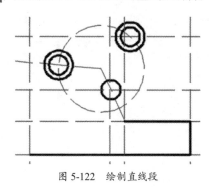
图 5-122　绘制直线段

根据命令行提示操作如下。

```
命令：_LINE
指定第一点：（拾取图 5-123 中的交点）
指定下一点或[放弃(U)]：（拾取图 5-124 中的垂足）
指定下一点或[放弃(U)]：（拾取图 5-125 中的垂足）
指定下一点或[放弃(U)]：（拾取图 5-126 中的端点）
```

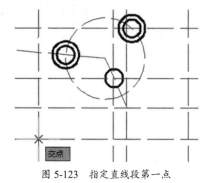
图 5-123　指定直线段第一点

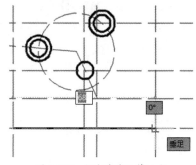
图 5-124　指定直线段第二点

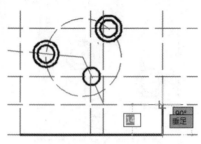
图 5-125　指定直线段第三点

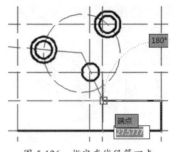
图 5-126　指定直线段第四点

再次绘制直线段，单击"直线"按钮 ，根据命令行提示操作如下。

```
命令：_LINE
指定第一点：（拾取图 5-127 中的端点）
指定下一点或[放弃(U)]：（垂直向上拖动鼠标，输入长度为 4，如图 5-128 所示）
指定下一点或[放弃(U)]：（水平向右拖动鼠标，输入长度为 30，如图 5-129 所示）
指定下一点或[放弃(U)]：（按回车键结束命令）
```

完成直线段的绘制，如图 5-130 所示。

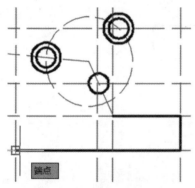
图 5-127　指定直线段第一点

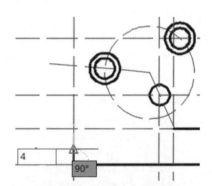
图 5-128　指定直线段第二点

图 5-129　指定直线段第三点

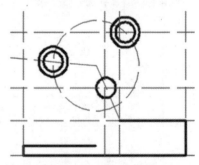
图 5-130　绘制直线段

（14）单击"绘图"面板→"相切、相切、半径"按钮 ，绘制三个圆，根据命令行提示操作如下。

```
命令：_CIRCLE
指定圆的圆心或[三点(3P)/两点(2P)/相切、相切、半径(T)]：_ttr
指定对象与圆的第一个切点：（单击图 5-131 中的圆）
```

指定对象与圆的第二个切点：(单击图 5-132 中的圆)
指定圆的半径：(输入"24"，按回车键确认)

图 5-131　指定对象与圆的第一个切点（1）

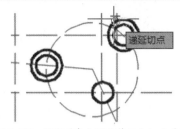
图 5-132　指定对象与圆的第二个切点（1）

命令：_CIRCLE
指定圆的圆心或[三点(3P)/两点(2P)/相切、相切、半径(T)]：_ttr
指定对象与圆的第一个切点：(单击图 5-133 中的圆)
指定对象与圆的第二个切点：(单击图 5-134 中的直线段)
指定圆的半径：(输入"14.3"，按回车键确认)

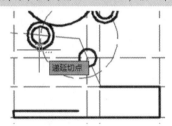
图 5-133　指定对象与圆的第一个切点（2）

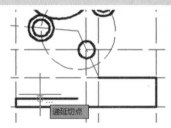
图 5-134　指定对象与圆的第二个切点（2）

命令：_CIRCLE
指定圆的圆心或[三点(3P)/两点(2P)/相切、相切、半径(T)]：_ttr
指定对象与圆的第一个切点：(单击图 5-135 中的直线段)
指定对象与圆的第二个切点：(单击图 5-136 中的圆)
指定圆的半径：(输入"18"，按回车键确认)

完成三个圆的绘制，绘制结果如图 5-137 所示。

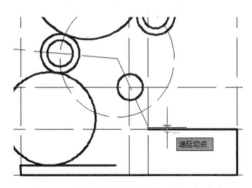
图 5-135　指定对象与圆的第一个切点（3）

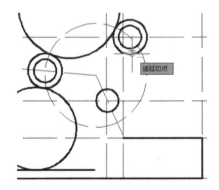
图 5-136　指定对象与圆的第二个切点（3）

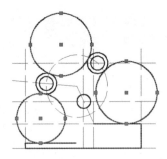

图 5-137　以"相切、相切、半径"的方式绘制的三个圆

（15）单击"修改"面板 → "修剪"按钮，将不需要的粗实线修剪掉，根据命令行提示操作如下。

```
命令：_TRIM
选择对象或<全部选择>：（从左向右框选全部对象，如图5-138所示）
指定对角点，找到16个
选择对象：（按回车键修剪对象）
选择要修剪的对象，或按住Shift键选择要延伸的对象，或[栏选(F)/窗交(CP)/投影(P)/边(E)/删除(R)/放弃(U)]：（单击需要删除的对象，如图5-139所示）
```

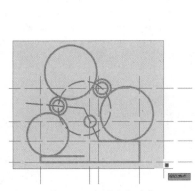

图 5-138　框选全部对象

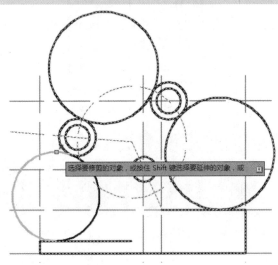

图 5-139　单击需要删除的对象

参照步骤（15），依次单击多余粗实线，修剪结果如图 5-140 所示。

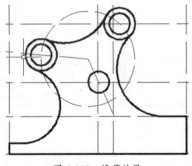

图 5-140　修剪结果

（16）单击"修改"面板 → "打断"按钮，在合适位置将辅助线打断，之后删除多余的辅助线，在进行打断操作时，可以临时关闭"对象捕捉"模式，根据命令行提示操作如下。

```
命令：_BREAK
选择对象：（选择需要打断的对象，并以此作为第一个打断点）
指定第二个打断点或[第一点(F)]：（将鼠标拖动到合适位置后单击，确定第二个打断点）
```

完成打断操作，两点之间的辅助线被打断。

这里需要注意的是，如果用户不特别指定第一个打断点，则在选择对象时的点就会被作为第一个打断点。

如果要打断的点是与其他对象的交点，必须正确地指定打断对象。

圆是以逆时针方向进行打断的，打断的部分会因用户单击顺序的改变而发生改变。

如果要打断的第一个点与第二个点相同，则可以单击"修改"面板 → "打断于点"按钮，或者在指定第二个打断点时，在命令行中输入"@"符号，并按回车键，这样产生的打断点就在同一个点上。

（17）切换至"标注"图层，分别单击"线性"按钮，根据命令行提示操作如下。

```
命令：_DIMLINEAR
指定第一条尺寸界线原点或<选择对象>：
指定第二条尺寸界线原点：
指定尺寸线位置或[多行文字(M)/文字(T)/角度(A)/水平(H)/垂直(V)/旋转(R)]：（向下拉出尺寸界线，自定义合适的尺寸线位置）
标注文字=28
……
```

标注结果如图 5-141 所示。

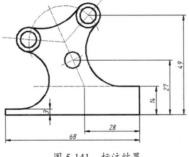

图 5-141　标注结果

（18）选择菜单栏中的"标注"→"对齐"命令，完成如图 5-144 所示的线性尺寸标注，根据命令行提示操作如下。

```
命令：_DIMLIGNED
指定第一条尺寸界线原点或<选择对象>：（拾取图 5-142 中的交点）
指定第二条尺寸界线原点：（拾取图 5-143 中的端点）
指定尺寸线位置或[多行文字(M)/文字(T)/角度(A)/水平(H)/垂直(V)/旋转(R)]：（向下拉出尺寸界线，自定义合适的尺寸线位置）
```

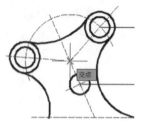
图 5-142 指定第一条尺寸界线原点

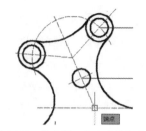
图 5-143 指定第二条尺寸界线原点

完成大部分线性尺寸标注，如图 5-144 所示。

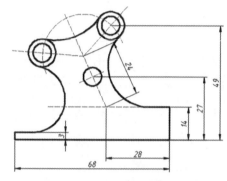
图 5-144 完成大部分线性尺寸标注

（19）分别单击"直径"按钮和"半径"按钮来给图形标注尺寸，标注结果如图 5-145 所示，根据命令行提示操作如下。

```
命令：_DIMRADIUS
选择圆弧或圆：（单击需要标注的圆弧或圆）
指定尺寸线位置或[多行文字(M)/文字(T)/角度(A)]：（拖动鼠标将标注尺寸放置在合适位置）
命令：_DIMDIAMETER
选择圆弧或圆：（单击需要标注的圆弧或圆）
指定尺寸线位置或[多行文字(M)/文字(T)/角度(A)]：（拖动鼠标将标注尺寸放置在合适位置）
```

（20）在图形中，选择直径为 8 的圆，接着在命令行中输入"TEXTEDIT"或"ED"命令，按回车键，则功能区弹出"文字编辑器"选项卡，在出现的方框内将光标移动到尺寸文本左侧，输入"3-"，如图 5-146 所示。

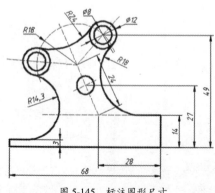
图 5-145 标注图形尺寸

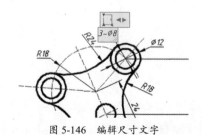
图 5-146 编辑尺寸文字

（21）选择菜单栏中的"标注"→"角度标注"命令，依据命令行提示进行操作，完成如图 5-147 所示的角度标注。

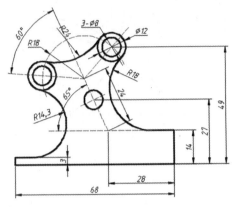

图 5-147　角度标注

角度标注所拉出的尺寸界线方向将影响标注结果，两条直线段之间的角度在不同的方向可以形成 4 个角度值。如果选择圆弧，AutoCAD 会自动标出圆弧的起点及终点围成的扇形角度；如果选择圆，则标注出拾取的第一点和第二点之间围成的扇形角度，根据命令行提示操作如下。

```
命令：_DIMANGULAR
选择圆弧、圆、直线或<指定顶点>：(单击斜线段)
选择第二条直线：(单击水平中心线)
指定标注弧线位置或[多行文字(M)/文字(T)/角度(A)/象限点(Q)]：(在左上角拉出标注尺寸线，自定义合适的尺寸线位置)
标注文字=60
命令：_DIMANGULAR
选择圆弧、圆、直线或<指定顶点>：(单击斜线段)
选择第二条直线：(单击水平中心线)
指定标注弧线位置或[多行文字(M)/文字(T)/角度(A)/象限点(Q)]：
(在左上角拉出标注尺寸线，自定义合适的尺寸线位置)
标注文字=65
```

（22）在"快速访问工具栏"中单击"另存为"按钮，将图形文件保存为"简单图形绘制实例 6.dwg"。

5.7　思考与练习

1. 简述如何更改图层、文字样式和标注样式，并思考可以采用哪几种方式对其进行更改。

2. 简述 AutoCAD 2020 中有几种阵列方式？分别应用于哪些情况？

3. 选择"全部对象"作为修剪对象的方式有哪几种？

4. 在 AutoCAD 2020 中创建一个新的图形文件，绘制如图 5-148 所示的图形。要求：图中标注的文本（字母和数字）采用 gbeitc.shx，大字体为 gbcbig.shx。

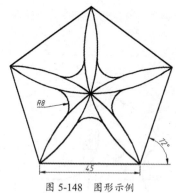

图 5-148　图形示例

5. 打开"文字编辑器"选项卡的快捷方式是什么？还有哪几种打开"文字编辑器"选项卡的方式？

6. 常用的标注有哪几种？什么是"连续标注"？"连续标注"的使用前提是什么？请举例说明。

7. 在 AutoCAD 2020 中创建一个新的图形文件，绘制如图 5-149 所示的图形。要求：图中标注的文本（字母和数字）采用 gbeitc.shx，大字体为 gbcbig.shx。

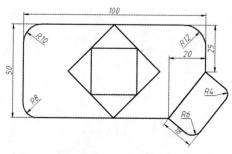

图 5-149　图形示例

8. 在 AutoCAD 2020 中创建一个新的图形文件，绘制如图 5-150 所示的图形。要求：图中标注的文本（字母和数字）采用 gbeitc.shx，大字体为 gbcbig.shx。

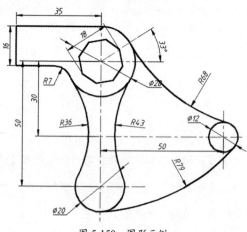

图 5-150　图形示例

第3篇

提高篇

第 6 章

文字与表格

本章主要内容

- 文字的创建与编辑；
- 表格的创建与编辑；
- 可注释性对象。

本章主要介绍在工程制图过程中文字和表格的创建及编辑方式。

6.1 文字的创建与编辑

文字是工程图纸的重要组成部分，它可以对难以用几何图形表达的部分进行补充说明。

6.1.1 创建文字样式

在为图纸添加文字对象之前，应先设置好当前文字的样式。用户可以通过下列 3 种方式打开"文字样式"对话框。

- 选择"格式"→"文字格式"命令。
- 单击"默认"选项卡 → "注释"面板 → "文字样式"按钮 A。
- 单击"注释"选项卡 → "文字"面板 → "文字样式"按钮 A。

在如图 6-1 所示的"文字样式"对话框中，列出了所有的文字样式，用户可在预览区查看所选择的文字样式。

"文字样式"对话框主要包括"字体"、"大小"和"效果"3 个选项组，用来设置文字的字体、字号和显示效果。单击"置为当前"按钮，可将所选择的文字样式置为当前选择项；单击"新建"按钮，可以创建新的文字样式；单击"删除"按钮，可以删除自定义的文字样式，但不能删除 Standard 文字样式、当前文字样式和已经应用的文字样式。

创建新文字样式的一般步骤如下。

（1）单击"文字样式"对话框中的"新建"按钮。

（2）弹出如图 6-2 所示的"新建文字样式"对话框，用户可以自定义样式名，单击"确定"按钮进入下一步。

第 6 章 文字与表格

图 6-1 "文字样式"对话框

图 6-2 "新建文字样式"对话框

（3）在"样式"列表框内选择要设置的文字样式，并对所选择的文字样式进行相应的设置。在"大小"选项组中，可以设置文字的大小，"高度"默认为"0.0000"，即每次输入文字的默认高度为 2.5000；若修改高度值，则输入文字的高度也会发生相应的更改。在"效果"选项组中，可以更改文字的显示效果，包括"颠倒"、"反向"、"垂直"、"宽度因子"和"倾斜角度"5 个选项。

AutoCAD 2020 为用户提供了专用的符合国标要求的中西文工程型字体，其中，"gbcbig.shx"为国标字体；"gbenor.shx"和"gbeitc.shx"为两种西文字体，前者是"正体"，后者是"斜体"。

6.1.2 创建单行文字

简短的文字和标签可以通过创建单行文字完成输入。用户创建的每个单行文字都是独立的对象，可以分别对其进行重定位、调整格式和其他修改。

用户可以通过下列 3 种方式启用"单行文字"命令。

- 单击"默认"选项卡 →"注释"面板 →"单行文字"按钮 A。
- 单击"注释"选项卡 →"文字"面板 →"单行文字"按钮 A。
- 在命令行中输入"TEXT"命令，并按回车键。

启用"单行文字"命令后，命令行提示如图 6-3 所示。

图 6-3 命令行提示

此时可以重新定义文字的样式和对齐方式。"样式"选项用于设置文字对象的默认特征，"对正"选项用于设置字符与插入点的对齐位置。

（1）单击"默认"选项卡 →"注释"面板 →"单行文字"按钮 A。

（2）根据命令行提示操作如下。

```
命令：_TEXT
指定文字的起点或[对正(J)/样式(S)]：（在绘图区任意位置单击）
指定文字的旋转角度<0>：（按回车键，选择默认旋转角度）
```

（3）输入第一行单行文字为“AutoCAD 练习”，按回车键。

（4）输入第二行单行文字为“先进制造技术研究中心”，按回车键。

（5）第三行没有输入文字，直接按回车键结束命令。

完成单行文字的绘制，如图 6-4 所示，每行文字都是独立的对象。

AutoCAD练习
先进制造技术研究中心

图 6-4 绘制单行文字

6.1.3 创建多行文字

较长、较为复杂的内容可以通过创建多行文字完成输入。多行文字比单行文字的输入更灵活，可以完成创建堆叠文字、插入特殊文字等操作。

用户可以通过下列 3 种方式启用“多行文字”命令。

- 单击“默认”选项卡 →“注释”面板 →“多行文字”按钮。
- 单击“注释”选项卡 →“文字”面板 →“多行文字”按钮。
- 在命令行中输入“MTEXT”命令，并按回车键。

启用“多行文字”命令后，命令行提示如图 6-5 所示。

当前文字样式: "Standard" 文字高度: 2.5 注释性: 否

MTEXT 指定第一角点:

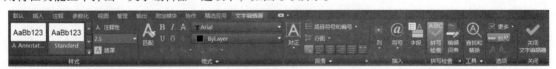

图 6-5 命令行提示

创建多行文字的一般步骤如下。

（1）单击“默认”选项卡 →“注释”面板 →“多行文字”按钮。

（2）指定输入文本框的对角点，以确定输入文本对象的宽度。此时，如果功能区处于活动状态，则将在功能区中弹出“文字编辑器”选项卡，如图 6-6 所示。

图 6-6 “文字编辑器”选项卡

（3）在文本框中输入文字后，通过“文字编辑器”选项卡，可以设置文字的样式、格式、段落参数，以及插入特殊符号等。

（4）单击“文字编辑器”选项卡 →“关闭”面板 →“关闭文字编辑器”按钮，完成文字的输入。

6.1.4 编辑文字

多行文字的“文字编辑器”可以像 Word 等文字处理软件一样对文字的字体、字高、加粗、斜体、下画线等特性进行编辑。本节主要对工程制图中常用的文字特性进行说明。

在 AutoCAD 2020 中，用户可通过下列 4 种方式启用"文字编辑"命令。

- 选择"修改"→"对象"→"文字"→"编辑"命令。
- 双击要编辑的文字对象。
- 在命令行中输入"DDEDIT"命令，并按回车键。
- 选中要编辑的文字对象，单击鼠标右键，选择"编辑"或"编辑多行文字"命令。

执行上述任意一种操作后，系统自动打开"文字编辑器"选项卡，"文字编辑器"选项卡包括"样式""格式""段落""插入""拼写检查""工具""关闭"等面板。用户既可以在输入文字内容后设置文字格式，也可以先设置文字格式，后输入文字内容。

1)"样式"面板

（1）"样式"列表框：用于设置多行文字对象的文字样式，其中包括系统默认的文字样式和用户自定义的文字样式。

（2）"文字高度"下拉列表：用于设置多行文字的高度，用户可以直接输入文字的高度，也可以在下拉列表中选择高度。

（3）"注释性"特性：AutoCAD 2020 新增的重要功能，它的作用是非 1∶1 比例出图，为每个出图比例进行单独的缩放调整，提高设计绘图的效率，减少烦琐的工作量。

2)"格式"面板

（1）"字体"下拉列表：用于设置多行文字的字体类型。

（2）"粗体"按钮 B、"斜体"按钮 I、"下画线"按钮 U 和"上画线"按钮 O：分别用于设置多行文字的粗体、斜体、下画线和上画线格式。

（3）"上标"按钮 X²、"下标"按钮 X₂ 和"大小写转换"按钮 Aa：分别用于设置多行文字的上标、下标和大小写转换。

（4）"颜色"下拉列表：用于设置多行文字的颜色。

3)"段落"面板

（1）"对正"下拉按钮 A：用于设置多行文字的对齐方式，在下拉列表中包括"左上 TL""中上 TC""正中 MC"等 9 个对齐选项供用户选择，如图 6-7 所示。

（2）"段落"对话框启动器按钮：单击该按钮，系统弹出"段落"对话框，如图 6-8 所示。在该对话框中，用户可以设置段落对齐方式、段落间距和段落行距等。

（3）"项目符号和编号"下拉按钮：在"项目符号和编号"下拉列表中，包括"以数字标记""以字母标记"等选项，用于创建项目符号和列表，如图 6-9 所示。如果勾选"允许自动项目符号和编号"，系统会自动对多行文字进行编号。

图 6-7 "对正"下拉列表

图 6-8 "段落"对话框

（4）"行距"下拉按钮：在"行距"下拉列表中，显示了一些系统给出的行距选项，如图 6-10 所示，其中，1.0x 表示 1.0 倍行距，其他选项含义类似。如果选择"更多"选项，系统会弹出"段落"对话框，在该对话框中，用户可以自定义段落行距，对当前段落或者选定段落设置行距。

（5）"默认"按钮、"左对齐"按钮、"居中"按钮、"右对齐"按钮、"对正"按钮和"分散对齐"按钮：分别用于设置当前段落或者选定段落的左、中、右文字边界的对正和对齐方式。在设置对齐方式时，设置对象将包含一行末尾输入的空格，这些空格将影响行的对正。

4）"插入"面板

（1）"列"下拉按钮：单击该下拉按钮将显示"列"下拉列表，如图 6-11 所示。在该下拉列表中，包括"不分栏""动态栏""静态栏"等选项。

图 6-9 "项目符号和编号"下拉列表

图 6-10 "行距"下拉列表

图 6-11 "列"下拉列表

（2）"符号"下拉按钮：在该下拉列表中列出了常用符号及其控制码或 Unicode 控制串，如度数符号、直径符号等常用符号。

① 堆叠特性的应用。

在机械制图过程中，常出现如图 6-12 所示的文字组合形式（堆叠文字）。堆叠文字是对分数、公差和配合的一种位置控制方式。

$$\varnothing 25^{0.02}_{-0.03} \qquad \frac{A\text{-}A}{4:1} \qquad \frac{2}{3}$$

图 6-12 机械制图中常见的堆叠文字

下面对机械制图中常用的堆叠控制码进行说明。

"/"：字符堆叠为分数形式。例如，输入字符为"2/3"，设置其堆叠特性后显示为"$\frac{2}{3}$"。

"#"：字符堆叠为比值形式。例如，输入字符为"2#3"，设置其堆叠特性后显示为"$^2/_3$"。

"^"：字符堆叠为上下排列的形式。

在"文字编辑器"选项卡中选择包含"/"、"#"或"^"的文字，单击鼠标右键，在弹出的快捷菜单中选择"堆叠"命令，可以实现文字堆叠功能。

用户也可以先选择需要进行堆叠的文字，然后单击"文字编辑器"选项卡 → "格式"面板 → "堆叠"按钮，。

② 符号的应用。

用户可以通过单击"文字编辑器"选项卡 → "插入"面板 → "符号"下拉按钮，插入特殊符号和代码。在 AutoCAD 2020 中可以采用以"％％"开头的控制码实现特殊符号和代码的输入，表 6-1 列出了绘图过程中常用符号的控制码。

表 6-1　绘图过程中常用符号的控制码

控 制 码	表 示 符 号
％％d	度符号（°）
％％p	正负（±）
％％c	直径符号（ϕ）
％％％	百分号（％）
％％O	开始/关闭文字上画线
％％U	开始/关闭文字下画线
％％％	绘制％

（3）"字段"按钮：单击该按钮，系统弹出"字段"对话框，如图 6-13 所示。在该对话框中，用户可以选择"字段类别"，"字段类别"包括"打印""对象""全部"等选项，还可以插入特殊字段，可插入的特殊字段包括"创建日期""打印比例""打印方向""当前图纸编号""当前图纸集"等。

5）"拼写检查"面板

（1）"拼写检查"按钮：单击该按钮，在书写过程中系统自动检查存在的拼写错误，其功能类似于 Word 中的拼写检查。

（2）"编辑词典"按钮：单击该按钮，系统弹出"词典"对话框，如图 6-14 所示，在该对话框中用户可以选择当前使用的主词典，也可以自定义词典。

6）"工具"面板

（1）"放弃"按钮和"重做"按钮：分别用于放弃正在编辑的文字操作和重新编辑多行文字的"文字编辑器"中的内容，包括修改文字的格式和文字内容，用户可以通过按 Ctrl+Z 快捷键和 Ctrl+Y 快捷键进行相同的操作。

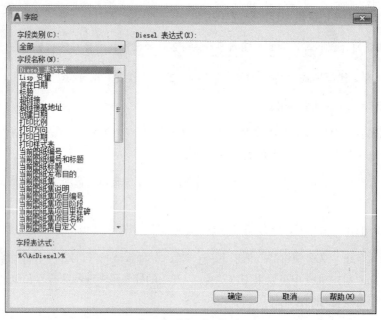

图 6-13 "字段"对话框

（2）"标尺"按钮 ：单击该按钮，可在文本输入区顶部显示标尺，如图 6-15 所示。

图 6-14 "词典"对话框

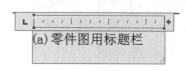

图 6-15 标尺

7）"关闭"面板

在该面板中，只有"关闭文字编辑器"按钮 ，单击该按钮将关闭"文字编辑器"选项卡并保存所做的所有更改。

6.1.5 缩放文字对象

在 AutoCAD 2020 中，用户可以通过下列 3 种方式缩放文字对象。

- 选择菜单栏中的"修改"→"对象"→"文字"→"比例"命令。
- 单击"注释"选项卡 → "文字"面板 → "缩放"按钮 。

- 在命令行中输入"SCALETEXT"命令，并按回车键。

启用"缩放"命令后，根据命令行提示，选择缩放对象，并按回车键，命令行提示如图 6-16 所示。

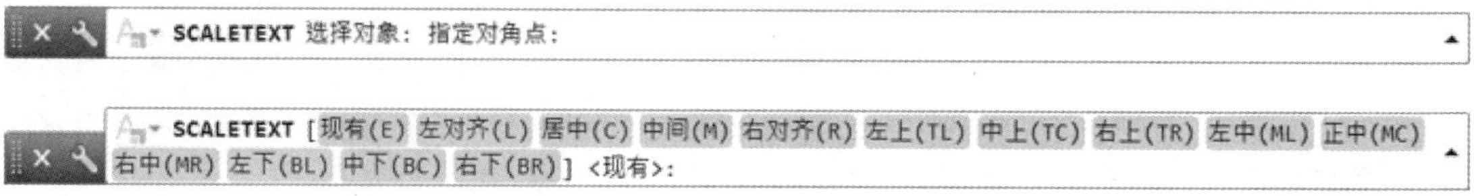

```
SCALETEXT 选择对象：指定对角点：

SCALETEXT [现有(E) 左对齐(L) 居中(C) 中间(M) 右对齐(R) 左上(TL) 中上(TC) 右上(TR) 左中(ML) 正中(MC)
右中(MR) 左下(BL) 中下(BC) 右下(BR)] <现有>：
```

图 6-16　缩放文字对象的命令行提示

根据命令行提示，选择缩放基点并进行下一步操作。指定缩放基点后，命令行给出 4 个选项：新模型高度、图纸高度、匹配对象和比例因子。

【新模型高度】即文字高度，用户可以定义新的文字高度。

【图纸高度(P)】指定或更新文字对象相对于图纸空间的比例。

【匹配对象(M)】匹配两个文字对象的大小。

【比例因子(S)】指定比例因子或参照来缩放所选择的文字对象。

6.1.6　编辑文字对象的对正方式

用户可以通过下列 3 种方式编辑文字的对正方式。

- 单击"注释"选项卡 →"文字"面板 →"对正"按钮。
- 选择菜单栏中的"修改"→"对象"→"文字"→"对正"命令。
- 在命令行中输入"JUSTIFYTEXT"命令，并按回车键。

启用"对正"命令后，选择需要对正的文字对象并按回车键，命令行提示如图 6-17 所示。这里需要说明的是，命令行中给出的对正选项为对正点的基准点。

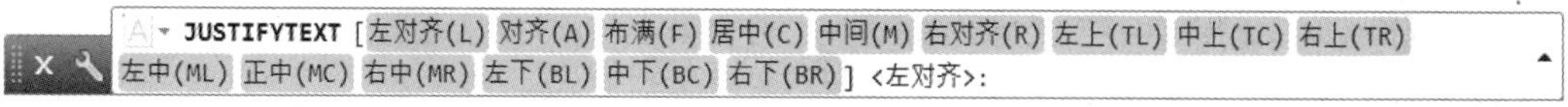

```
JUSTIFYTEXT [左对齐(L) 对齐(A) 布满(F) 居中(C) 中间(M) 右对齐(R) 左上(TL) 中上(TC) 右上(TR)
左中(ML) 正中(MC) 右中(MR) 左下(BL) 中下(BC) 右下(BR)] <左对齐>：
```

图 6-17　对正文字对象的命令行提示

6.1.7　通过外部文件输入文字

AutoCAD 2020 的多行文字"文字编辑器"可以直接将其他编辑器中的 TXT 文件或 RTF 文件导入此文字编辑器中，和在该编辑器中输入多行文字的显示效果一样。导入的文件大小不能超过 32KB，在工程制图中，经常需要标注、编辑文字和修改大量常规文字，利用外部文件输入文字可以提高文字输入和编辑的效率。

在命令行中输入"MTEXT"命令，打开"文字编辑器"选项卡，在文本框中单击鼠标右键，在弹出的快捷菜单中选择"输入文字"命令，如图 6-18 所示，系统弹出"选择文件"对话框，如图 6-19 所示，在该对话框中选择外部文档。

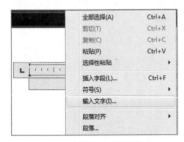

图 6-18 "输入文字"命令

图 6-19 "选择文件"对话框

6.2 表格的创建与编辑

6.2.1 创建表格样式

表格是由包含注释的单元构成的对象，在工程制图中常使用表格对图形对象进行补充说明，标题栏和明细表都属于表格的应用。在创建表格之前，用户可以自定义表格的样式，包括表格的字体和颜色等。

用户可以通过下列 4 种方式打开"表格样式"对话框。

- 选择菜单栏中的"格式"→"表格样式"命令。
- 单击"默认"选项卡→"注释"面板→"表格样式"按钮。
- 单击"注释"选项卡→"表格"面板→"对话框启动器"按钮。
- 在命令行中输入"TABLESTYLE"（TS）命令，并按回车键。

采用上述任意一种方式，打开如图 6-20 所示的"表格样式"对话框，其中，"样式"列表框中列出了所有的表格样式，包括系统默认的 Standard 样式和用户自定义的样式。"预览"列表框可以预览用户所选择的表格样式。单击"置为当前"按钮，可以将选择的表格样式设置为当前样式。单击"新建"按钮，创建新的表格样式，在弹出的"创建新的表格样式"对话框（见图 6-21）中，可以设置新样式名，选择表格的基础样式。单击"修改"按钮，可以修改所选表格的样式。

在图 6-21 中，填写新样式名并选择基础样式后，单击"继续"按钮，将弹出"新建表格样式：明细表"对话框，如图 6-22 所示。在该对话框中，用户可以设置"起始表格""常规""单元样式"等。"新建表格样式：明细表"对话框也具有预览设置的表格样式的功能。

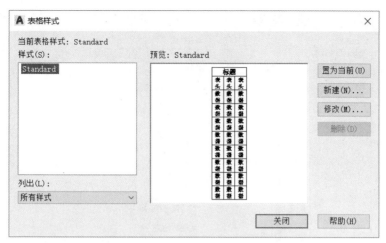

图 6-20 "表格样式"对话框

图 6-21 "创建新的表格样式"对话框

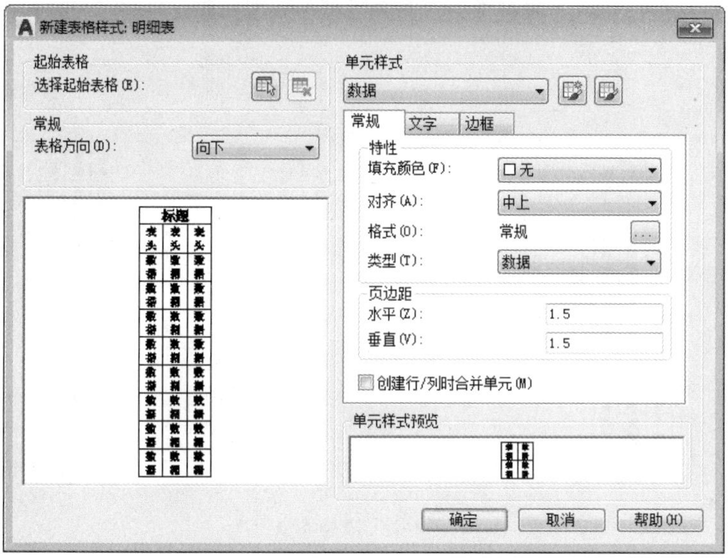

图 6-22 "新建表格样式:明细表"对话框

【单元样式】AutoCAD 2020 包括 3 种单元样式,分别是"标题"、"表头"和"数据",在"新建表格样式:Standard 的副本(2)"对话框的"单元样式"选项组的"数据"下拉列表中可以选择单元样式,如图 6-23 所示。

图 6-23 单元样式

【表格方向】在"常规"选项组的"表格方向"下拉列表中,可以设置表格的方向,包括"向下"和"向上"两种。"向下",即按照"标题"、"表头"和"数据"从上到下的顺序排列,如图 6-24(a)所示;"向上",即按照"数据"、"表头"和"标题"从上到下的顺序排列,如图 6-24(b)所示。

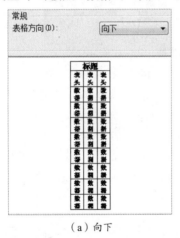
(a) 向下

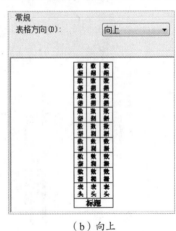
(b) 向上

图 6-24 表格方向

【单元特性】表格的单元特性可以通过"常规"、"文字"和"边框"3 个选项卡进行设置。

1)"常规"选项卡

在"常规"选项卡(见图 6-25)中包括"特性"和"页边距"两个选项组。

"填充颜色"下拉列表:用于修改单元格的背景颜色,默认设置为"无"。

"对齐"下拉列表:用于设置表格中文字的对齐方式。

"格式"按钮:单击此按钮,打开"表格单元格式"对话框,在该对话框中可设置数据的类型,包括"百分比""常规""货币"等。

"类型"下拉列表：用于设置单元的类型，包括"数据"和"标签"。

"页边距"：用于设置单元中的文字或块与上下单元边界之间的距离。

2）"文字"选项卡

在"文字"选项卡（见图6-26）中可设置"文字样式"、"文字高度"、"文字颜色"和"文字角度"。默认的文字样式为"Standard"，"文字颜色"为"ByBlock"，"文字高度"为"4.5000"，表格标题的默认"文字高度"为"2.5000"，"文字角度"为"0"。

图6-25 "常规"选项卡

图6-26 "文字"选项卡

3）"边框"选项卡

"边框"选项卡（见图6-27）用于设置表格边框的格式，包括"线宽""线型""颜色""间距"等。

"双线"复选框：勾选该复选框，可将表格边界显示为双线，此时"间距"文本框进入可编辑状态，可设置双线边界的间距。

"边框"按钮：通过单击"边框"按钮，可以将选定的特性应用到对应的边框上，从左到右依次为所有边框、外边框、内边框、底部边框、左边框、上边框、右边框和无边框，如图6-28所示。

图6-27 "边框"选项卡

图6-28 "边框"按钮

所有边框：将边框特性应用于所有边框。

外边框：将边框特性应用于外边框。

内边框：将边框特性应用于内边框。

下边框：将边框特性应用于下边框。

左边框：将边框特性应用于左边框。

上边框：将边框特性应用于上边框。

右边框：将边框特性应用于右边框。

无边框：隐藏边框。

在"单元样式预览"列表框中，可以预览设置的表格样式。

6.2.2 插入表格

在 AutoCAD 2020 中，有下列 3 种常用的插入表格的方式。

- 单击"默认"选项卡 → "注释"面板 → "表格"按钮。
- 单击"注释"选项卡 → "表格"面板 → "表格"按钮。
- 选择菜单栏中的"绘图" → "表格"命令。

启用"表格"命令后，将弹出"插入表格"对话框。"插入表格"对话框包括"表格样式"、"插入选项"、"预览"、"插入方式"、"列和行设置"和"设置单元样式"6 部分。

☺ 练习：以"插入表格"的方式创建表格

（1）打开练习文件"6-2 创建表格"。

（2）单击"注释"选项卡 → "表格"面板 → "对话框启动器"按钮。

（3）在弹出的"表格样式"对话框中单击"新建"按钮，弹出"创建新的表格样式"对话框，在"新样式名"文本框中输入"明细表"；选择基础样式为 Standard，单击"继续"按钮。

（4）在弹出的"新建表格样式：明细表"对话框的"常规"选项组中，选择"表格方向"为"向上"。

（5）设置单元样式，如图 6-29 所示。

① "常规"选项卡：设置"对齐"为"正中"。

② "文字"选项卡：单击"文字样式"下拉列表后的 … 按钮。在弹出的"文字样式"对话框中勾选"使用大字体"复选框，选择"SHX 字体"为"gbenor.shx"，选择"大字体"为"gbcbig.shx"；字体"高度"设置为"5.0000"，其余保持默认选项，设置完成后单击"置为当前"按钮，然后单击"应用"按钮并关闭对话框。

③ "边框"选项卡：将"线宽"设置为"0.35mm"，单击"外边框"按钮。

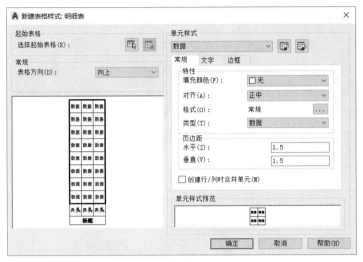

(a)

(b)

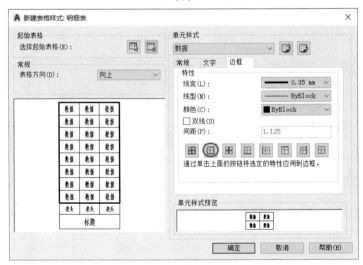

(c)

图 6-29　设置单元样式

（6）完成"新建表格样式：明细表"的设置后，将自定义表格"置为当前"并单击"关闭"按钮。

（7）单击"默认"选项卡 → "注释"面板 → "表格样式"按钮▦。

（8）在弹出的"插入表格"对话框中，选择"插入选项"为"从空表格开始"；选择"插入方式"为"指定插入点"；将"列数"设置为"5"，"列宽"设置为"25"；将"数据行数"设置为"5"，"行高"设置为"1"；设置"第一行单元样式"为"表头"，"第二行单元样式""所有其他行单元样式"为"数据"，如图 6-30 所示，设置完成后单击"确定"按钮。

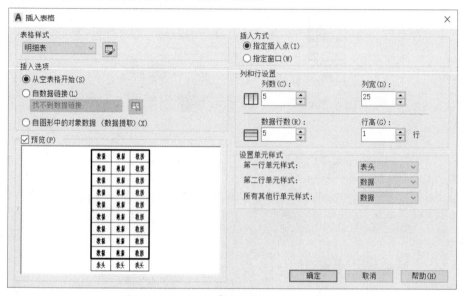

图 6-30　设置"插入表格"对话框中的相应选项

（9）命令行提示：TABLE 指定插入点。此时单击练习文件"6-2 创建表格"中标题栏的左上角点，弹出"文字编辑器"。

（10）在弹出的"文字编辑器"中，文字默认输入点在左下方第一个单元格中，从左下方第一个单元格开始，依次输入"序号"、"名称"、"数量"、"材料"和"备注"。双击鼠标激活单元格，按 Tab 键切换输入点。

（11）在命名为"序号"的单元格之上的单元格中输入序号"1"，并按住单元格右上角图标（图 6-31 箭头处）不放向上拖动，完成如图 6-31 所示序号的自动填充。

（12）选中"序号"列，单击鼠标右键，在弹出的快捷菜单中选择"特性"命令，在弹出的"特性"选项板中，将单元的对齐设置为"正中"。

（13）绘制完成的表格如图 6-32 所示。

用户还可以通过单击"默认"选项卡 → "绘图"面板 → "直线"按钮绘制表格，其也是一种常用的绘制表格的方法，与插入表格方法相比，该方法效率较低，但比较灵活，本节将通过实例说明如何使用"直线"命令绘制表格。

第 6 章 文字与表格

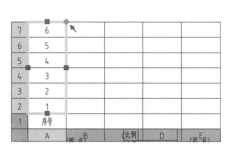

图 6-31 序号的自动填充

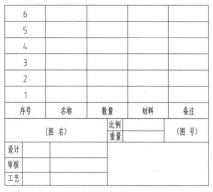

图 6-32 绘制完成的表格

☺ 练习：使用"直线"命令绘制标题栏

打开练习文件"6-3 绘制标题栏"，如图 6-33 所示，选择菜单栏中的"绘图"→"直线"命令，绘制标题栏。

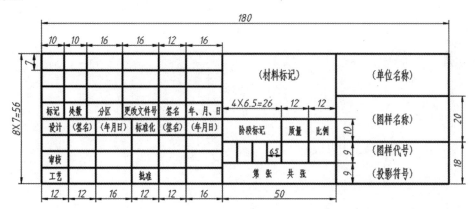

图 6-33 练习文件"6-3 绘制标题栏"

本实例涉及的主要知识点包括①新建图层；②新建文字样式；③直线命令；④偏移命令；⑤尺寸标注；⑥新建文字样式。

本实例的具体操作步骤如下。

1）设置文字样式

（1）在 AutoCAD 2020"快速访问工具栏"中单击"新建"按钮，弹出"选择样板"对话框，如图 6-34 所示，单击"打开"按钮旁边的"下三角"按钮，选择"无样板打开-公制"选项。

（2）使用"草图与注释"工作空间，单击"默认"选项卡 →"图层"面板 →"图层特性"按钮，打开如图 6-35 所示的"图层特性管理器"选项板。

（3）在"图层特性管理器"选项板中单击"新建图层"按钮，新建一个默认名称为"图层 1"的图层，并将该图层的名称更改为"粗实线"。

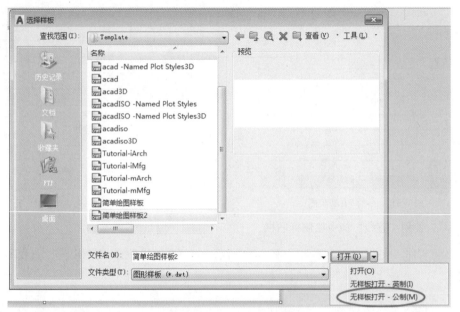

图6-34 "选择样板"对话框

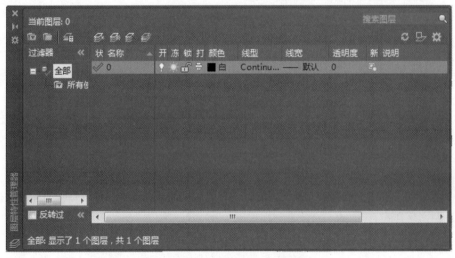

图6-35 "图层特性管理器"选项板

（4）单击"粗实线"图层的"线宽"特性单元格，在弹出的"线宽"对话框中，将"线宽"更改为"0.35mm"，如图6-36所示，单击"确定"按钮完成修改。

（5）在"图层特性管理器"选项板中单击"新建图层"按钮，新建一个图层，并将该图层的名称更改为"标注"层，将"线宽"更改为"0.18mm"，单击"确定"按钮完成修改。

（6）在"图层特性管理器"选项板的标题栏中单击"关闭"按钮，完成图层的设置。

（7）单击"默认"选项卡 → "注释"面板 → "文字样式"按钮，系统弹出如图6-37所示的"文字样式"对话框。

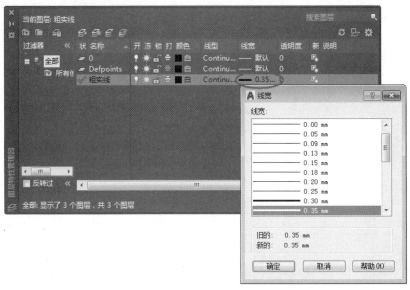

图 6-36 修改"粗实线"图层的线宽

图 6-37 "文字样式"对话框

（8）单击"文字样式"对话框右侧的"新建"按钮，打开"新建文字样式"对话框，如图 6-38 所示，在"样式名"文本框中输入"国标-3.5"，单击"确定"按钮。

图 6-38 "新建文字样式"对话框

（9）返回"文字样式"对话框，在"SHX 字体"下拉列表中选择"gbeitc.shx"选项，勾选"使用大字体"复选框，在"大字体"下拉列表中选择"gbcbig.shx"选项，在"高度"文本框中输入"3.5000"，如图 6-39 所示。

图 6-39 设置文字样式

（10）单击"应用"按钮，完成文字样式的设置。

（11）再次单击"文字样式"对话框右侧的"新建"按钮，在弹出的"新建文字样式"对话框中，将"样式名"更改为"国标-5"，单击"确定"按钮。

（12）返回"文字样式"对话框，在"SHX 字体"下拉列表中选择"gbeitc.shx"选项，勾选"使用大字体"复选框，在"大字体"下拉列表中选择"gbcbig.shx"选项，在"高度"文本框中输入"5.0000"，单击"应用"按钮。

（13）单击"文字样式"对话框的"关闭"按钮，完成两种高度的文字样式设置。完成设置的两种文字样式，将显示在"默认"选项卡 → "注释"面板 → "文字样式"下拉列表框中，如图 6-40 所示。用户也可以在功能区"注释"选项卡的"文字"面板中找到"文字样式"下拉列表框，从中选择需要的文字样式。

图 6-40 "文字样式"下拉列表框

2）设置标注样式

（1）单击"默认"选项卡 → "注释"面板 → "标注样式"按钮，打开如图 6-41 所示的"标注样式管理器"对话框。

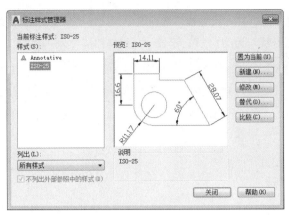

图 6-41 "标注样式管理器"对话框

（2）在"标注样式管理器"对话框中单击"新建"按钮，打开"创建新标注样式"对话框，如图 6-42 所示。

图 6-42 "创建新标注样式"对话框

（3）在"创建新标注样式"对话框的"新样式名"文本框中输入"标题栏-3.5"，"基础样式"默认选择"IOS-25"，设置完成后，单击"继续"按钮。

（4）系统弹出"新建标注样式：标题栏-3.5"对话框，在"文字"选项卡 → "文字外观"选项组 → "文字样式"下拉列表中选择"国标-3.5"选项，设置"文字高度"为"3.5"，该选项卡的其余设置如图 6-43 所示。

图 6-43 设置"文字"选项卡内容

（5）切换到"线"选项卡，在"尺寸线"选项组中，设置"基线间距"为"3.75"；在"尺寸界线"选项组中，设置"超出尺寸线"为"1.25"，设置"起点偏移量"为"0.625"，如图6-44所示。

图6-44 设置"线"选项卡内容

（6）切换到"符号和箭头"选项卡，在"箭头"选项组中设置"箭头大小"为"3"；在"圆心标记"选项组中设置"标记"为"3"，如图6-45所示。

图6-45 设置"符号和箭头"选项卡内容

（7）切换到"主单位"选项卡，在"线性标注"选项组中，设置"单位格式"为"小数"，"精度"默认为"0.00"，如图6-46所示。

第 6 章 文字与表格

图 6-46 设置"主单位"选项卡内容

（8）切换到"调整"选项卡，在"调整选项"选项组中，设置"从尺寸界线中移出"为"文字或箭头（最佳效果）"；在"文字位置"选项组中，设置"文字不在默认位置上时，将其放置在"为"尺寸线旁边"，如图 6-47 所示。

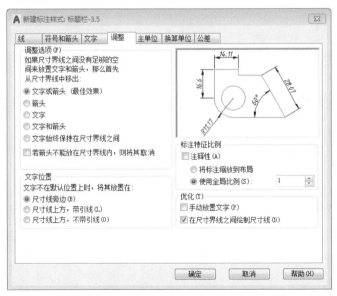

图 6-47 设置"调整"选项卡内容

（9）完成上述选项卡的设置后，单击"确定"按钮，完成"标题栏-3.5"新标注样式的设置，返回"标注样式管理器"对话框。

（10）在"标注样式管理器"对话框中，选中"标题栏-3.5"样式，单击"置为当前"按钮，将该样式置为当前样式。

（11）再次单击"标注样式管理器"对话框中的"新建"按钮，系统弹出"创建新标注样式"对话

215

框,在"用于"下拉列表中选择"半径标注"选项,如图 6-48 所示。

图 6-48 "半径标注"选项

(12)单击"继续"按钮,打开"新建标注样式:标题栏-3.5:半径"对话框,在"文字"选项卡的"文字对齐"选项组中,将文字对齐方式更改为"ISO 标准",如图 6-49 所示。

图 6-49 设置文字对齐方式为"ISO 标准"

(13)完成上述操作后,单击"确定"按钮,返回"标注样式管理器"对话框。

(14)再次单击"标注样式管理器"对话框中的"新建"按钮,系统弹出"创建新标注样式"对话框,在"用于"下拉列表中选择"直径标注"选项。

(15)单击"继续"按钮,打开"新建标注样式:标题栏-3.5:直径"对话框,在"文字"选项卡的"文字对齐"选项组中,将文字对齐方式更改为"ISO 标准",单击"确定"按钮,返回"标注样式管理器"对话框。

(16)完成上述操作后,单击"关闭"按钮,关闭"标注样式管理器"对话框。

(17)在"创建新标注样式"对话框的"新样式名"文本框中输入"标题栏-5","基础样式"默认选择"ISO-25",如图 6-50 所示,完成输入后,单击"继续"按钮。

图 6-50　设置"创建新标注样式"对话框内容

（18）弹出"新建标注样式：标题栏-5"对话框，在"文字"选项卡的"文字外观"选项组的"文字样式"下拉列表中选择"国标-5"选项，将"文字高度"更改为"5"，如图 6-51 所示。

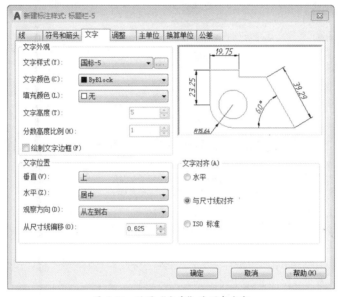

图 6-51　设置"文字"选项卡内容

（19）切换到"线"选项卡，在"尺寸线"选项组中，设置"基线间距"为"4.5"；在"尺寸界线"选项组中，设置"超出尺寸线"为"1.5"，设置"起点偏移量"为"0.825"；其他选项保持默认。修改后的结果如图 6-52 所示。

（20）切换到"符号和箭头"选项卡，在"箭头"选项组中，在"第一个"、"第二个"和"引线"下拉列表中选择"实心闭合"选项，设置"箭头大小"为"4.5"。

其余设置参考上述"标题栏-3.5"标注样式。

（21）完成上述操作后，单击"确定"按钮，返回"标注样式管理器"对话框。

（22）再次单击"标注样式管理器"对话框中的"新建"按钮，系统弹出"创建新标注样式"对话框，在"用于"下拉列表中选择"半径标注"选项。

（23）单击"继续"按钮，打开"新建标注样式：标题栏-5：半径"对话框。在"文字"选项卡的"文字对齐"选项组中，将文字对齐方式更改为"ISO 标准"，单击"确定"按钮，返回"标注样式管理器"对话框。

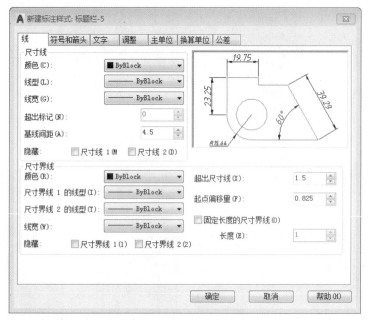

图 6-52 设置"线"选项卡内容

（24）再次单击"标注样式管理器"对话框中的"新建"按钮，系统弹出"创建新标注样式"对话框，在"用于"下拉列表中选择"直径标注"选项。

（25）单击"继续"按钮，打开"新建标注样式：标题栏-5：直径"对话框。在"文字"选项卡的"文字对齐"选项组中，将文字对齐方式更改为"ISO 标准"，单击"确定"按钮，返回"标注样式管理器"对话框。

（26）完成上述操作后，单击"关闭"按钮，关闭"标注样式管理器"对话框。

创建的标注样式"标题栏-3.5"和"标题栏-5"出现在"注释"面板的"标注样式"下拉列表框中，如图 6-53 所示。

图 6-53 "标注样式"下拉列表框

用户可以根据实际绘图需要，自定义其他标注样式。

3）绘制标题栏

（1）设置当前图层为"粗实线"，打开状态栏"对象捕捉"模式。

（2）单击"默认"选项卡 → "绘图"面板 → "直线"按钮，根据命令行提示操作如下。

```
命令：_LINE
指定第一点：（在空白区域任意位置单击）
指定下一点或[放弃(U)]：（输入"@180<0"，按回车键确认）
指定下一点或[放弃(U)]：（输入"@56<90"，按回车键确认）
指定下一点或[放弃(U)]：（输入"@180<180"，按回车键确认）
指定下一点或[放弃(U)]：（输入"C"，按回车键确认）
```

完成如图 6-54 所示的标题栏外框的绘制。

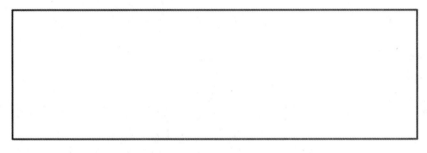

图 6-54　绘制标题栏外框

（3）单击"修改"面板 → "偏移"按钮，根据命令行提示操作如下。

```
命令：_OFFSET
当前设置：删除源=否 图层=源 OFFSTEGAPTYPE=0
指定偏移距离，或[通过(T)/删除(E)/图层(L)]<通过>：（输入偏移距离为18）
选择要偏移的对象，或[退出(E)/放弃(U)]<退出>：（单击图 6-54 中标题栏下边线）
选择要偏移的对象，或[退出(E)/放弃(U)]：（在标题栏下边线的上方单击）
选择要偏移的对象，或[退出(E)/放弃(U)]：（按回车键结束命令）
命令：_OFFSET
指定偏移距离，或[通过(T)/删除(E)/图层(L)]<通过>：（输入偏移距离为10）
选择要偏移的对象，或[退出(E)/放弃(U)]：（单击新创建的偏移线）
指定要偏移的那一侧上的点，或[退出(E)/多个(M)/放弃(U)]<退出>：（在新创建的偏移线的上方单击）
选择要偏移的对象，或[退出(E)/放弃(U)]：（单击新创建的偏移线）
指定要偏移的那一侧上的点，或[退出(E)/多个(M)/放弃(U)]<退出>：（在新创建的偏移线的上方单击）
命令：_OFFSET
指定偏移距离，或[通过(T)/删除(E)/图层(L)]<通过>：（输入偏移距离为9）
选择要偏移的对象，或[退出(E)/放弃(U)]：（单击图 6-54 中标题栏下边线）
指定要偏移的那一侧上的点，或[退出(E)/多个(M)/放弃(U)]<退出>：（在标题栏内部单击）
选择要偏移的对象，或[退出(E)/放弃(U)]：（按回车键结束命令）
```

完成水平偏移线的绘制，如图 6-55 所示。

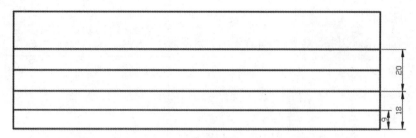

图 6-55 绘制水平偏移线

（4）单击"修改"面板 → "偏移"按钮，根据命令行提示操作如下。

```
命令：_OFFSET
当前设置：删除源=否  图层=源  OFFSTEGAPTYPE=0
指定偏移距离，或[通过(T)/删除(E)/图层(L)]<通过>：（输入偏移距离为80）
选择要偏移的对象，或[退出(E)/放弃(U)]<退出>：（单击图 6-55 中标题栏左边线）
指定要偏移的那一侧上的点，或[退出(E)/多个(M)/放弃(U)]<退出>：（在标题栏内部单击）
选择要偏移的对象，或[退出(E)/放弃(U)]：（按回车键结束命令）
命令：_OFFSET
当前设置：删除源=否  图层=源  OFFSTEGAPTYPE=0
指定偏移距离，或[通过(T)/删除(E)/图层(L)]<通过>：（输入偏移距离为50）
选择要偏移的对象，或[退出(E)/放弃(U)]<退出>：（单击新创建的偏移线）
指定要偏移的那一侧上的点，或[退出(E)/多个(M)/放弃(U)]<退出>：（在新创建的偏移线右侧单击）
选择要偏移的对象，或[退出(E)/放弃(U)]：（按回车键结束命令）
```

完成垂直偏移线的绘制，如图 6-56 所示。

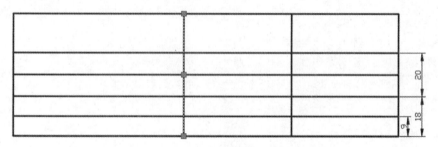

图 6-56 绘制垂直偏移线

（5）单击"修改"面板 → "偏移"按钮，根据命令行提示操作如下。

```
命令：_OFFSET
当前设置：删除源=否  图层=源  OFFSTEGAPTYPE=0
指定偏移距离，或[通过(T)/删除(E)/图层(L)]<通过>：（输入偏移距离为6.5）
选择要偏移的对象，或[退出(E)/放弃(U)]<退出>：（单击图 6-56 中选中的偏移线）
指定要偏移的那一侧上的点，或[退出(E)/多个(M)/放弃(U)]<退出>：（在选中的偏移线的右侧单击）
选择要偏移的对象，或[退出(E)/放弃(U)]：（单击新创建的偏移线）
指定要偏移的那一侧上的点，或[退出(E)/多个(M)/放弃(U)]<退出>：（在新创建的偏移线的右侧单击）
```

按照上述步骤，偏移 4 次。

```
命令：_OFFSET
当前设置：删除源=否  图层=源  OFFSTEGAPTYPE=0
指定偏移距离，或[通过(T)/删除(E)/图层(L)]<通过>：（输入偏移距离为 12）
选择要偏移的对象，或[退出(E)/放弃(U)]<退出>：（单击图 6-56 中新创建的最右侧的一条偏移线）
指定要偏移的那一侧上的点，或[退出(E)/多个(M)/放弃(U)]<退出>：（在新创建的偏移线的右侧单击）
选择要偏移的对象，或[退出(E)/放弃(U)]：（按回车键结束命令）
```

完成 5 条垂直偏移线的绘制，如图 6-57 所示。

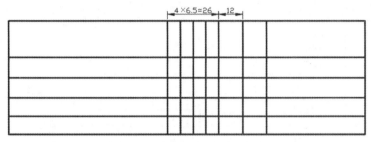

图 6-57 绘制 5 条垂直偏移线

（6）单击"修改"面板 → "修剪"按钮，命令行提示：选择对象或<全部选择>，直接按回车键，选择全部对象为修剪对象，进入自动修剪模式，将不需要的粗实线修剪掉，最后得到的图形如图 6-58 所示。

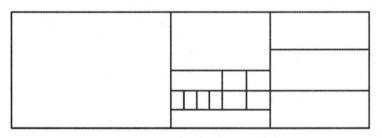

图 6-58 修剪结果

（7）单击"修改"面板 → "偏移"按钮，根据命令行提示操作如下。

```
命令：_OFFSET
当前设置：删除源=否  图层=源  OFFSTEGAPTYPE=0
指定偏移距离，或[通过(T)/删除(E)/图层(L)]<通过>：（输入偏移距离为 7）
选择要偏移的对象，或[退出(E)/放弃(U)]<退出>：（单击图 6-58 中标题栏上边线）
指定要偏移的那一侧上的点，或[退出(E)/多个(M)/放弃(U)]<退出>：（在标题栏内部单击）
选择要偏移的对象，或[退出(E)/放弃(U)]<退出>：（单击新创建的偏移线）
指定要偏移的那一侧上的点，或[退出(E)/多个(M)/放弃(U)]<退出>：（在新创建的偏移线的下方单击）
```

重复上述操作，完成 7 条水平偏移线的绘制，如图 6-59 所示。

（8）单击"修改"面板 → "修剪"按钮，命令行提示：选择对象或<全部选择>，直接按回车键，选择全部对象为修剪对象，进入自动修剪模式，将不需要的粗实线修剪掉，最后得到的图形如图 6-60 所示。

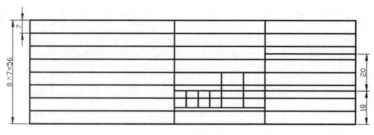

图 6-59 绘制 7 条水平偏移线

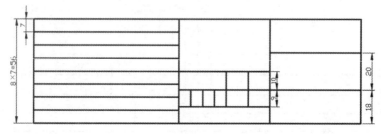

图 6-60 修剪结果

（9）单击"修改"面板 →"偏移"按钮，根据命令行提示操作如下。

```
命令：_OFFSET
当前设置：删除源=否  图层=源  OFFSTEGAPTYPE=0
指定偏移距离，或[通过(T)/删除(E)/图层(L)]<通过>：（输入偏移距离为 12）
选择要偏移的对象，或[退出(E)/放弃(U)]<退出>：（单击图 6-60 中标题栏左边线）
指定要偏移的那一侧上的点，或[退出(E)/多个(M)/放弃(U)]<退出>：（在标题栏内部单击）
选择要偏移的对象，或[退出(E)/放弃(U)]<退出>：（单击新创建的偏移线）
指定要偏移的那一侧上的点，或[退出(E)/多个(M)/放弃(U)]<退出>：（在新创建的偏移线的右侧单击）
命令：_OFFSET
当前设置：删除源=否  图层=源  OFFSTEGAPTYPE=0
指定偏移距离，或[通过(T)/删除(E)/图层(L)]<通过>：（输入偏移距离为 16）
选择要偏移的对象，或[退出(E)/放弃(U)]<退出>：（单击新创建的偏移线）
指定要偏移的那一侧上的点，或[退出(E)/多个(M)/放弃(U)]（退出）：（在新创建的偏移线的右侧单击
```

重复上述操作，完成如图 6-61 所示的图形。

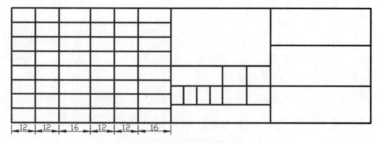

图 6-61 绘制垂直偏移线

（10）单击"修改"面板 →"偏移"按钮，完成如图 6-62 所示的直线偏移。

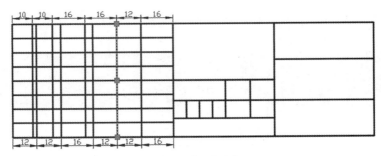

图 6-62　建立偏移线

根据命令行提示操作如下。

命令：_OFFSET
当前设置：删除源=否　图层=源　OFFSTEGAPTYPE=0
指定偏移距离，或[通过(T)/删除(E)/图层(L)]<通过>：(输入偏移距离为 16)
选择要偏移的对象，或[退出(E)/放弃(U)]<退出>：(单击如图 6-62 所示的选中的偏移线)
指定要偏移的那一侧上的点，或[退出(E)/多个(M)/放弃(U)]<退出>：(在选中的偏移线的左侧单击)
选择要偏移的对象，或[退出(E)/放弃(U)]<退出>：(单击新创建的偏移线)
指定要偏移的那一侧上的点，或[退出(E)/多个(M)/放弃(U)]<退出>：(在新创建的偏移线的左侧单击)
命令：_OFFSET
当前设置：删除源=否　图层=源　OFFSTEGAPTYPE=0
指定偏移距离，或[通过(T)/删除(E)/图层(L)]<通过>：(输入偏移距离为 10)
选择要偏移的对象，或[退出(E)/放弃(U)]<退出>：(单击新创建的偏移线)
指定要偏移的那一侧上的点，或[退出(E)/多个(M)/放弃(U)]<退出>：(在新创建的偏移线的左侧单击)

（11）修剪如图 6-62 所示的图形，修剪结果如图 6-63 所示。

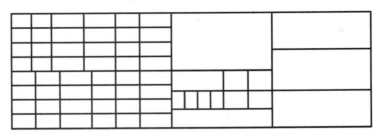

图 6-63　修剪结果

（12）设置当前图层为"标注"，在功能区"默认"选项卡的"注释"面板中，选择文字样式为"国标-3.5"。

（13）在"注释"面板中，单击"多行文字"按钮 A，依次在标题栏左下角第一个单元格的对角点处单击（先单击单元格左上角点，再单击右下角点），功能区弹出"文字编辑器"选项卡，在文本框中输入"工艺"，如图 6-64 所示。

根据命令行提示操作如下。

命令：_MTEXT
指定第一个角点：(单击单元格左上角点)

指定对角点或[高度(H)/对正(J)/行距(L)/旋转(R)/样式(S)/宽度(W)/栏(C)]:(单击单元格右下角点)

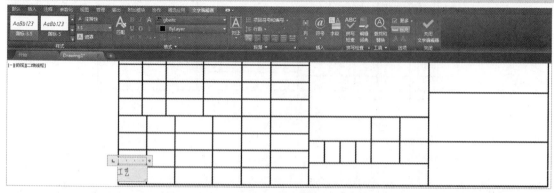

图 6-64　输入文字

（14）在"文字编辑器"选项卡的"段落"面板中，单击"居中"按钮，然后单击"对正"下拉按钮，在弹出的下拉列表中选择"正中 MC"选项，如图 6-65 所示。

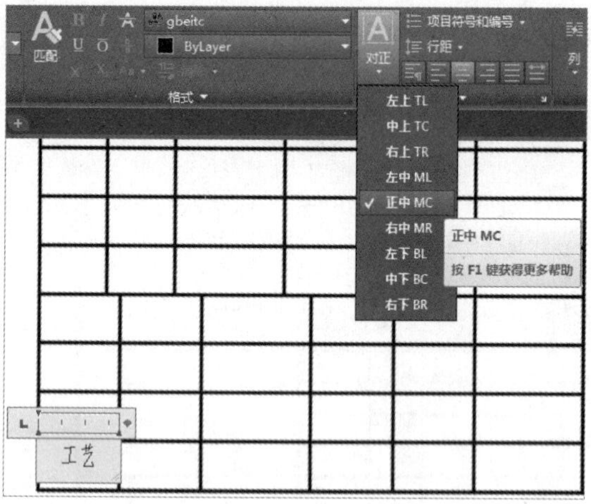

图 6-65　选择文字对正选项

（15）完成上述操作后，单击"文字编辑器"选项卡 → "关闭文字编辑器"按钮，填写结果如图 6-66 所示。

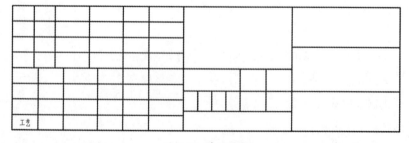

图 6-66　填写结果

（16）参照步骤（12）～步骤（15），填写其他单元格中的文字，填写结果如图 6-67 所示。

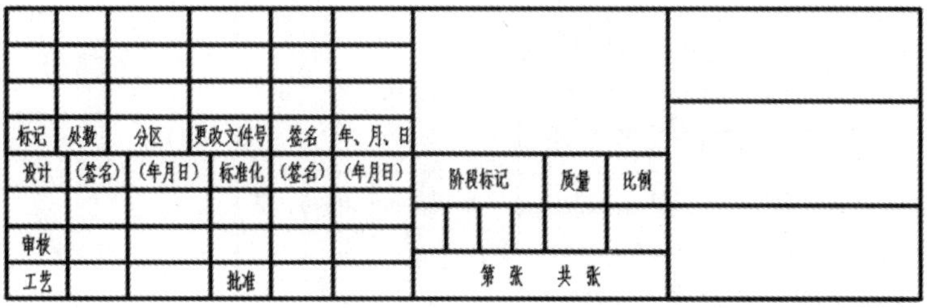

图 6-67 添加单元格文字结果

（17）切换到"插入"选项卡，在"块定义"面板中单击"定义属性"按钮，打开"属性定义"对话框，如图 6-68 所示。

图 6-68 "属性定义"对话框

（18）在"属性"选项组的"标记"文本框中输入"（单位名称）"，在"提示"文本框中输入"请输入单位名称"；在"文字设置"选项组的"对正"下拉列表中选择"正中"选项，在"文字样式"下拉列表中选择"国标-5"选项；在"插入点"选项组中勾选"在屏幕上指定"复选框。

（19）设置完成后，单击"确定"按钮，在标题栏中指定插入点，将"（单位名称）"放置在合适的位置，用户可以根据需要对其位置进行微调，如图 6-69 所示。

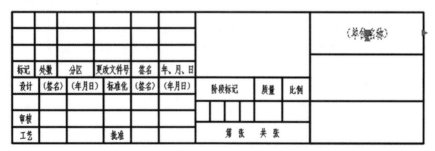

图 6-69 选择插入点

（20）参照步骤（18）～步骤（19），定义标题栏中其余的文字属性，完成结果如图 6-70 所示。

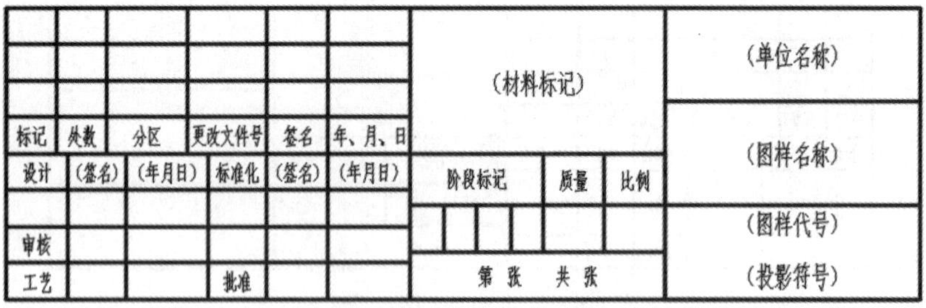

图 6-70 完成文字属性定义的标题栏

双击"（单位名称）"文字，系统弹出"编辑属性定义"对话框，如图 6-71 所示，用户可以根据实际情况，输入相应的单位名称，标题栏中的文字自动更新为新输入的单位名称。"（图样名称）"和"（图样代号）"也可按上述方法进行设置。

图 6-71 "编辑属性定义"对话框

（21）在功能区"插入"选项卡的"块定义"面板中，单击"创建块"按钮，打开"块定义"对话框，如图 6-72 所示。

图 6-72 "块定义"对话框

（22）在"名称"文本框中输入"标题栏"，单击"对象"选项组中的"选择对象"按钮，使用鼠标框选整个标题栏，按回车键。

单击"基点"选项组中的"拾取点"按钮，在打开"对象捕捉"模式下，选择标题栏右下角作为块插入时的基点。此时"块定义"对话框如图 6-73 所示。

图 6-73 选择基点后的"块定义"对话框

（23）完成上述操作后，单击"确定"按钮，系统弹出如图 6-74 所示的"编辑属性"对话框。

（24）单击"编辑属性"对话框中的"确定"按钮，完成名为"标题栏"的块创建。

（25）单击"插入"选项卡 → "块定义"面板 → "管理属性"按钮，系统弹出"块属性管理器"对话框，如图 6-75 所示，在该对话框中，用户可以调整"标题栏"块的各属性的提示顺序。

图 6-74 "编辑属性"对话框　　　　　图 6-75 "块属性管理器"对话框

（26）在"块属性管理器"对话框中单击"编辑"按钮，系统弹出如图 6-76 所示的"编辑属性"对话框，该对话框包括"属性"、"文字选项"和"特性"3 个选项卡，用户可以对其进行编辑和修改。

（27）在"块属性管理器"对话框中单击"设置"按钮，系统弹出如图 6-77 所示的"块属性设置"对话框，在该对话框中可设置列表中显示的块属性。

图 6-76 "编辑属性"对话框

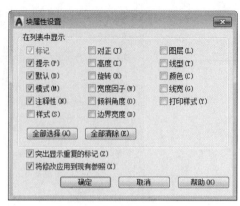
图 6-77 "块属性设置"对话框

6.3 可注释性对象

对象的可注释性是指对图形添加注释对象的一种特性。在使用可注释性对象时，对象的缩放是根据实际绘图情况自动进行的。

当用户创建可注释性对象后，系统会根据当前注释比例设置对对象进行缩放，使其调整到合适的显示大小。如果对象的注释特性处于开启状态（设置为"是"，即为开启状态），则称其为可注释性对象。

可以设置为可注释性对象的对象有文字、标注、图案填充、形位公差、多重引线、块和属性等。

在 AutoCAD 2020 中，设置可注释性对象的一般步骤如下。

（1）创建注释性对象样式。在创建对象样式时，勾选"注释性"复选框，即表示创建了注释性对象样式。例如，在创建文字样式时，勾选"注释性"复选框，则在其样式名称前显示注释性图标，如图 6-78 所示。

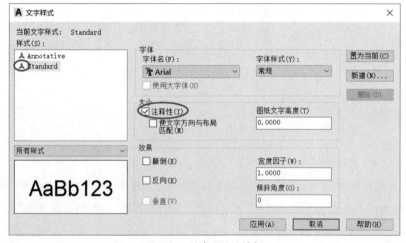
图 6-78 创建注释性样式

（2）在"模型空间"中，将注释比例设置为打印或显示注释比例。用户可以在应用程序状态栏中

设置注释比例 , 单击下拉箭头,在弹出的比例列表中设置打印或显示注释比例,用户也可以自定义注释比例。

(3)使用注释性样式创建可注释性对象。将创建的注释性样式置为当前,那么创建出来的对象即为可注释性对象。

6.4 思考与练习

1. 分别使用"单行文字"命令、"多行文字"命令创建如图 6-79 所示的文字内容,分析使用单行文字和多行文字编辑文字的不同之处。

技术要求
1. 未标注公差尺寸;
2. 齿轮淬火 35HRC~45HRC;
3. 未标注 C3 倒角;
4. 可适当增加 C2 倒角。

图 6-79 文字内容

2. 尝试使用"直线"命令绘制如图 6-80 所示的表格。

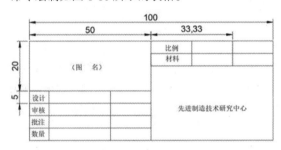

图 6-80 表格示例

3. 若在"文字样式"对话框中将"高度"设置为"0.0000",则在输入多行文字时,其高度为多少?

4. "表格"的"单元格式数据"都有哪些类型?百分比、时间、货币和点对象中哪一个不属于"单元格式数据"的类型?

5. "图层"的用途是什么?"图层"的属性是指什么?"ByLayer"的含义是什么?

6. 查阅资料,了解 A0、A1、A2、A3、A4 标准图幅的规格尺寸。

第 7 章

图层与实用工具

🔍 **本章主要内容**

- 规划图层;
- 管理图层;
- 实用工具。

本章主要介绍创建和编辑图层的相关知识,通过本章的学习,可使用户了解创建和管理图层的一般步骤,掌握查询对象几何特征的方法。

7.1 规划图层

图纸上所有的图元都可以按照一定的规律来组织整理,图层是整个 CAD 图纸非常关键的一个要素,简单来说,图层是一张没有厚度的纸,在绘图时,分别将不同类别的图元绘制在相应的图层中,当用户绘制比较复杂的图形时,组织和管理图形对象是不可或缺的操作。

7.1.1 系统默认的图层

通过创建图层,可以将类型相似的对象归类在同一图层中,一个图层的线和符号等对象只会在本图层中显示。AutoCAD 2020 中的图层相当于完全重合在一起的透明图纸,用户可以任意选择其中一个图层绘制图形,而不会受到其他图层上图形的影响。设置图层的目的是方便用户绘制、管理和编辑图形。

7.1.2 创建新图层

用户一般通过"图层特性管理器"选项板创建和编辑图层,可通过下列 3 种方式打开"图层特性管理器"选项板。

- 选择菜单栏中的"格式"→"图层"命令。
- 单击"默认"选项卡→"图层"面板→"图层特性"按钮 。
- 在命令行中输入"LAYAR"命令,并按回车键。

系统默认的图层为"图层特性管理器"中预设置的"0"图层。用户启动 AutoCAD 2020 后,若不设置新的图层，则绘制的对象都在"0"图层上。"0"图层是不能删除和重新命名的，但是用户可以更改"0"图层的颜色、线宽和线型等特性，也可以将绘制在"0"图层上的对象移动到其他图层。

☺ 练习：创建图层

（1）单击"默认"选项卡 → "图层"面板 → "图层特性"按钮，打开"图层特性管理器"选项板。

（2）在"图层特性管理器"选项板中单击"新建"按钮，新建图层的默认名称为"图层1"，将其更改为"粗实线"。

（3）单击"粗实线"图层的"线宽"特性单元格，在弹出的"线宽"对话框中，将"线宽"设置为"0.50mm"，并单击"确定"按钮。

（4）重复步骤（2），创建名为"细实线"的图层。

单击"细实线"图层的"线宽"特性单元格，在弹出的"线宽"对话框中，将"线宽"设置为"0.15mm"，并单击"确定"按钮。

（5）重复步骤（2），创建名为"中心线"的图层。

单击"中心线"图层的"颜色"特性单元格，在弹出的"颜色"对话框中，将"颜色"设置为"红"，并单击"确定"按钮。

单击"中心线"图层的"线型"特性单元格，在弹出的"线型"对话框中，单击"加载"按钮，在弹出的"加载或重载线型"对话框中，选择"ACAD_ISO02W100"线型，在弹出的"选择线型"对话框中，选择新加载的线型，并单击"确定"按钮。

单击"中心线"图层的"线宽"特性单元格，在弹出的"线宽"对话框中，将"线宽"设置为"0.15mm"，并单击"确定"按钮。

（6）重复步骤（2），创建名为"标注线"的图层。

在"标注线"图层中，将"颜色"设置为"黄"，"线型"设置为"Continuous"，"线宽"设置为"0.15mm"。

完成4个图层的创建，如图7-1所示。

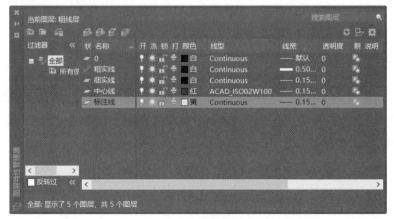

图7-1 创建图层

7.2 管理图层

用户可以通过"图层特性管理器"选项板编辑和管理已创建的图层，使用图层的特性来管理图形中的同类要素，如线型、颜色、线宽和透明度。"图层特性管理器"选项板中常用功能的名称及其含义如表 7-1 所示。

表 7-1 "图层特性管理器"选项板中常用功能的名称及其含义

功能名称	功能含义
	"新建图层"按钮，单击此按钮可以新建图层
	"置为当前"按钮，单击此按钮，将所选图层设置为当前图层
	"删除图层"按钮，单击此按钮，删除用户创建的图层
开/关	打开或关闭选中的图层。按钮颜色为黄色，表示打开；按钮颜色为蓝色，表示关闭
冻结/解冻	冻结或解冻所有视口中的图层。如果按钮变成雪花状，则表示已冻结
锁定/解锁	锁定或解锁选中的图层。如果按钮显示为，则表示该图层已被锁定。被锁定的图层中的对象不能被修改，但可以显示、打印和重新生成
打印/不打印	控制是否打印选中的图层。在默认情况下，不打印已关闭和冻结的图层
透明度	用于控制所有对象在所在图层上的可见性

7.2.1 图层状态管理器

用户可以通过"图层状态管理器"对话框管理图层状态。用户可以通过下列 3 种方式打开"图层状态管理器"对话框。

- 选择菜单栏中的"格式"→"图层状态管理器"命令。
- 选择"默认"选项卡 →"图层"面板 →"未保存的图层状态"下拉列表 →"管理图层状态"选项。
- 在"图层特性管理器"选项板中，单击左上角的"图层状态管理器"按钮。

"图层状态管理器"对话框的"图层状态"列表框列出了已保存在图形中的图层名称、保存的空间（模型空间、布局空间、外部参照）和说明。用户可在该对话框中新建图层，步骤与 7.1.2 节中的创建新图层类似，这里不再详述，也可以在该对话框中恢复图层特性，可恢复的图层特性包括图层的打开与关闭、是否在当前视口中可见、是否打印、颜色、线型、线宽等，通过勾选相应复选框，可以将图形的状态和特性恢复为先前保存的设置，但该操作仅能恢复指定图层的状态和特性设置。"图层状态管理器"对话框如图 7-2 所示。

图 7-2 "图层状态管理器"对话框

7.2.2 图层转换器

当某些图层不符合某一设计所规定的图层标准时,用户可以通过"图层转换器"对话框将不符合标准的图层转换为需要的格式的图层,即将当前图层映射到其他图层中,将映射图层转换为当前图层。图层转换器支持将映射图层保存为"*.dwg"或"*.dws"格式文件,方便在其他图形中使用。

用户可以通过下列 3 种方式打开如图 7-3 所示的"图层转换器"对话框。

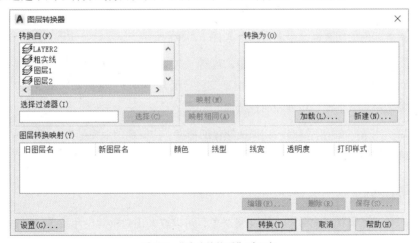

图 7-3 "图层转换器"对话框

- 选择菜单栏中的"工具"→"工具栏"→"CAD 标准"→"图层转换器"命令。
- 单击"管理"选项卡 →"CAD 标准"面板 →"图层转换器"按钮 。
- 在命令行中输入"LAYTRANS"命令,并按回车键。

【转换自】列出当前图形中所包含的图层，在此处选择要转换的图层。

【转换为】列出当前图层转换为哪些图层。单击"新建"按钮，可以新建图层的转换格式。

【映射】将"转换自"列表框中的图层映射到"转换为"列表框中。

【映射相同】映射"转换自"列表框和和"转换为"列表框中名字相同的图层。

【图层转换映射】列出所要转换的所有图层和转换后所具有的特性。单击"编辑"按钮，弹出"编辑图层"对话框（见图7-4），用户可以编辑已转换的图层的特性，比如图层的线型、线宽、颜色和透明度等特性。在"图层转换器"对话框中，单击"保存"按钮，保存为"*.dwg"或"*.dws"格式文件，方便在其他图形中使用。

【设置】用于自定义图层转换。单击"设置"按钮，打开"设置"对话框（见图7-5），可以强制设置对象的颜色、线型和透明度为ByLayer。

图7-4 "编辑图层"对话框

图7-5 "设置"对话框

7.3 实用工具

本节主要讲解如何使用查询命令获得图形文件中对象的信息。

在"默认"选项卡的"实用工具"面板中，包括"点样式""点坐标""快速计算器""测量"等实用工具。用户可以通过查询命令得到对象的信息，包括距离、角度、面积和对象类型等。本节主要讲解如何查询对象的距离、半径、角度和面积特性。

用户在使用"测量"实用工具时，为保证测量的精度，应开启"对象捕捉"模式。"测量"实用工具可以测量三维实体的体积，这里不再讲解，用户可以自己操作学习。

7.3.1 查询距离

通过选择对象或选择构成对象的点来测量对象，可以查询出对象的尺寸及详细信息，包括对象的几何信息和非几何信息。查询距离可测量两点之间的距离或多点之间的总长，如图7-6所示。

第 7 章　图层与实用工具

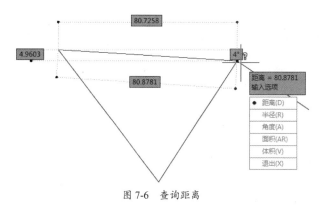

图 7-6　查询距离

查询距离的一般操作步骤如下。

（1）单击"实用工具"面板 → "查询距离"按钮。

（2）在"指定第一点："命令行提示下，拾取被测量直线的端点。

（3）在"指定第二点或[多个点(M)]："命令行提示下，拾取被测量直线的另一个端点。

（4）系统将列出两点之间的距离、X 增量、Y 增量和 Z 增量，两点在 XY 平面中的倾角，以及与 XY 平面的夹角。

☺ **练习：查询直线与弧线的总长**

具体操作步骤如下。

（1）打开练习文件"7-3 查询直线与弧线"，如图 7-7 所示。

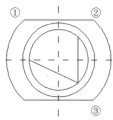

图 7-7　练习文件"7-3 查询直线与圆弧"

（2）单击"实用工具"面板 → "查询距离"按钮，根据命令行提示操作如下。

```
命令：_MEASUREOM
指定第一点：（拾取图 7-7 中的端点①）
指定第二点或[多个点(M)]：（输入"M"，选择多个点）
指定下一个点或[圆弧(A)/长度(L)/放弃(U)/总计(T)]：（拾取图 7-7 中的端点②）
距离=145.9256
指定下一个点或[圆弧(A)/长度(L)/放弃(U)/总计(T)]：（输入"A"）
指定圆弧的端点或[角度(A)/圆心(CE)/闭合(CL)/方向(D)/直线(L)/半径(R)/第二个点(S)/放弃(U)]：（拾取图 7-7 中的端点③）
距离=403.4975
```

此时查询到的距离是直线与圆弧距离的总和。

7.3.2 查询半径

查询半径的一般操作步骤如下。

（1）单击"实用工具"面板 → "查询半径"按钮。

（2）在"选择圆弧或圆："命令行提示下，拾取被测的圆弧或圆对象。

（3）系统将显示圆弧或圆的半径值和直径值。

☺ **练习：查询圆弧、圆的半径**

具体操作步骤如下。

（1）打开练习文件"7-3 查询长度、半径"，如图 7-8 所示。

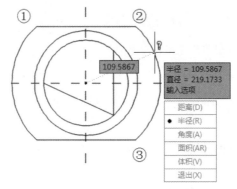

图 7-8　练习文件"7-3 查询长度、半径"

（2）单击"实用工具"面板 → "查询半径"按钮，根据命令行提示操作如下。

```
命令：_MEASUREGEOM
输入一个选项[距离(D)/半径(R)/角度(A)/面积(AR)/体积(V)/退出(X)]<距离>:_radius
选择圆弧或圆：（单击图 7-8 中的圆弧②③）
半径=109.5867，直径=219.1733
```

7.3.3 查询角度

查询角度命令可以测量指定圆弧、圆、直线或顶点的角度。

查询角度的一般操作步骤如下。

（1）单击"实用工具"面板 → "查询角度"按钮。

（2）在"选择圆弧、圆直线或<指定顶点>："命令行提示下，选择被测量的对象。

（3）系统将显示被测量的对象的角度。

☺ **练习：查询两条直线之间的角度**

具体操作步骤如下。

（1）打开练习文件"7-3 查询角度"，如图 7-9 所示。

图 7-9　练习文件 "7-3 查询角度"

（2）单击"实用工具"面板 → "查询角度"按钮，根据命令行提示操作如下。

```
命令：_MEASUREGEOM
输入选项[距离(D)/半径(R)/角度(A)/面积(AR)/体积(V)/退出(X)]<距离>:_angle
选择圆弧、圆直线或<指定顶点>：（单击直线 AB）
选择第二条直线：（单击直线 BC）
角度=97°
```

系统显示的查询结果为∠ABC 的角度。

☺ **练习：查询顶点的角度**

具体操作步骤如下。

（1）打开练习文件 "7-3 查询角度"，如图 7-9 所示。

（2）单击"实用工具"面板 → "查询角度"按钮，根据命令行提示操作如下。

```
命令：_MEASUREGEOM
输入选项[距离(D)/半径(R)/角度(A)/面积(AR)/体积(V)/退出(X)]<距离>:_angle
选择圆弧、圆直线或<指定顶点>：（按回车键确认）
指定角的顶点：（拾取图 7-9 中的 B 点）
指定角的第一个端点：（拾取图 7-9 中的 A 点）
指定角的第二个端点：（拾取图 7-9 中的 C 点）
角度=96°
```

系统显示的查询结果为∠ABC 的夹角。

☺ **练习：查询圆弧角度**

具体操作步骤如下。

（1）打开练习文件 "7-3 查询圆弧角度"，如图 7-10 所示。

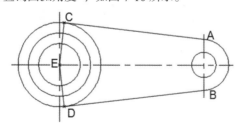

图 7-10　练习文件 "7-3 查询圆弧角度"

（2）单击"实用工具"面板 → "查询角度"按钮，根据命令行提示操作如下。

```
命令：_MEASUREGEOM
输入选项[距离(D)/半径(R)/角度(A)/面积(AR)/体积(V)/退出(X)]<距离>:_angle
```

> 选择圆弧、圆直线或<指定顶点>：（单击图 7-10 中的圆弧 AB）
> 角度=167°

系统显示的查询结果为圆弧 CD 的角度。

☺ 练习：查询圆上两点之间的角度

具体操作步骤如下。

（1）打开练习文件"7-3 查询圆弧角度"，如图 7-10 所示。

（2）单击"实用工具"面板 → "查询角度"按钮，根据命令行提示操作如下。

> 命令：_MEASUREGEOM
> 输入选项[距离(D)/半径(R)/角度(A)/面积(AR)/体积(V)/退出(X)]<距离>:_angle
> 选择圆弧、圆直线或<指定顶点>：（拾取图 7-10 中的 C 点）
> 指定角的第二个端点：（拾取 7-10 中的 D 点）
> 角度=167°
> （系统显示查询结果，即 C、D 两点之间的角度，按回车键结束查询命令）

7.3.4 查询面积

查询面积命令可以查询单个对象的面积，也可以查询多个对象的组合面积，但不能计算选择对象时重叠部分的面积。用户可以通过依次单击指定点的方式测量任意形状的面积，也可以将要查询的对象定义为封闭区域，通过命令行方式查询面积。

查询面积的一般操作步骤如下。

（1）单击"实用工具"面板 → "查询面积"按钮。

（2）在"指定第一个角点或[对象(O)/增加面积(A)/减少面积(S)/退出(X)]:<对象(O)>"命令行提示下，指定多个点查询封闭图形的面积和周长。

（3）通过选择"默认"选项卡 → "绘图"面板 → "图案填充"下拉列表 → "边界"选项，形成封闭图形。

（4）选择"对象(O)"选项，查询指定图形的面积和周长。

（5）AutoCAD 2020 提供了加、减查询组合面积的功能，可以从当前计算的总面积中加上或减去当前选择的图形面积；可以通过指定点或选择对象的方式计算总面积。

☺ 练习：查询封闭图形的面积

（1）打开练习文件"7-3 查询面积"，如图 7-11 所示。

（2）单击"默认"选项卡 → "绘图"面板 → "边界"按钮 。

（3）在弹出的"边界创建"对话框中，单击"拾取点"按钮，拾取图 7-11 中的大房间的面积，按回车键，完成边界创建。

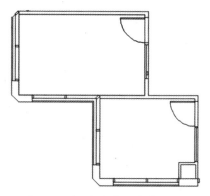

图 7-11 练习文件 "7-3 查询面积"

(4)单击"实用工具"面板 →"查询面积"按钮,根据命令行提示操作如下。

命令:_MEASUREGEOM
输入选项[距离(D)/半径(R)/角度(A)/面积(AR)/体积(V)]<距离>:_area
指定第一个角点或[对象(O)/增加面积(A)/减少面积(S)/退出(X)]<对象(O)>:(输入"O",按回车键确认)
选择对象:(选择大房间的边界,如图 7-12 所示)
总面积=148658.6140,周长=1779.1659
(系统显示查询结果,由此可得到大房间的面积和周长,按回车键结束查询命令)

图 7-12 选择边界

☺ 练习:通过"增加面积"的方式查询面积

(1)打开练习文件"7-3 增加面积方式查询面积",如图 7-13 所示。

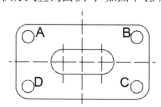

图 7-13 练习文件 "7-3 增加面积方式查询面积"

(2)单击"默认"选项卡 →"绘图"面板 →"边界"按钮。

（3）在弹出的"边界创建"对话框中，单击"拾取点"按钮 ，分别拾取图7-13中的A、B、C、D四个区域，按回车键，完成边界创建。

（4）单击"实用工具"面板 → "查询面积"按钮，根据命令行提示操作如下。

> 命令：_MEASUREGEOM
> 输入选项[距离(D)/半径(R)/角度(A)/面积(AR)/体积(V)]<距离>:_area
> 指定第一个角点[对象(O)/增加面积(A)/减少面积(S)/退出(X)]<对象(O)>:（输入"A"）
> 指定第一个角点[对象(O)/减少面积(S)/退出(X)]:（输入"O"）
> （"加"模式)选择对象：（分别拾取图7-13中A、B、C、D四个区域的边框，被拾取的区域高亮显示，如图7-14所示）
> 总面积=314.1593（系统显示的结果为A、B、C、D四个区域的总面积）

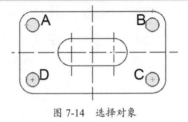

图7-14　选择对象

☺ 练习：按序列点查询面积

（1）打开练习文件"7-3 按序列点查询面积"，如图7-15所示。

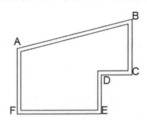

图7-15　练习文件"7-3 按序列点查询面积"

（2）单击"实用工具"面板 → "查询面积"按钮，根据命令行提示操作如下。

> 命令：_MEASUREGEOM
> 输入选项[距离(D)/半径(R)/角度(A)/面积(AR)/体积(V)]<距离>:_area
> 指定第一个角点或[对象(O)/增加面积(A)/减少面积(S)/退出(X)]<对象(O)>:(拾取图7-15中的A点)
> 指定下一个点或[圆弧(A)/长度(L)/放弃(U)/总计(T)]<总计>:（依次拾取图7-15中的B、C、D、E、F、A点）
> 面积=43800.0000，周长=938.6174
> （系统显示查询结果，按回车键结束命令）

上述方法是根据图形的顶点来计算由这些序列点围成的面积的，图7-15中的A、B、C、D、E、F就是构成查询面积的序列点。

7.3.5　查询对象信息

用户可以使用LIST命令查询图形上所选对象的信息，所选对象的信息以文本窗口的形式显示，用户可以自定义查询信息的类型。

查询信息的类型包括①对象类型；②空间（模型空间和布局空间）；③图层；④处理码（图形数据库默认）；⑤几何数值（尺寸、位置等）。

用户可以通过下列 2 种方式启用"查询对象信息"命令。

- 在命令行中输入"LIST"命令，并按回车键。
- 单击"默认"选项卡→"特性"面板 →"列表"按钮。

使用"LIST"命令查看对象信息的一般步骤如下。

（1）按照上述方式打开 LIST 查询命令。

（2）选择一个或多个对象进行信息查询，按回车键，文本窗口将显示所要查询的对象的相关信息。

☺ 练习：查询对象信息

（1）打开练习文件"7-3 查询对象信息"，如图 7-16 所示。

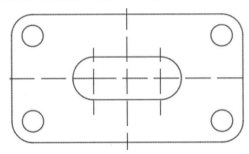

图 7-16　练习文件"7-3 查询对象信息"

（2）单击"默认"选项卡 → "特性"面板 → "列表"按钮，根据命令行提示操作如下。

```
命令：_LIST
选择对象：（选择全部对象，按回车键确认）
指定对角点：找到 21 个
```

（3）文本窗口显示所查询对象的文本信息，如图 7-17 所示。

```
            圆心 点, X=2368.9350  Y=1913.2867  Z=   0.0000
            半径   5.0000
按回车键继续：
            周长   31.4159
            面积   78.5398
                圆    图层："0"
                      空间：模型空间
                      句柄 = 2ba
            圆心 点, X=2368.9350  Y=1953.2867  Z=   0.0000
            半径   5.0000
            周长   31.4159
            面积   78.5398
                圆    图层："0"
                      空间：模型空间
                      句柄 = 2b9
            圆心 点, X=2278.9350  Y=1953.2867  Z=   0.0000
按回车键继续：
命令：*取消*
命令：LIST
```

图 7-17　所查询对象的文本信息

7.4 思考与练习

1. 绘制图形，并用查询命令查询阴影部分的面积，如图 7-18 所示。

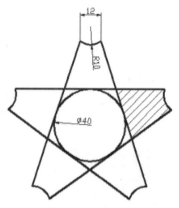

图 7-18　查询面积

2. 系统默认设置的图层叫什么名字？默认图层是否可以删除，是否可以更改图层的颜色、线宽、线型等？

3. "图层特性管理器"选项板有几种打开方式？

4. 在布局视口中处于"冻结"状态的图层，是否能够显示和打印？

5. 设置图层颜色的意义是什么？

6. AutoCAD 2020 如何保存图层并将其设置为模板？

7. 图层设置的原则是什么？

8. 按照如图 7-19 所示的设置，创建图层。

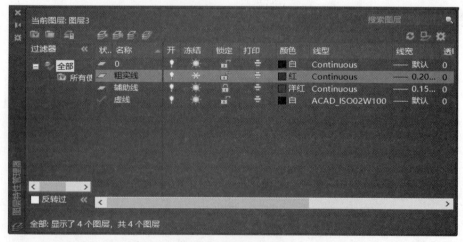

图 7-19　图层设置示例

第 8 章 尺寸标注

🔍 **本章主要内容**
- 尺寸标注的组成；
- 定义标注样式；
- 长度型尺寸标注；
- 半径、直径和圆心标注；
- 其他标注类型；
- 标注的编辑与修改。

完成一张完整的工程图，必不可少的步骤是准确地标注尺寸。本章主要介绍尺寸标注的创建、修改和编辑方式。

8.1 尺寸标注的组成

在工程图中，除了按比例画出物体的形状，绘图人员还需要标注各部分的实际尺寸，以便确定物体的大小。尺寸标注的基本规则如下。

（1）物体的实际大小应该以图样上所标注的尺寸数据为依据，与图形的大小及绘图的比例无关。

（2）当图样中的尺寸以毫米为单位时，不需要标注单位。

（3）物体的相同部分的尺寸，一般只标注一次，并应该标注在反映该结构最清晰的视图上。

8.1.1 尺寸要素

在机械制图或者其他工程制图中，尺寸标注需要用细实线绘制，一个完整的尺寸标注由尺寸线、尺寸界线、尺寸起止符和标注文字4部分组成，如图 8-1 所示。

（1）尺寸线。

尺寸线用细实线画出，不能由其他图线代替。尺寸线画在两条尺寸界线之间，长度不宜超出尺寸界线，应与被标注的长度方向平行。互相平行的尺寸线，应从被注图样的轮廓线开始由近向远整齐排列，小尺寸在内，大尺寸在外。距图形轮廓线最近的一排尺寸线，它们之间的距离不宜小于 10mm。平行排列的尺寸线间距宜为 7~10mm。同一张图纸上，间距大小应保持一致。

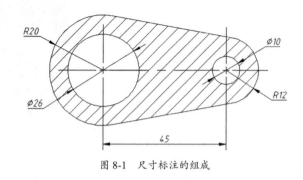

图 8-1 尺寸标注的组成

（2）尺寸界线。

尺寸界线是指从标注端点引出的表示标注范围的直线。尺寸界线用细实线画出，可由轮廓线、轴线或中心线引出，一般与被标注的长度方向垂直。引出端应留有 2mm 以上的间隔，另一端超出尺寸线 2～3mm。

（3）尺寸起止符。

尺寸线与尺寸界线的交点处即为尺寸起止符。国标规定的尺寸起止符有 3 种形式：45°中粗斜短线、尺寸箭头和小圆点。规定机械制图中的尺寸起止符使用尺寸箭头。当相邻尺寸界线间隔很小时，选用小圆点作为尺寸起止符。

（4）标注文字。

标注文字用于标出图形的尺寸，一般标注在尺寸线的上方，对非水平方向的尺寸，其文字也可水平标注在尺寸线中断处。

对于线性标注文字的标注方向，应该尽可能避免在 30°范围内标注尺寸。标注文字不能被任何图线通过，当不可避免时，可以断开图线。

对于圆弧、圆和弧度的尺寸标注，当小于或等于半圆时标注半径尺寸，并在标注文字前增加标注符号"R"；当大于半圆时，标注直径尺寸，并在标注文字前增加标注符号"ϕ"。

8.1.2　平面图形尺寸分析

平面图形是由直线或曲线按照一定几何关系绘制而成的。这些线段一般根据给定的尺寸关系绘制，本节对图形中的标注尺寸进行讲解。

（1）基准。

标注尺寸的起点称为尺寸基准。平面图形的尺寸有水平和垂直两个方向。平面图形中的尺寸基准一般是点或线，常用的点基准有圆心、球心和多边形中心点等；线基准通常是对称中心或图形对象的边。

（2）定形尺寸。

定形尺寸是指确定平面图形上几何元素形状大小的尺寸。在通常情况下，定形尺寸的数量是有限的，例如，直线的定形尺寸是边长、圆的定形尺寸是直径、圆弧的定形尺寸是半径、矩形的定形尺寸是长和宽。

（3）定位尺寸。

定位尺寸是指确定各几何元素相对位置的尺寸。确定平面图形的位置需要水平和垂直两个方向的定位尺寸，也可以通过极坐标确定平面图形的位置。

在某些情况下，有些尺寸既是定形尺寸也是定位尺寸。

8.2 定义标注样式

用户可以通过"标注样式管理器"对话框创建和设置标注样式，如图 8-2 所示。

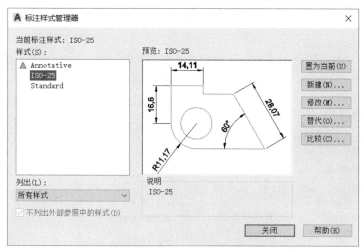

图 8-2 "标注样式管理器"对话框

用户可以通过下列 4 种方式打开"标注样式管理器"对话框。

- 单击"默认"选项卡 → "注释"面板 → "标注样式"按钮 。
- 单击"注释"选项卡 → "标注"面板 → "对话框启动器"按钮 。
- 选择菜单栏中的"格式"→"标注样式"命令。
- 在命令行中输入"DIMSTYLE"命令，并按回车键。

在"标注样式管理器"对话框右侧列出了常用的按钮，其功能如下。

【置为当前】将"样式"列表框中选中的标注样式设置为当前使用的样式。

【新建】创建新的标注样式。

【修改】选择"样式"列表框中已有的标注样式，对其进行修改。

【替代】为"样式"列表框中已有的标注样式设置替代的样式，该替代是临时替代。

【比较】比较两种样式的特性或列出一种样式的全部特性。

单击"新建"按钮，可弹出"创建新标注样式"对话框，如图 8-3 所示。

在"创建新标注样式"对话框中单击"继续"按钮，弹出"新建标注样式：副本 ISO-25"对话框。

在该对话框中，包括"线"、"符号和箭头"、"文字"、"调整"、"主单位"、"换算单位"和"公差"7个选项卡。各选项卡说明如下。

图 8-3 "创建新标注样式"对话框

【"线"选项卡】用于设置尺寸线和尺寸界线的格式和特性，如图 8-4 所示。

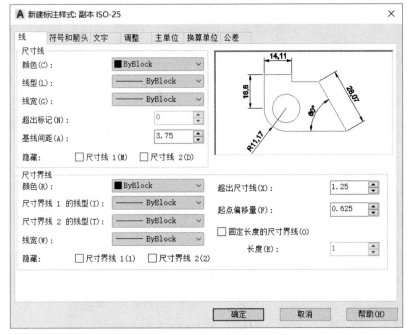

图 8-4 "线"选项卡

（1）"尺寸线"选项组。

① "超出标记"数值框：指定当尺寸箭头使用倾斜、建筑标注和无标记时尺寸线超过尺寸界线的距离值。

② "基线间距"数值框：设置基线标注的尺寸线之间的距离。

③ "隐藏"复选框：用于隐藏某一部分的尺寸线，如"尺寸线 1"或"尺寸线 2"，或将二者全部隐藏。

（2）"尺寸界线"选项组。

① "超出尺寸线"数值框：设置尺寸界线超出尺寸线的距离。

② "起点偏移量"数值框：设置尺寸界线的起点与拾取标注点之间的距离。

③ "固定长度的尺寸界线"复选框：设置是否为固定长度的尺寸界线。使用固定长度的尺寸界线，该尺寸界线不随标注尺寸线所在位置与标注点之间距离的改变而改变。

【"符号和箭头"选项卡】用于设置尺寸箭头和引线的类型，以及标注文字的格式、位置等，如图 8-5 所示。

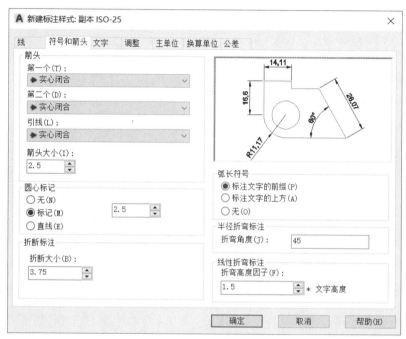

图 8-5 "符号和箭头"选项卡

（1）"箭头"选项组。

① "第一个"、"第二个"和"引线"下拉列表：分别用于设置第一个尺寸箭头、第二个尺寸箭头和引线的尺寸箭头的类型。

② "箭头大小"数值框：用于设置尺寸箭头的大小。

（2）"圆心标记"选项组：用于设置圆心标记和中心线的外观。当选择"标记"或"直线"标记时，右侧数值框进入可编辑状态，可以微调标记的尺寸。

（3）"折断标注"选项组：用于设置折断标注的大小。

（4）"弧长符号"选项组：包括"标注文字的前缀"、"标注文字的上方"和"无"3个选项，用于设置是否显示弧长符号，确定弧长符号在尺寸线上的位置。

（5）"半径折弯标注"选项组：用于设置折弯标注中尺寸线的折弯角度。

（6）"线性折弯标注"选项组："折弯高度因子"数值框用于控制折弯标注中两顶点之间的距离。

【"文字"选项卡】用于设置标注文字的样式、颜色、高度和填充颜色，以及格式、位置和对齐方式，如图 8-6 所示。

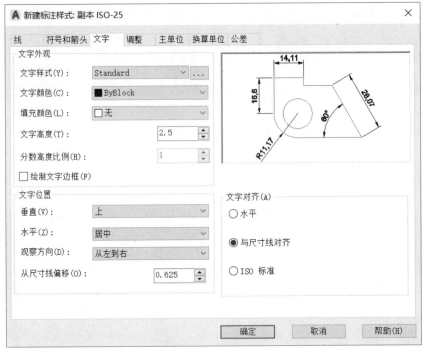

图 8-6 "文字"选项卡

（1）"文字外观"选项组。

① "文字高度"数值框：用于调整标注文字的高度。

② "分数高度比例"数值框：仅当在"主单位"选项卡中选择"分数"作为单位格式时，该文本框才进入可编辑状态。

③ "绘制文字边框"复选框：可在标注文字周围绘制边框。

（2）"文字位置"选项组：包括"垂直"、"水平"、"观察方向"和"从尺寸线偏移"4个选项，其中，"观察方向"用于控制文字的阅读方式是从左向右还是从右向左。

① "垂直"和"水平"下拉列表：分别用于设置标注文字相对于尺寸线的垂直位置和水平位置。

② "从尺寸线偏移"数值框：用于设置标注文字与尺寸线的距离。

（3）"文字对齐"选项组：包括三种文字对齐方式，分别是"水平"、"与尺寸线对齐"和"ISO 标准"，可在"预览区"预览每种对齐方式的效果。

【"调整"选项卡】用于设置标注文字、箭头、引线和尺寸线的位置，如图 8-7 所示。

（1）"调整选项"选项组：用于控制尺寸界线之间可用空间的文字和箭头的位置（最佳效果）。

（2）"文字位置"选项组：用于设置文字不在默认位置上时文字的位置，包括"尺寸线旁边"、"尺寸线上方，带引线"和"尺寸线上方，不带引线"。

（3）"标注特征比例"选项组：用于设置全局标注比例或布局空间比例。

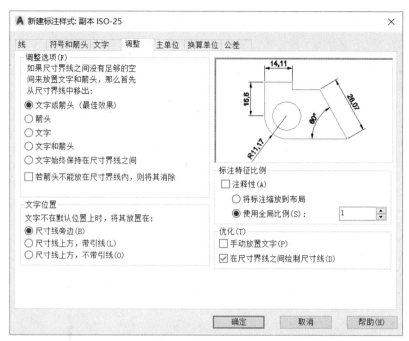

图 8-7 "调整"选项卡

【"主单位"选项卡】用于设置标注的单位格式和精度,如图 8-8 所示。

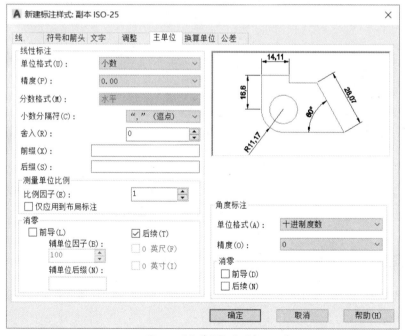

图 8-8 "主单位"选项卡

(1)"线性标注"选项组:包括"单位格式""精度""分数格式""小数分隔符"等选项,其中,"单位格式"包括"科学""小数""建筑""工程"等选项。

(2)"测量单位比例"选项组:用于控制标注时测量的实际尺寸与标注值之间的比例。

（3）"角度标注"选项组：用于设置角度标注的"单位格式"和"精度"。"单位格式"包括"十进制度数"、"度/分/秒"、"百分度"和"弧度"。

【"公差"选项卡】用于控制标注文字中公差的格式和对齐方式等，如图8-9所示。

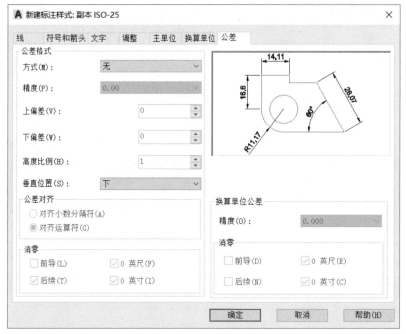

图 8-9 "公差"选项卡

（1）"公差格式"选项组：用于控制公差的格式，其中，"方式"包括"无"、"对称"、"极限偏差"、"极限尺寸"和"基本尺寸"5个选项。

（2）"公差对齐"选项组：用于设置上、下偏差的对齐方式。

（3）"换算单位公差"选项组：用于设置换算单位的格式，默认情况下换算单位的精度为0.0000。

（4）"消零"选项组：用于控制是否输出前导零和后续零。

【"换算单位"选项卡】用于指定标注测量值中换算单位的显示格式，设置标注文字的格式和精度。只有在勾选"显示换算单位"复选框时，该选项卡才进入可编辑状态。

8.3 长度型尺寸标注

一般地，尺寸标注由尺寸线、尺寸界线、尺寸起止符和标注文字四部分组成。这四部分通常以"块"的形式组成一个标注整体。

8.3.1 线性标注

线性标注是指在图形中标注两点之间的水平、垂直或具有一定旋转角度的尺寸，该类标注是在进行图纸标注时应用十分频繁的标注方法之一。在AutoCAD 2020中，用户可以通过下列4种方式启用"线性标注"命令。

- 单击"默认"选项卡 → "注释"面板 → "线性"按钮。
- 单击"注释"选项卡 → "标注"面板 → "线性"按钮。
- 选择菜单栏中的"标注" → "线性"命令。
- 在命令行中输入"DIMLINEAR"命令，按回车键。

☺ 练习：线性标注

（1）打开练习文件"8-2 线性标注"，如图 8-10 所示，参照图 8-11 对其进行标注。

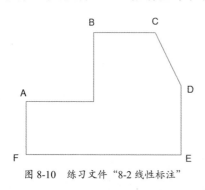 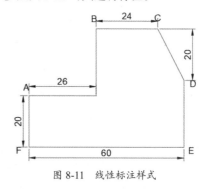

图 8-10　练习文件"8-2 线性标注"　　　　图 8-11　线性标注样式

（2）单击"默认"选项卡 → "注释"面板 → "线性"按钮，根据命令行提示操作如下。

```
命令：_DIMLINEAR
指定第一条尺寸界线原点或<选择对象>：（拾取图 8-10 中的 A 点）
指定第二条尺寸界线原点：（拾取图 8-10 中与 B 点垂直对应的点）
指定尺寸线位置或[多行文字(M)/文字(T)/角度(A)/水平(H)/垂直(V)/旋转(R)]：（向上拉出尺寸线，将尺寸线放置在合适高度上）
```

（3）参照步骤（2），再次启用"线性标注"命令，根据命令行提示操作如下。

```
命令：_DIMLINEAR
指定第一条尺寸界线原点或<选择对象>：（拾取图 8-10 中的 B 点）
指定第二条尺寸界线原点：（拾取图 8-10 中的 C 点）
指定尺寸线位置或[多行文字(M)/文字(T)/角度(A)/水平(H)/垂直(V)/旋转(R)]：（向上拉出尺寸线，将尺寸线放置在合适高度上）
```

（4）参照步骤（2），再次启用"线性标注"命令，根据命令行提示操作如下。

```
命令：_DIMLINEAR
指定第一条尺寸界线原点或<选择对象>：（拾取图 8-10 中的 C 点）
指定第二条尺寸界线原点：（拾取图 8-10 中的 D 点）
指定尺寸线位置或[多行文字(M)/文字(T)/角度(A)/水平(H)/垂直(V)/旋转(R)]：（向右拉出尺寸线，将尺寸线放置在合适高度上）
```

（5）参照步骤（2），再次启用"线性标注"命令，根据命令行提示操作如下。

```
命令：_DIMLINEAR
指定第一条尺寸界线原点或<选择对象>：（拾取图 8-10 中的 E 点）
```

指定第二条尺寸界线原点：（拾取图 8-10 中的 F 点）
指定尺寸线位置或[多行文字(M)/文字(T)/角度(A)/水平(H)/垂直(V)/旋转(R)]：（向下拉出尺寸线，将尺寸线放置在合适高度上）

8.3.2 对齐标注

对齐标注是指创建与尺寸界线的原点对齐的线性标注。用户可以通过下列 4 种方式启用"对齐标注"命令。

- 单击"默认"选项卡 → "注释"面板 → "对齐"按钮 。
- 单击"注释"选项卡 → "标注"面板 → "对齐"按钮 。
- 选择菜单栏中的"标注" → "对齐"命令。
- 在命令行中输入"DIMALIGNED"命令，并按回车键。

对齐标注的使用方法与线性标注基本相同，使用该命令可以标注斜线的尺寸，如图 8-12 所示。

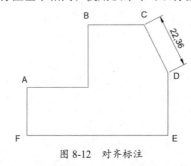

图 8-12 对齐标注

8.4 半径、直径和圆心标注

8.4.1 半径标注

半径标注用于标注圆或圆弧的半径，在标注尺寸之前系统会默认添加半径符号 R，如图 8-13 所示。用户可以通过下列 4 种方式启用"半径标注"命令。

- 单击"默认"选项卡 → "注释"面板 → "半径"按钮 。
- 单击"注释"选项卡 → "标注"面板 → "半径"按钮 。
- 选择菜单栏中的"标注" → "半径"命令。
- 在命令行中输入"DIMRADIUS"命令，并按回车键。

8.4.2 直径标注

直径标注用于标注圆或圆弧的直径，在标注尺寸之前系统会默认添加直径符号 ϕ，如图 8-13 所示。用户可以通过下列 4 种方式启用"直径标注"命令。

- 单击"默认"选项卡 → "注释"面板 → "直径"按钮 。
- 单击"注释"选项卡 → "标注"面板 → "直径"按钮 。

- 选择菜单栏中的"标注"→"直径"命令。
- 在命令行中输入"DIMDIAMETER"命令,并按回车键。

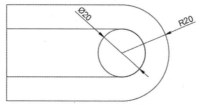

图 8-13 半径、直径标注

☺ 练习:半径、直径标注

(1)打开练习文件"8-3 半径、直径标注",如图 8-14 所示,参照图 8-15 对其进行标注。

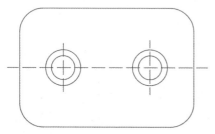
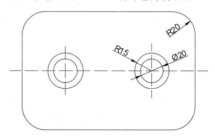

图 8-14 练习文件"8-3 半径、直径标注"　　图 8-15 半径、直径标注样式

(2)单击"默认"选项卡 →"注释"面板 →"半径"按钮,根据命令行提示操作如下。

```
命令:_DIMRADIUS
选择圆弧或圆:(单击图 8-14 中右侧同心圆的外圆)
标注文字=15
指定尺寸线位置或[多行文字(M)/文字(T)/角度(A)]:(拉出尺寸线,自定义尺寸线的位置)
```

(3)参照步骤(2),再次启用"半径标注"命令,根据命令行提示操作如下。

```
命令:_DIMRADIUS
选择圆弧或圆:(单击图 8-14 中右上角的圆弧)
标注文字=20
指定尺寸线位置或[多行文字(M)/文字(T)/角度(A)]:(拉出尺寸线,自定义尺寸线的位置)
```

(4)单击"默认"选项卡 →"注释"面板 →"直径"按钮,根据命令行提示操作如下。

```
命令:_DIMDIAMETER
选择圆弧或圆:(单击图 8-14 中右侧同心圆的小圆)
标注文字=20
指定尺寸线位置或[多行文字(M)/文字(T)/角度(A)]:(拉出尺寸线,自定义尺寸线的位置)
```

本例中还有其他的圆和圆弧未标注,用户可以自己尝试对图形中其他的圆或圆弧的半径、直径进行标注。

8.4.3 圆心标注

圆心标注用于标注圆或圆弧的圆心，如图 8-16 所示。

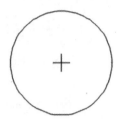

图 8-16 圆心标注

用户可以通过下列 2 种方式启用"圆心标注"命令。

- 选择菜单栏中的"标注"→"圆心"命令。
- 在命令行中输入"DIMCENTER"命令，并按回车键。

在启用"圆心标注"命令后，用户根据命令行提示，选择圆或圆弧，可标注该圆或圆弧的圆心。

用户在启用"圆心标注"命令之前，应先设置好"点样式"，可以通过单击"默认"选项卡 →"实用工具"面板 →"点样式"按钮来进行设置。

用户可以自定义圆心标注的外观，可以通过"新建标注样式"对话框的"符号和箭头"选项卡中的"圆心标记"选项组进行设置。

8.4.4 角度标注

角度标注用于标注两条非平行直线、圆、圆弧或者不共线的三点之间的角度，在标注尺寸之前系统会默认添加角度符号"°"，角度标注的尺寸线是一段圆弧，如图 8-17 所示。

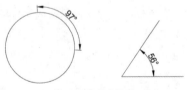

图 8-17 角度标注

在 AutoCAD 2020 中，用户可以通过下列 4 种方式启用"角度标注"命令。

- 单击"默认"选项卡 →"注释"面板 →"角度"按钮。
- 单击"注释"选项卡 →"标注"面板 →"角度"按钮。
- 选择菜单栏中的"标注"→"角度"命令。
- 在命令行中输入"DIMANGULAR"命令，并按回车键。

☺ 练习：角度标注

（1）打开练习文件"8-3 角度标注"，如图 8-18 所示，参照图 8-19 对其进行标注。

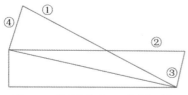
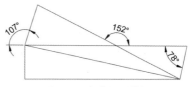

图 8-18　练习文件"8-3 角度标注"　　　　图 8-19　角度标注样式

（2）单击"默认"选项卡 → "注释"面板 → "角度"按钮，根据命令行提示操作如下。

命令：_DIMANGULAR
选择圆弧、圆直线或<指定顶点>：（单击图 8-18 中的直线段①）
选择第二条直线：（单击图 8-18 中的直线段②，向右上角拉出尺寸线）
标注文字=152

（3）参照步骤（2），再次启用"角度标注"命令，根据命令行提示操作如下。

命令：_DIMANGULAR
选择圆弧、圆直线或<指定顶点>：（单击图 8-18 中的直线段②）
选择第二条直线：（单击图 8-18 中的直线段③，向左下角拉出尺寸线）
标注文字=78

（4）参照步骤（2），再次启用"角度标注"命令，根据命令行提示操作如下。

命令：_DIMANGULAR
选择圆弧、圆直线或<指定顶点>：（单击图 8-18 中的直线段④）
选择第二条直线：（单击图 8-18 中的直线段②，向左拉出尺寸线，放置在合适的位置）
标注文字=107

8.5　其他标注类型

"标注"命令是 AutoCAD 2020 非常强大的功能，将光标悬停在标注对象上，"标注"命令会自动显示合适的标注类型。本节主要讲解基线标注、连续标注、多重引线标注和快速标注的标注方法。

8.5.1　基线标注和连续标注

基线标注和连续标注的实质是线性标注、坐标标注和角度标注的延续。

使用基线标注和连续标注的前提是，用户需要先指定一个已完成的标注作为标注的基准，这个标注可以是线性标注、坐标标注或角度标注。

1）基线标注

用户可以通过下列 3 种方式启用"基线标注"命令。

- 单击"注释"选项卡 → "标注"面板 → "连续"下拉列表 → "基线"按钮。
- 在命令行中输入"DIMBASELINE"命令，并按回车键。
- 选择菜单栏中的"标注"→ "基线"命令。

☺ 练习：基线标注

（1）打开练习文件"8-5 基线标注"，如图 8-20 所示。

（2）单击"注释"选项卡 → "标注"面板 → "线性"按钮，启用"线性标注"命令，根据命令行提示操作如下。

```
命令：_DIMLINEAR
指定第一条尺寸界线原点或<选择对象>：(拾取图 8-20 中的 A 点)
指定第二条尺寸界线原点：(拾取图 8-20 中的 B 点)
指定尺寸线位置或[多行文字(M)/文字(T)/角度(A)/水平(H)/垂直(V)/旋转(R)]：(向下拉出尺寸线，将尺寸线放置在合适高度上)
标注文字=23
```

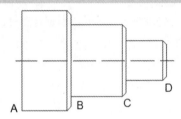

图 8-20　练习文件"8-5 基线标注"

（3）单击"注释"选项卡 → "标注"面板 → "连续"下拉列表 → "基线"按钮，启用"基线标注"命令。系统自动将步骤（2）中创建的线性标注作为标注的基准，根据命令行提示操作如下。

```
命令：_DIMBASELINE
指定第二条尺寸界线原点或[放弃(U)/选择(S)]<选择>：(拾取图 8-20 中的 C 点)
标注文字=52
指定第二条尺寸界线原点或[放弃(U)/选择(S)]<选择>：(拾取图 8-20 中的 D 点)
标注文字=73
选择基准标注：(按回车键结束命令)
```

基线标注结果如图 8-21 所示。

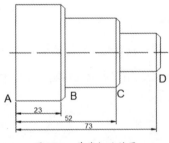

图 8-21　基线标注结果

如果刚执行完一个线性标注，那么启用"基线标注"或"连续标注"命令后，系统会自动以上一步执行的线性标注作为标注的基准。

用户可以通过"新建标注样式"对话框的"线"选项卡中的"基线间距"设置基线标注的尺寸线之间的默认距离。

2）连续标注

连续标注用于在上一个标注基础上自动创建线性标注、角度标注或坐标标注，形成一系列的连续尺寸。用户可以通过下列 3 种方式启用"连续标注"命令。

- 单击"注释"选项卡 → "标注"面板 → "连续"下拉列表 → "连续"按钮 。
- 在命令行中输入"DIMCONTINUE"命令，并按回车键。
- 选择菜单栏中的"标注" → "连续"命令。

☺ 练习：连续标注

（1）打开练习文件"8-5 连续标注"，如图 8-22 所示。

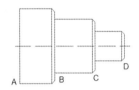

图 8-22 练习文件"8-5 连续标注"

（2）单击"注释"选项卡 → "标注"面板 → "线性"按钮，启用"线性标注"命令，根据命令行提示操作如下。

```
命令：_DIMLINEAR
指定第一条尺寸界线原点或<选择对象>：（拾取图 8-22 中的 A 点）
指定第二条尺寸界线原点：（拾取图 8-22 中的 B 点）
指定尺寸线位置或[多行文字(M)/文字(T)/角度(A)/水平(H)/垂直(V)/旋转(R)]：（向下拉出尺寸线，将尺寸线放置在合适高度上）
标注文字=23
```

（3）单击"注释"选项卡 → "标注"面板 → "连续"下拉列表 → "连续"按钮，启用"连续标注"命令，根据命令行提示操作如下。

```
命令：_DIMCONTINUE
指定第二条尺寸界线原点或[放弃(U)/选择(S)]<选择>：（拾取图 8-22 中的 C 点）
标注文字=28.54
指定第二条尺寸界线原点或[放弃(U)/选择(S)]<选择>：（拾取图 8-22 中的 D 点）
标注文字=20.68
选择连续标注：（按回车键结束命令）
```

连续标注结果如图 8-23 所示。

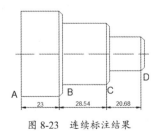

图 8-23 连续标注结果

基线标注与连续标注的区别在于，基线标注是指标注从同一基准引出的一系列尺寸；连续标注是指标注首尾相连的一系列连续尺寸。

8.5.2 多重引线标注

多重引线标注用于标注倒角、文字注释和装配图编号等。多重引线标注包括箭头、水平基线、引线或曲线，以及多行文字对象或块。

单击"默认"选项卡 → "注释"面板 → "多重引线"按钮 ，可以启用"多重引线标注"命令。

☺ 练习：多重引线标注

（1）打开练习文件"8-5 多重引线标注"，如图 8-24 所示。

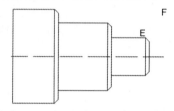

图 8-24　练习文件"8-5 多重引线标注"

（2）单击"注释"选项卡 → "引线"面板 → "多重引线"按钮，根据命令行提示操作如下。

```
命令：_MLEADER
指定引线箭头的位置或[引线基线优先(L)/内容优先(C)/选项(O)]<选项>：（在"对象捕捉"模式打开的情况下，捕捉图 8-24 中的 E 点）
指定引线基线的位置：（捕捉∠45°的位置，拾取图 8-24 中的 F 点）
```

功能区弹出"文字编辑器"选项卡，在绘图区出现的文本框中输入"C2"，单击"确定"按钮完成标注。

多重引线标注结果如图 8-25 所示。

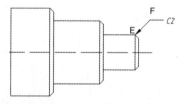

图 8-25　多重引线标注结果

用户可以在"多重引线样式管理器"对话框中新建、修改或删除多重引线的样式。用户可以通过下列 4 种方式启用"多重引线标注"命令。

- 单击"默认"选项卡 → "注释"面板 → "多重引线"按钮 。
- 单击"注释"选项卡 → "引线"面板 → "对话框启动器"按钮 。
- 选择菜单栏中的"格式" → "多重引线样式"命令。
- 在命令行中输入"MLEADERSTYLE"命令，并按回车键。

当启用"多重引线标注"命令后，将弹出如图 8-26 所示的"多重引线样式管理器"对话框。

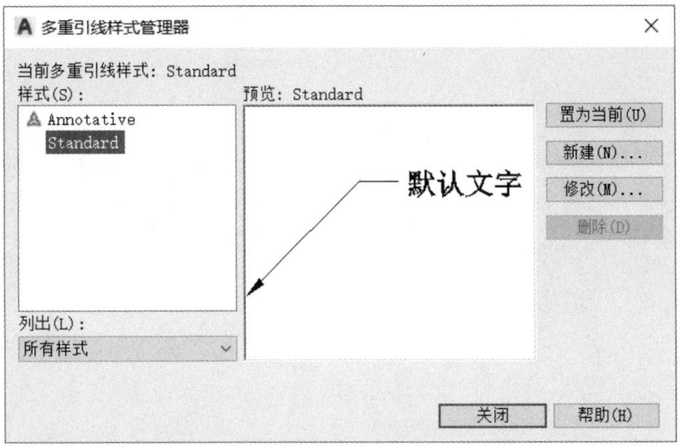

图 8-26 "多重引线样式管理器"对话框

☺ **练习：设置多重引线标注样式**

打开练习文件"8-5 多重引线标注"。在上一个练习中，已经为其设置了引线，在本练习中，将对已设置好的引线进行修改。

（1）单击"默认"选项卡 →"注释"面板 →"多重引线"按钮，弹出"多重引线样式管理器"对话框，如图 8-26 所示，在"样式"列表框中，已包含名为"Standard"的多重引线样式。

（2）单击"新建"按钮，弹出"创建新多重引线样式"对话框，将样式名修改为"阶梯轴倒角"，单击"继续"按钮，弹出"修改多重引线样式：阶梯轴倒角"对话框，如图 8-27 所示，该对话框中包含"引线格式"、"引线结构"和"内容"3 个选项卡，"引线格式"选项卡用于设置线型、线宽、箭头的符号、箭头的大小和引线打断的大小等。

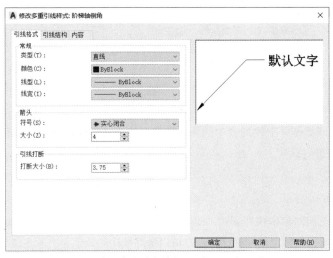

图 8-27 "修改多重引线样式：阶梯轴倒角"对话框

（3）选择"引线格式"选项卡，将"箭头"选项组中的"符号"设置为"无"，如图 8-28（a）所示。

（4）选择"引线结构"选项卡，勾选"第一段角度"复选框，将角度设置为45°，如图8-28（b）所示。

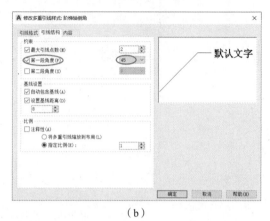

（a）　　　　　　　　　　　　　　　　　（b）

图 8-28　修改多重引线样式

（5）选择"内容"选项卡，将"文字选项"选项组中的"文字高度"设置为"4"；将"引线连接"选项组中的"连接位置-左"和"连接位置-右"都设置为"最后一行加下画线"①，如图8-29所示。

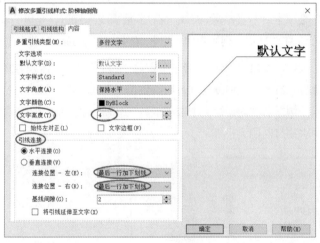

图 8-29　修改多重引线样式

（6）将"多重引线类型"下拉列表中的当前样式更改为"阶梯轴倒角"，删除已标注的引线，对图8-24中的图形重新进行标注。

8.5.3　快速标注

快速标注用于从选定对象中快速创建一组标注。在创建系列基线标注或连续标注时，或者为一系列圆或圆弧创建标注时，使用"快速标注"命令可以提高标注的效率。

用户可以通过下列3种方式启用"快速标注"命令。

---

① 图8-29中"下划线"的正确写法应为"下画线"。

- 单击"注释"选项卡 → "标注"面板 → "快速标注"按钮 。
- 选择菜单栏中的"标注"→"快速标注"命令。
- 在命令行中输入"QDIM"命令,并按回车键。

☺ 练习:快速标注

(1)打开练习文件"8-5 快速标注",如图 8-30 所示。

图 8-30　练习文件"8-5 快速标注"

(2)单击"注释"选项卡 → "标注"面板 → "快速标注"按钮,启用"快速标注"命令,根据命令行提示操作如下。

```
命令:_QDIM
关联标注优先级=端点
选择要标注的几何图形:(使用鼠标框选图形下半部分的全部直线段,如图 8-31(a)所示)
选择要标注的几何图形:(按回车键确认)
指定尺寸线位置或[连续(C)/并列(S)/基线(B)/坐标(O)/半径(R)/直径(D)/基准点(P)/编辑(E)/设置(T)]<连续>:(输入"C",向下拉出尺寸线,将尺寸线放置在合适的位置)
```

完成快速标注的图形如图 8-31(b)所示。

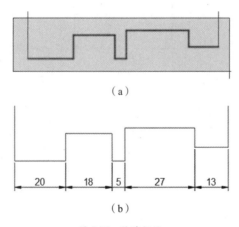

图 8-31　快速标注

8.6　标注的编辑与修改

8.6.1　利用标注的关联性进行编辑

在默认情况下,标注尺寸与标注对象之间具有一定的关联性,如果修改标注对象,则标注尺寸会随之自动更新。

在命令行中输入快捷键"DDA",选取已经标注好的尺寸,即可取消关联。或者用户可以通过单击菜单栏中"工具"→"选项"命令,打开"选项"对话框,在"用户系统配置"选项卡中,取消勾选"使新标注可关联"复选框,如图8-32所示,这样用户在标注尺寸时就不会出现自动关联的问题了。

图8-32 取消自动关联

☺ 练习:标注的关联性

(1)打开练习文件"8-6 利用关联性修改标注",如图8-33所示,对其右侧长度为45的轴进行编辑,将它的长度更改为55,标注尺寸会随着轴的尺寸更改而自动更新。

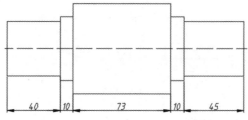

图8-33 练习文件"8-6 利用关联性修改标注"

(2)单击"默认"选项卡 → "修改"面板 → "拉伸"按钮 ,启用"拉伸"命令,根据命令行提示操作如下。

```
命令:_STRETCH
以交叉窗口或交叉多边形的方式选择要拉伸的对象
选择对象:(从右向左框选要拉伸的对象,如图8-34(a)所示)
指定对角点:找到5个
选择对象:(按回车键确认)
指定基点或[位移(D)]<位移>:(拾取轴的右下角端点作为基点)
指定第二个点或<使用第一个点作为位移>:(鼠标保持在水平向右的情况下,输入"10",如图8-34(b)所示)
```

第 8 章 尺寸标注

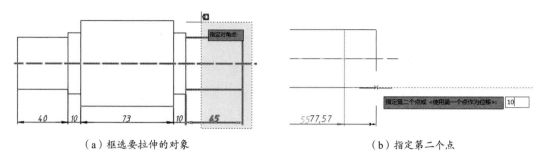

（a）框选要拉伸的对象　　　　　　　　（b）指定第二个点

图 8-34　选择拉伸对象并指定第二个点

完成拉伸后，轴的长度发生变化，同时标注尺寸也随之更新，如图 8-35 所示。

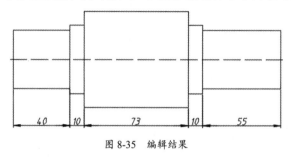

图 8-35　编辑结果

8.6.2　编辑标注文字和标注尺寸

用户可以通过"文字编辑器"对已标注好的文字内容进行修改和编辑，比如增加直径符号等。

编辑标注文字的方法：用户可以直接在需要编辑的标注文字上双击，或者在命令行中输入"DDEDIT"命令，按回车键。

☺ 练习：编辑标注文字

（1）打开练习文件"8-6 利用关联性修改标注"，如图 8-36 所示。

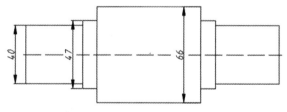

图 8-36　练习文件"8-6 利用关联性修改标注"

（2）在本例中，轴的直径是用线性标注完成的，所以，用户需要在其标注文字前加入直径符号。双击完成标注的文字"40"，打开"文字编辑器"。

（3）不要改动"文字编辑器"中的标注文字，在标注文字前面输入直径符号控制码"%%c"，或在"插入"面板的"符号"下拉列表框中选择直径符号。

（4）按照上述方法为 47、66 标注文字添加直径符号，修改后的结果如图 8-37 所示。

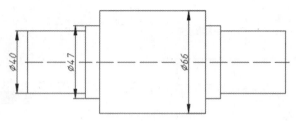

图 8-37 修改完成的直径标注

用户可以通过使用"编辑标注"命令对标注文字的角度、尺寸界线的倾斜角度、标注文字的对齐方式进行修改。

AutoCAD 2020 为用户提供了两种编辑标注尺寸的方法：①单击"注释"选项卡 → "标注"面板 → 编辑标注尺寸选项组　　　　　；②在命令行中输入"DIMEDIT"命令，并按回车键。

☺ 练习：编辑标注尺寸

（1）打开练习文件"8-6 利用关联性修改标注"，修改文件中已标注的尺寸。

（2）单击"注释"选项卡 → "标注"面板 → "左对齐"按钮　　，根据命令行提示操作如下。

```
命令：_DIMEDIT
选择标注：（单击图 8-36 中直径为 47 的标注文字）
为标注文字指定新位置或[左对齐(L)/右对齐(R)/居中(C)/默认(H)/角度(A)]：_l
```

（3）单击"注释"选项卡 → "标注"面板 → "倾斜"按钮　　，根据命令行提示操作如下。

```
命令：_DIMEDIT
输入标注编辑类型[默认(H)/新建(N)/旋转(R)/倾斜(O)]<默认>：_o
选择对象：找到 1 个
选择对象（单击图 8-36 中直径为 66 的标注文字，按回车键确认）
```

编辑结果如图 8-38 所示。

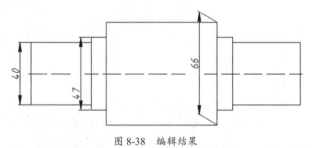

图 8-38 编辑结果

8.6.3 通过其他方式修改标注特性

"特性"选项板为用户提供了批量修改标注特性的方法。用户可以选择任意一个完成的标注，单击鼠标右键，在弹出的快捷菜单中选择"特性"命令，在弹出的"特性"选项板中修改标注特性，如图 8-39 所示。

除了通过"特性"选项板，用户还可以通过选择"标注样式"命令，在弹出的"标注样式管理器"

中更改标注特性，或者通过标注文字的夹点进行修改，用户只需将鼠标指针放在标注文字的夹点上，该夹点的颜色由蓝色变为红色，并弹出快捷菜单，通过选择该快捷菜单中的相应命令可以对标注文字进行修改，如图 8-40 所示。

图 8-39 "特性"选项板

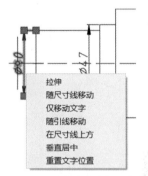

图 8-40 通过夹点修改标注文字

8.7 思考与练习

1. 引线标注中点的数量最多可以设置几个？

2. 对于已经标注好的尺寸，是否可以修改标注文字的角度？如果可以，请说明操作步骤。

3. 如果要通过"基线标注"的方式标注尺寸，是否需要选择基准标注？

4. 如果要将绘图比例为 5∶1 的图形标注为实际尺寸，则应该将比例因子修改为多少？该比例因子在哪个选项卡中进行修改？

5. 基线标注和连续标注的区别是什么？

6. 绘制如图 8-41 所示的图形，并按要求对其进行尺寸标注。

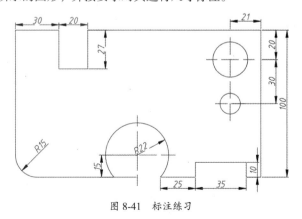

图 8-41 标注练习

尺寸标注的设置要求如下。

（1）创建名为"标注文字"的文字样式，设置"SHX 字体"为"gbeitc.shx"，勾选"使用大字体"复选框，设置"大字体"为"gbcbig.shx"，将其"置为当前"，设置完成后，单击"应用"按钮，并单击"关闭"按钮。

（2）在"标注样式管理器"对话框中，创建名为"绘图练习"的标注样式，在"新建标注样式"对话框的"符号和箭头"选项卡中，将"第一个"、"第二个"和"引线"都设置为"实心闭合"，"箭头大小"设置为"5"；在"文字"选项卡中，将"文字样式"设置为"标注文字"，"文字高度"设置为"5.5"，在"文字位置"选项组中，将"垂直"设置为"上"，"水平"设置为"居中"，"观察方向"设置为"从左到右"，"从尺寸线偏移"设置为"0.625"；其他选项无须修改，按系统默认设置即可。

第 9 章

图形的输出

本章主要内容

- 模型空间与布局空间；
- 创建和管理布局；
- 平铺视口和浮动视口；
- 电子打印与发布。

本章主要讲解模型空间和布局空间的概念，设置和打印不同类型的设计图。

9.1 模型空间与布局空间

AutoCAD 2020 包含模型空间和图纸空间两个工作空间，图纸空间又称为布局空间。AutoCAD 2020 启动后，默认处于模型空间。模型空间按照 1∶1 比例进行设计绘图；布局空间用于规划视图的位置和大小，将不同比例的视图安排在一张图纸上，给图纸添加边框和文字注释等内容，布局空间一般用于图形的输出。

用户可以通过"模型"选项卡、"布局"选项卡，以及状态栏的"模型或图纸空间"按钮和"快速查看布局"按钮切换不同的工作环境、"模型"选项卡如图 9-1 所示。模型空间与布局空间的坐标系图标如图 9-2 所示。单击状态栏的"模型或图纸空间"按钮，切换到布局空间；单击"快速查看布局"按钮，显示模型空间和布局空间的缩略图，单击模型空间缩略图，切换到模型空间。

图 9-1 "模型"选项卡

图 9-2 模型空间与布局空间的坐标系图标

在一个图形文件中，模型空间只有一个，而布局空间可以设置多个。用户可以通过多张图纸布局，多侧面地反映同一个实体或图形对象，或者将不同的图形放置在不同的布局上。当 AutoCAD 2020 启动后，默认处于模型空间，绘图窗口下的"模型"选项卡处于激活状态。

9.2 创建和管理布局

布局相当于布局空间环境，一个布局就是一张图纸。布局中显示的是图纸的真实尺寸，在布局中可以创建视口、生成图框和标题栏，并提供打印页面设置功能。利用布局可以创建多个视口来显示不同的视图。

9.2.1 创建布局

布局空间在 AutoCAD 2020 中以布局的形式表现出来，想要通过布局输出图形，首先要创建布局，然后在布局中打印出图。在 AutoCAD 2020 中，有下列 4 种创建布局的方式。

- 使用"布局向导"命令创建新布局。
- 使用"从样板"命令插入基于现有布局样板的新布局。
- 使用"布局"选项卡创建一个新布局。
- 从设计中心已有的图形文件中把已创建好的布局拖入当前图形文件中。

"布局"选项卡中各个选项的作用如下。

【新建布局】用于新建一个布局，但不进行任何设置。在默认情况下，每个模型空间允许创建 255 个布局。

【来自样板的布局】用于将图形样板中的布局插入图形中。选择该选项后，将弹出"选择样板"对话框，如图 9-3 所示。在该对话框中选择要导入的布局样板文件后，单击"打开"按钮，在弹出的"插入布局"对话框中，选择需要插入的布局，单击"确定"按钮将布局插入图形中。

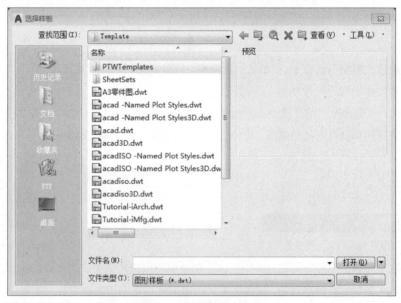

图 9-3 "选择样板"对话框

【创建布局向导】用于引导用户创建布局。在 AutoCAD 2020 中，用户可以通过选择"插入"选项卡 → "布局"面板 → "创建布局向导"选项或在命令行中输入"LAYOUTWIZARD"命令，启用该命令。

☺ **练习：使用"布局向导"命令创建新布局**

（1）打开练习文件"9-2 创建新布局"。

（2）将 A0、A1、A3、A4 样板文件存入 Template 文件夹中。查找 Template 文件夹所在位置的方式：单击"新建"按钮 ，打开"选择样板"对话框，在"查找范围"下拉列表中，查看 Template 文件夹的位置，将样板文件存入该文件夹下。

（3）选择"插入"选项卡 → "布局"面板 → "创建布局向导"选项。

（4）在"创建布局-开始"对话框的"输入新布局的名称"文本框中输入"零件图1"，如图9-4所示。

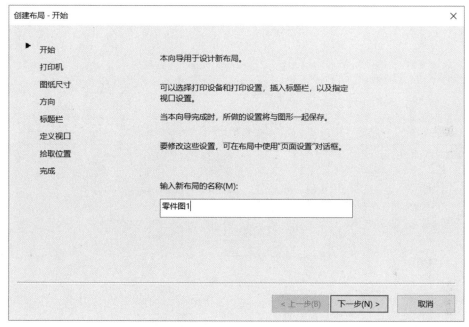

图 9-4 "创建布局-开始"对话框

（5）单击"下一步"按钮，弹出"创建布局-打印机"对话框，如图 9-5 所示，选择电子打印机"DWF6 ePlot.pc3"。

（6）单击"下一步"按钮，弹出"创建布局-图纸尺寸"对话框，如图 9-6 所示，选择图形所用的单位为"毫米"，选择布局使用的图纸尺寸为"ISO full bleed A4（210.00×297.00 毫米）"。

（7）单击"下一步"按钮，弹出"创建布局-方向"对话框，如图 9-7 所示，选择"纵向"选项。

（8）单击"下一步"按钮，弹出"创建布局-标题栏"对话框，如图 9-8 所示，选择图纸的边框和标题栏的样式为"GB A4 title block.dwg"，在"类型"选项组中，选择"块"选项。

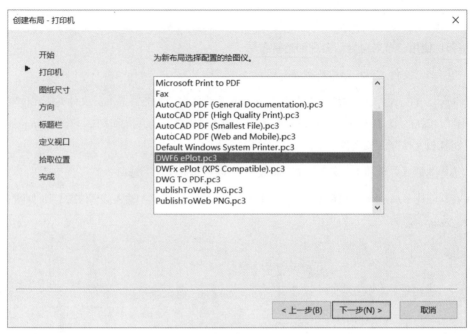

图 9-5 "创建布局-打印机"对话框

图 9-6 "创建布局-图纸尺寸"对话框

（9）单击"下一步"按钮，弹出"创建布局-定义视口"对话框，如图 9-9 所示，在"视口设置"选项组中，选择"单个"选项，将"视口比例"设置为"按图纸空间缩放"。

（10）单击"下一步"按钮，弹出"创建布局-拾取位置"对话框，如图 9-10 所示，单击"选择位置"按钮，切换到绘图区，通过指定对角线的方式拾取放置窗口的大小和位置。

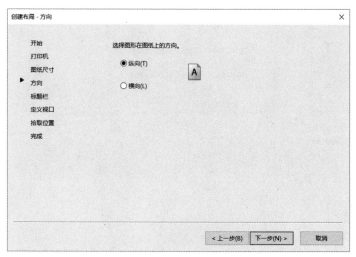

图 9-7 "创建布局-方向"对话框

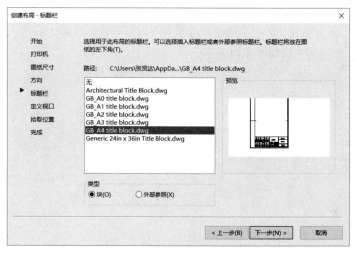

图 9-8 "创建布局-标题栏"对话框

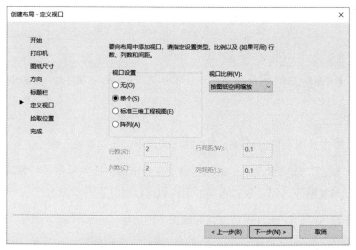

图 9-9 "创建布局-定义视口"对话框

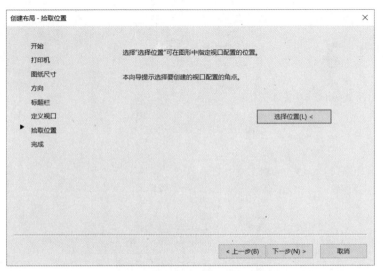

图 9-10 "创建布局-拾取位置"对话框

（11）单击"下一步"按钮，弹出"创建布局-完成"对话框，如图 9-11 所示，单击"完成"按钮，完成新布局的创建。创建的布局如图 9-12 所示。

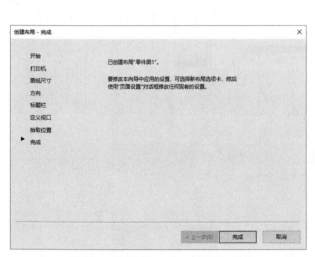

图 9-11 "创建布局-完成"对话框

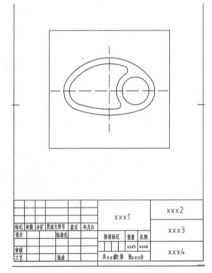

图 9-12 创建的布局

9.2.2 管理布局

在 AutoCAD 2020 中，用户可以通过下列 2 种方式启用"布局管理"命令。

（1）在左下角"模型"选项卡上单击鼠标右键，在弹出的快捷菜单中进行修改，包括新建布局、删除、重命名、移动和复制等，用户双击布局的名称也可以对其进行重命名。

（2）在命令行中输入"LAYOUT"命令，并按回车键启用"布局管理"命令。

在准备打印之前，用户可以通过"页面设置管理器"对话框修改当前布局或图纸的页面设置。用户可以通过下列 5 种方式打开"页面设置管理器"对话框。

- 选择菜单栏中的"文件"→"页面设置管理器"命令。
- 单击"输出"选项卡 → "打印"面板 → "页面设置管理器"按钮。
- 单击"菜单浏览器"下拉按钮 → "打印"→"页面设置管理器"按钮。
- 在"模型"选项卡上单击鼠标右键,在弹出的快捷菜单中选择"页面设置管理器"命令。
- 在命令行中输入"PAGESETUP"命令,并按回车键。

选择"页面设置管理器"命令后,系统弹出"页面设置管理器"对话框,如图 9-13 所示。

单击"新建"按钮,在弹出的"新建页面设置"对话框(见图 9-14)中,将"新页面设置名"更改为"布局 3 设置","基础样式"选择"*布局 3*",单击"确定"按钮,系统弹出"页面设置-布局 3"对话框,该对话框包括"页面设置""图纸尺寸""打印区域""打印比例""打印选项""图形方向"等 10 个选项组,如图 9-15 所示。

图 9-13 "页面设置管理器"对话框

图 9-14 "新建页面设置"对话框

【页面设置】显示当前页面设置的名称和图标。本节是从"布局 3"打开的"页面设置"对话框,所以显示的名称为自定义的"布局 3 设置"。

【打印机/绘图仪】用于指定打印或发布布局,以及图纸时使用的已配置的打印设备。用户可在"名称"下拉列表中选择打印机的名称,单击"特性"按钮,打开"绘图仪配置编辑器"对话框,该对话框包括"常规"、"端口"及"设备和文档设置"3 个选项卡。

【打印区域】用于指定图纸的打印区域。通过"打印范围"下拉列表进行设置,其选项说明如下。

① 布局:选择该选项将打印指定图纸的可打印区域内的所有内容,其原点从布局中(0,0)点计算得出。

图 9-15 "页面设置-布局 3"对话框

② 窗口：指定打印区域的对角点，确定打印范围，仅打印所选区域内的对象。

③ 范围：打印包含图形对象的部分当前空间，当前空间内的全部图形对象都被打印。

④ 显示：打印"模型"选项卡或"布局"选项卡当前视口中的视图。

【打印选项】用于指定打印对象线宽、打印样式和对象的打印次序。

① "打印对象线宽"复选框：设置是否打印指定对象和图层的线宽。

② "使用透明度打印"复选框：仅当打印的对象具有透明度特性时，该复选框才可用。

③ "按样式打印"复选框：设置是否按照对象和图层的打印样式进行打印。

④ "最后打印图纸空间"复选框：勾选该复选框，则先打印模型空间的图形，后打印图纸空间的图形。

⑤ "隐藏图纸空间对象"复选框：此复选框仅在"布局"选项卡中可用，在打印预览中显示隐藏效果。

【打印偏移（原点设置在可打印区域）】指定打印区域相对于"可打印区域"图纸边界的偏移距离。在"X"、"Y"文本框中输入正值或负值，可以偏移图纸上的几何图形，勾选"居中打印"复选框，系统将自动设定 X、Y 值，使图纸位于居中位置。

【图形方向】指定图形在图纸上的打印方向。打印方向可在该选项组右侧预览区中预览，如图 9-16 所示。勾选"上下颠倒打印"复选框，则图纸在"纵向"或"横向"的基础上，上下颠倒地放置并打印图形。

第 9 章 图形的输出

（a）纵向

（b）横向

图 9-16 图形的打印方向

9.3 平铺视口和浮动视口

9.3.1 平铺视口

在模型空间中，平铺视口为用户提供同时观察多个图形的功能，用户可以将绘图区分割成多个矩形视口，并且可以对每个视口进行编辑，不影响其他视口的显示。用户可以通过选择菜单栏中的"视图"→"视口"子菜单，如图 9-17 所示，或者通过选择"视图"选项卡 →"模型视口"面板，或者在命令行中输入"VPORTS"命令并按回车键，创建和管理平铺视口。

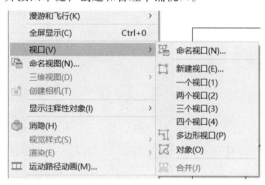

图 9-17 "视口"子菜单

☺ 练习：创建平铺视口

打开练习文件"9-3 创建平铺视口"，按照下述步骤创建平铺视口。

（1）选择菜单栏中的"视图"→"视口"→"新建视口"命令，启用命令并按命令行提示进行操作。

（2）弹出如图 9-18 所示的"视口"对话框，在"标准视口"列表框中，选择"两个：水平"选项，用户可以在"预览"中看到所选择视口的文字说明，选择完成后，单击"确定"按钮，完成平铺视口的创建，如图 9-19 所示。

（3）用户可以对新建的平铺视口进行合并、恢复和重命名。单击"视图"选项卡 →"模型视口"面板 →"合并"按钮，根据命令行提示操作如下。

```
命令：_-VPORTS
输入选项[保存(S)/恢复(R)/删除(D)/合并(J)/单一(SI)?/2/3/4/切换(T)/模式(MO)]<3>：_j
选择主视口<当前视口>：（单击图 9-19 上面的视口，该视口边框呈现蓝色）
选择要合并的视口：（单击图 9-19 下面的视口）
```

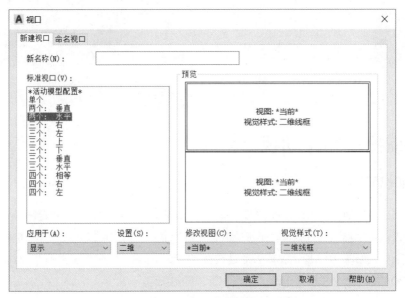

图 9-18 "视口"对话框

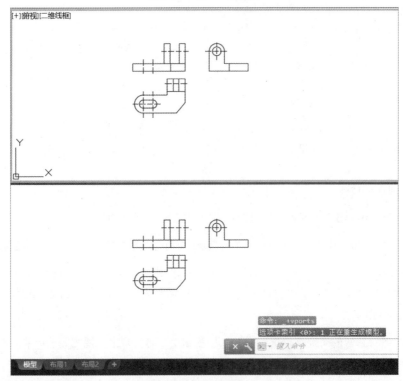

图 9-19 创建平铺视口

完成视口的合并，如图 9-20 所示。

（4）单击"视图"选项卡 → "模型视口"面板 → "恢复"按钮，即可在单视口和上次设置的多视口配置之间进行切换。

第 9 章 图形的输出

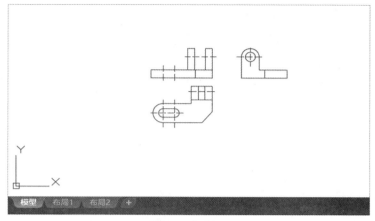

图 9-20 合并视口

9.3.2 浮动视口

在 AutoCAD 2020 中，布局空间的浮动视口不受形状和数量的限制，可以是任意形状、任意数量，也可以放置在任意指定的位置。用户可以根据需要在布局中创建多个新视口，布局中的新视口主要用于显示图形对象的细节部分，以便清晰、详细地描述在模型空间中绘制的图形。

用户可以通过下列 2 种方式启用"创建视口"命令。

- 单击"布局"选项卡 → "布局视口"面板。
- 在命令行中输入"VPORTS"命令，并按回车键。

"布局视口"面板（见图 9-21）包括"矩形"、"插入视图"、"剪裁"和"锁定"4 个选项，"矩形"下拉列表中包括"矩形"、"多边形"和"对象"选项（见图 9-22）。

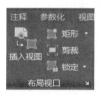 

图 9-21 "布局视口"面板　　图 9-22 "矩形"下拉列表

☺ 练习：创建浮动视口

（1）打开练习文件"9-3 创建浮动视口"。

（2）选择"布局"选项卡 → "布局视口"面板 → "矩形"下拉列表 → "矩形"选项，根据命令行提示操作如下。

```
命令：_-VPORTS
指定视口的角点或[开(ON)/关(OFF)/布满(F)/着色打印(S)/锁定(L)/新建(NE)/命名(NA)/对象(O)/多边形(P)/恢复(R)/图层(LA)/2/3/4]<布满>:
指定视口对角点或指定对角点:
指定对角点:（在布局原视口下方拖出一个适当大小的矩形窗口）
```

完成矩形浮动视口的创建，如图9-23所示。

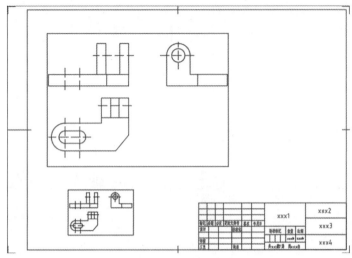

图9-23　创建矩形浮动视口

（3）继续选择"布局"选项卡 → "布局视口"面板 → "矩形"下拉列表 → "矩形"选项，根据命令行提示操作如下。

> 命令：_-VPORTS
> 指定视口的角点或[开(ON)/关(OFF)/布满(F)/着色打印(S)/锁定(L)/新建(NE)/命名(NA)/对象(O)/多边形(P)/恢复(R)/图层(LA)/2/3/4]<布满>：_p
> 指定起点：（在原视口右上角适当位置绘制多边形）
> 指定下一个点或[圆弧(A)/闭合(C)/长度(L)/放弃(U)]：
> ……
> 指定下一个点或[圆弧(A)/闭合(C)/长度(L)/放弃(U)]：（输入"C"，闭合多边形）

完成多边形浮动视口的创建，如图9-24所示。

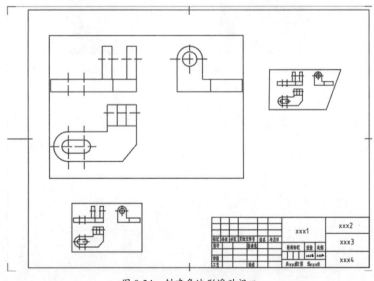

图9-24　创建多边形浮动视口

9.3.3 调整视口的显示比例

上述内容介绍了创建布局、平铺视口和浮动视口的方法,本节主要介绍如何调整视口的显示比例,以便用户通过多个视口来展现多张图纸的不同效果。

调整视口显示比例的方法有下列 3 种。

(1)选择视口边框,选择状态栏右下角的"选定视口比例",在弹出的下拉列表中选择相应的比例。

(2)选择视口边框,单击鼠标右键,在弹出的快捷菜单中选择"特性"命令,在弹出的"特性"选项板的"标准比例"下拉列表中选择合适的比例。

(3)双击视口,选择状态栏右下角的"选定视口比例",在弹出的下拉列表中选择相应的比例。

若选择"自定义"选项,将弹出"编辑图形比例"对话框,如图 9-25 所示。用户可通过该对话框对现有的缩放比例进行编辑,单击"添加"按钮,将弹出"添加比例"对话框,如图 9-26 所示,该对话框包括"比例名称"和"比例特性"两个选项组,在"比例名称"选项组中,可以设置显示在比例列表中的名称,通过该对话框用户可以自定义比例的显示名称;在"比例特性"选项组中包括"图纸单位"和"图形单位"两部分,用户可以自定义图形比例,例如,将"图纸单位"设置为"1",将"图形单位"设置为"1",则生成 1∶1 的图形比例。

图 9-25 "编辑图形比例"对话框

图 9-26 "添加比例"对话框

☺ **练习:调整视口的显示比例**

(1)打开练习文件"9-3 调整视口的显示比例",参照下述步骤调整此布局中视口的比例。

(2)双击大矩形视口,使它处于浮动状态,此时模型空间坐标系出现在该视口的左下角位置,如图 9-27 所示。

(3)选择状态栏右下角的"选定视口比例",在弹出的下拉列表中选择"按图纸缩放"选项,系统自动选择合适的缩放比例显示图形对象。

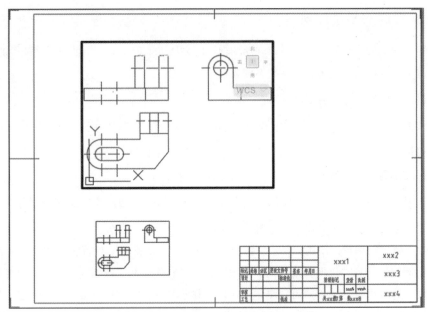

图 9-27 视口处于浮动状态

（4）双击小矩形视口，使其处于浮动状态，此时模型空间坐标系出现在该视口的左下角位置。

（5）选择状态栏右下角的"选定视口比例"，在弹出的下拉列表中选择"1∶1"选项，系统自动选择合适的缩放比例显示图形对象。

（6）在小矩形视口中，按住鼠标滚轮，将需要放大的部分放置在视口中央。

（7）在没有视口的图纸区域双击鼠标，由模型空间切换回布局空间，调整后的视口显示比例如图 9-28 所示。

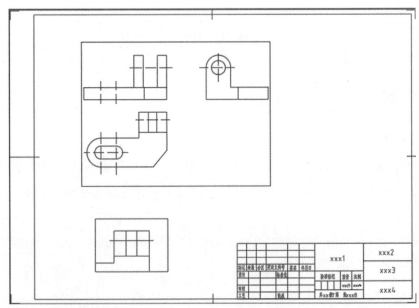

图 9-28 调整后的视口显示比例

9.3.4 视图的尺寸标注

按照制图的国家标准，同一张图纸上尺寸标注的数字大小要一致，并且标注样式要一致。在AutoCAD 2020中，用户可以利用注释性的特性在模型空间中标注尺寸，也可以在布局空间中直接标注尺寸，具体步骤如下。

（1）首先根据图纸的大小和图形的复杂程度，设置符合国家标准的尺寸标注样式。例如，设置箭头的长度、尺寸标注的高度、文字的样式、文字的位置和尺寸界线的线型等。

（2）在"标注样式管理器"对话框 → "调整"选项卡 → "标注特征比例"选项组（见图9-29）中，勾选"注释性"复选框，并选择"将标注缩放到布局"选项，通过此方式为标注样式增加注释性。

图 9-29 "标注特征比例"选项组

（3）单击"默认"选项卡 → "注释"面板 → "标注样式"按钮，弹出"标注样式管理器"对话框，单击"新建"按钮或"修改"按钮，在弹出的对话框的"调整"选项卡中设置"标注性"。

9.4 电子打印与发布

9.4.1 打印预览

在打印绘制好的图形之前，用户可以通过"打印预览"功能在打印预览窗口中查看打印效果，检查线型、线宽和标注等细节是否存在错误。

用户可以通过下列4种方式启用"打印预览"命令。

- 选择菜单栏中的"文件" → "打印预览"命令。
- 单击"输出"选项卡 → "打印"面板 → "预览"按钮。
- 选择"菜单浏览器"下拉按钮 → "打印" → "打印预览"命令。
- 在命令行中输入"PREVIEW"命令，并按回车键。

启用"打印预览"命令后，将弹出如图9-30所示的打印预览窗口。

用户可能会遇到单击"预览"按钮后系统没有反应，无法弹出打印预览窗口的问题，并且命令行出现如图9-31所示的提示。

出现上述情况的原因是用户没有预先指定打印机或绘图仪。用户可通过以下步骤指定打印机或绘图仪：单击"输出"选项卡 → "打印"面板 → "页面设置管理器"按钮，在弹出的"页面设置管理器"对话框中，单击"修改"按钮，弹出"页面设置-布局3"对话框，如图9-32所示，在"打印机/绘图仪"选项组的"名称"下拉列表中，选择"DWF6 ePlot.pc3"选项。

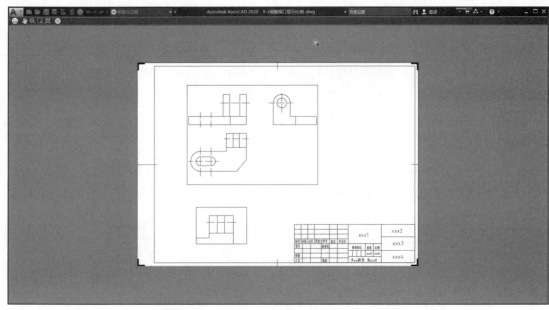

图 9-30　打印预览窗口

命令：PREVIEW
未指定绘图仪。请用"页面设置"给当前图层指定绘图仪。

图 9-31　命令行提示

图 9-32　"页面设置-布局 3"对话框

9.4.2　打印输出

预览图形后，用户可以通过下列 5 种方式启用"打印"命令。

- 选择菜单栏中的"文件"→"打印"命令。
- 单击"输出"选项卡 →"打印"面板 →"打印"按钮。
- 选择"菜单浏览器"下拉按钮 →"打印"命令。
- 单击"快速访问工具栏"中的"打印"按钮。
- 在命令行中输入"PLOT"命令,并按回车键。

用户通过上述任意一种方式启用"打印"命令后,系统弹出如图9-33所示的"打印-模型"对话框。

"打印"对话框与"页面设置"对话框类似,包括"页面设置"、"打印机/绘图仪"、"图纸尺寸"、"打印区域"、"打印偏移(原点设置在可打印区域)"、"打印比例"、"打印样式表(画笔指定)"、"着色视口选项"、"打印选项"和"图形方向"选项组。

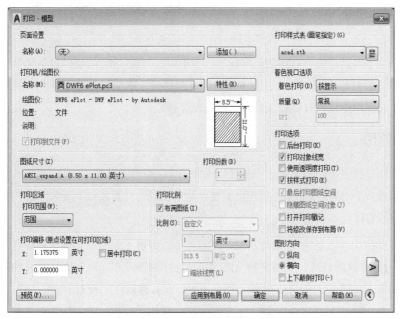

图 9-33 "打印-模型"对话框

在某些情况下,用户只需要打印出图纸的一部分对象,并不需要打印出图纸上的全部对象,用户可以在"打印区域"选项组中进行相应的设置。"打印范围"下拉列表包括"窗口"、"范围"、"视图"、"图形界限"和"显示"5个选项,默认情况下"打印范围"设置为"范围",用户可以根据需要进行相应的更改。

在"打印选项"选项组中,相比"页面设置"对话框,增加了"后台打印"、"打开打印戳记"和"将修改保存到布局"3个复选框。

打开打印戳记,即在每个图形的指定角点处放置打印戳记,同时将打印戳记记录到文件中。勾选"打开打印戳记"复选框,将显示"打印戳记设置"按钮,单击此按钮,将弹出"打印戳记"对话框,如图9-34所示。

图 9-34 "打印戳记"对话框

在"打印戳记"对话框的"打印戳记字段"选项组中,勾选"图形名""设备名"等复选框,可在打印预览窗口中查看打印戳记的样式;在"用户定义的字段"选项组中选择自定义的戳记;在"打印戳记参数文件"选项组中设置打印戳记参数文件的保存路径。

9.4.3 电子打印

电子打印为用户提供了一种通过电子传递技术以 DWG 图形文件的形式交流图形信息的途径。用户可以把图形打印成一个 DWF 文件,用特定的浏览器进行浏览。前面几节中所选择的"DWF6 ePlot.pc3"打印机就用于电子打印。

DWF 文件使用户可以完全控制设计信息,非常灵活,保留了大量压缩数据和所有其他种类的设计数据。DWF 是一种开放的格式,可由多种不同的设计应用程序发布,同时它又是一种紧凑的、可以快速共享和查看的格式。除了 Autodesk 软件,用户还可以在其他软件上查看 DWF 文件。

电子打印的特点:①方便快捷,通过特定的浏览器查看,无须安装 AutoCAD 2020 就可以查看对象的功能,并能完成缩放、平移等显示命令;②智能化,DWF 包含具有内嵌套智能设计的多页图纸;③节约成本,用户可以通过网络传输的方式进行图纸的交流。

☺ 练习:电子打印

(1)打开练习文件"9-4 电子打印",对此文件进行电子打印。

(2)单击"输出"选项卡 → "打印"面板 → "打印"按钮,弹出"打印-Layout1"对话框,如图 9-35 所示。

(3)在"打印机/绘图仪"选项组的"名称"下拉列表中选择"DWF6 ePlot.pc3"选项。

第 9 章　图形的输出

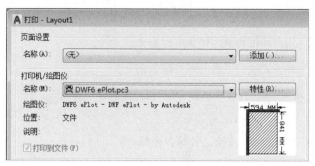

图 9-35 "打印-Layout1"对话框

（4）单击"确定"按钮，弹出"浏览打印文件"对话框，如图 9-36 所示。在默认情况下，用户在模型空间中进行电子打印，AutoCAD 将当前图形名后加上"-模型"作为打印文件名；若用户在布局空间中进行电子打印，AutoCAD 将在当前图形名后加上"-布局"作为打印文件名。文件的扩展名为".dwf"。设置好文件的存储路径之后，单击"保存"按钮，将文件打印到"9-4 电子打印-Layout1.dwf"中，完成电子打印的操作。

图 9-36 "浏览打印文件"对话框

（5）用户可以通过 Autodesk Design Review 软件对完成电子打印的图纸进行浏览。如果用户安装了 Autodesk Design Review 软件，则系统会自动在 IE 浏览器中安装相关插件，通过 IE 浏览器也可以实现浏览 DWF 文件的功能，操作方法与 Autodesk Design Review 软件类似，通过 IE 浏览器可方便地将图纸发布到互联网上。

9.4.4　批处理打印

批处理打印又称为发布，在打印时选择"DWF6 ePlot.pc3"电子打印机可以将图形打印到单页的 DWF 文件中，批处理打印图形技术可以将一个文件的多个布局，或者多个文件的多个布局打印到一个图形集中。这个图形集可以是一个多页的 DWF 文件也可以是多个单页的 DWF 文件。

对于异机或者异地接收到的 DWF 文件，用户可以通过 Autodesk Design Review 软件进行图形浏览。当连接了实体打印机后，用户即可将该图形集打印出来。

用户可以通过下列 3 种方式执行"批处理打印"命令。

- 单击"输出"选项卡 → "打印"面板 → "批处理打印"按钮。
- 选择菜单栏中的"文件"→"发布"命令。
- 在命令行中输入"PUBLISH"命令，并按回车键。

☺ 练习：批处理打印

（1）用户可以根据需要打开多张拟打印的 CAD 图纸（以第 9 章练习题文件夹中的图纸为例）。

（2）单击"默认"选项卡 → "打印"面板 → "批处理打印"按钮，弹出"发布"对话框，如图 9-37 所示，在"发布为"下拉列表中选择"DWF"选项。

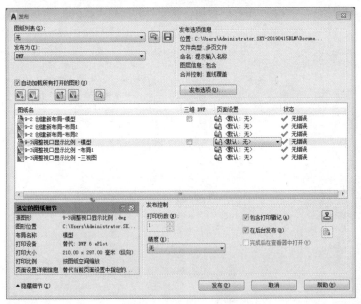

图 9-37 "发布"对话框

在"发布"对话框中，当前图形模型和所有的布局选项卡都列在其中，例如，将不需要发布的"9-4 电子打印-模型"删除。首先选中"9-4 电子打印-模型"，单击鼠标右键，在弹出的快捷菜单中选择"删除"命令，或者单击"删除图纸"按钮。如果想将其他图纸一起发布，可以单击"添加图纸"按钮。

（3）列表框中的顺序是按照发布后的多页 DWF 文件的顺序排列的，用户可以根据需要对该顺序进行调整，选择需要调整顺序的图纸，单击"上移图纸"按钮或者"下移图纸"按钮进行调整。

（4）单击"发布"按钮，弹出"指定 DWF 文件"对话框，如图 9-38 所示，在该对话框中设置发布文件的保存路径和文件名，单击"选择"按钮，弹出"发布-保存图纸列表"对话框，如图 9-39 所示。

图 9-38 "指定 DWF 文件"对话框

图 9-39 "发布-保存图纸列表"对话框

（5）单击"是"按钮，弹出"输出-更改未保存"对话框，如图 9-40 所示。

图 9-40 "输出-更改未保存"对话框

（6）单击"关闭"按钮，弹出"打印-正在处理后台作业"对话框，如图 9-41 所示。

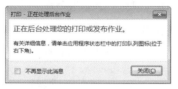

图 9-41 "打印-正在处理后台作业"对话框

（7）单击"关闭"按钮，AutoCAD 2020 在后台进行打印和发布作业的处理，完成后将在状态栏中显示"完成打印和发布作业"通知，如图 9-42 所示，单击该通知可以查看打印和发布作业的详细信息。

图 9-42 "完成打印和发布作业"通知

9.4.5 发布文件

在 AutoCAD 2020 中，用户可以将完成绘制的图形输出为 DWFx、DWF、PDF 文件。

(1)输出 DWFx 文件。

在 AutoCAD 2020 中,用户可以通过下列 3 种方式输出 DWFx 文件。

- 单击"输出"选项卡 → "输出 DWF/PDF"面板 → "DWFx"按钮。
- 选择菜单栏中的"文件"→"输出"命令,在弹出的"输出数据"对话框的"文件类型"下拉列表中选择"三维 DWFx"选项。
- 在命令行中输入"EXPORTDWFX"命令,并按回车键。

(2)输出 DWF 文件。

在 AutoCAD 2020 中,用户可以通过下列 4 种方式输出 DWF 文件。

- 单击"输出"选项卡 → "输出 DWF/PDF"面板 → "DWF"按钮。
- 选择菜单栏中的"文件"→"输出"命令,在弹出的"输出数据"对话框的"文件类型"下拉列表中选择"三维 DWF"选项。
- 在命令行中输入"EXPORTDWF"命令,并按回车键。
- 在 9.4.2 节中,在"打印机/绘图仪"选项组的"名称"下拉列表中选择"DWF6 ePlot.pc3"打印设备,则系统打印输出的文件类型为 DWF 文件。

(3)输出 PDF 文件。

PDF 是 Adobe 公司发布的一种文件格式,AutoCAD 2020 为用户提供了将 DWG 文件另存为 PDF 文件的方式。

在 AutoCAD 2020 中,用户可以通过下列 2 种方式输出 PDF 文件。

- 单击"输出"选项卡 → "输出 DWF/PDF"面板 → "PDF"按钮。
- 在命令行中输入"EXPORTPDF"命令,并按回车键。

执行上述任意一种操作后,系统弹出"另存为 PDF"对话框,如图 9-43 所示,在该对话框中,用户可以更改文件名、设置文件保存路径、设置输出控制和选择文件输出范围等。

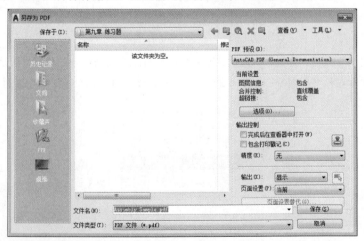

图 9-43 "另存为 PDF"对话框

9.5 思考与练习

1. 模型空间和布局空间的区别是什么？在模型空间中可以进行哪些操作？在布局空间中可以进行哪些操作？

2. 模型空间是否可以删除？用户最多可以创建几个布局空间？

3. 有几种创建布局的方式？如何通过"创建布局向导"创建布局？执行"创建布局向导"命令有几种方式？

4. 若想要将绘图区分割成两个或多个相邻的视图，需要通过哪种视口完成此操作？如何创建平铺视口？

5. 如何创建浮动视口？在布局空间中是否可以编辑模型空间中的对象？如果不可以，那么应该通过什么方式编辑模型空间中的对象？

6. AutoCAD 2020 为用户提供了哪几种发布文件的类型？

7. 用户可以通过哪几种方式执行打印命令？

第 4 篇

综 合 篇

第 10 章

绘制常见机械零件图

🔍 **本章主要内容**

- 工程制图基础；
- 绘制组合体三视图；
- 绘制齿轮零件图；
- 绘制齿轮轴零件图；
- 绘制泵体零件图。

本章将通过典型实例介绍如何绘制一些常见的机械零件图，并介绍如何使用 AutoCAD 2020 标注表面结构、标注形位公差、设置尺寸公差等。同时用户需要注意相关规定的画法和特殊画法，掌握使用 AutoCAD 2020 绘制零件三视图的基础知识。

10.1 工程制图基础

工程图样被称作工程界的语言，是工程技术部门一项重要的技术文件，必须遵循统一的标准。

为了便于工程人员指导生产和进行技术交流，相关部门必须对工程图样的表达方法、尺寸标准、所采用的符号做出统一的规定。技术制图的相关国家标准是对各行业制图的共性的规定，作为通则规范着机械、工程建设、电气和其他行业领域。

目前常用的技术制图国家标准如下。

- GB/T 14689—2008：图纸幅面和格式。
- GB/T 14690—1993：比例。
- GB/T 14691—1993：字体。
- GB/T 14650—1993：图线。
- GB/T 10609.1—2008：标题栏。

10.1.1 图纸幅面及图框格式

制图所采用的图纸幅面是为了合理使用图纸，便于管理、装订而规定的。在绘制工程图样时，应优先采用表 10-1 中规定的图纸幅面，各图纸幅面按 1/2 的关系递减。

表 10-1　图纸幅面及图框格式

图纸幅面 图框格式	A0	A1	A2	A3	A4
B×L	841×1189mm	594×841mm	420×594mm	297×420mm	210×297mm
e	20mm	20mm	10mm	10mm	10mm
a	10mm	10mm	10mm	5mm	5mm
c	25mm	25mm	25mm	25mm	25mm

$$L（长边）= \sqrt{2}B（短边）$$

用户可按国家标准的规定加长图纸长度，如图 10-1 所示。

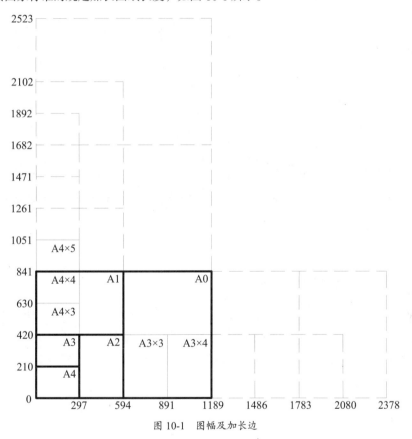

图 10-1　图幅及加长边

图框格式分为不留装订边和留装订边两种，但同一套图纸只能采用一种图框格式。无论哪种图框格式都可以采用横向布置或纵向布置。图纸必须按规定的图幅大小进行剪裁，且要求画图框线，其格式如图 10-2 所示。

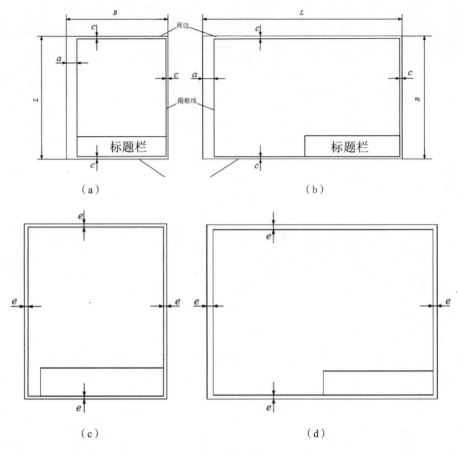

图 10-2 图框格式

（1）留装订边的图纸的图框格式如图 10-2（a）、(b) 所示，图中 a、c 的尺寸按表 10-1 的规定选用。

（2）不留装订边的图纸的图框格式如图 10-2（c）、(d) 所示，图中 e 的尺寸按表 10-1 的规定选用。

（3）加长幅面图纸的图框尺寸根据所选用的基本幅面大一号的图框尺寸确定。例如，A2×3 的图框尺寸根据 A1 的图框尺寸确定，即 e 为 20mm（或 c 为 10mm），而 A3×4 的图框尺寸则根据 A2 的图框尺寸确定，即 e 为 10mm（或 c 为 10mm）。

10.1.2 标题栏

第 6 章系统地介绍了表格创建和编辑的方法，工程制图中的表格用于对图形对象进行补充说明，图纸中的标题栏用于对工程名称、设计单位、图名、图纸编号、比例、设计者和审核者等主要信息进行说明。标题栏一般由更改区、签字区、其他区、名称及代号区组成，如图 10-3 所示。用户可按实际需要增加或减少标题栏的组成部分，标题栏应位于图纸的右下角。

【更改区】一般由标记、处数、分区、更改文件号、签名和年、月、日组成。更改区中的内容应该按照由下而上的顺序书写，在内容较多时可以根据实际情况顺延，或者放在绘图区的其他位置，但应有表头。

标记：按照有关规定填写更改标记。

处数：填写同一标记所表示的更改数量。

更改文件号：填写更改所依据的文件号。

【签字区】一般由设计、审核、工艺、标准化、批准、签名和年、月、日组成。

【其他区】一般由材料标记、阶段标记、质量、比例，以及共 张、第 张和投影符号组成。

【名称及代号区】一般由单位名称、图样名称、图样代号组成。

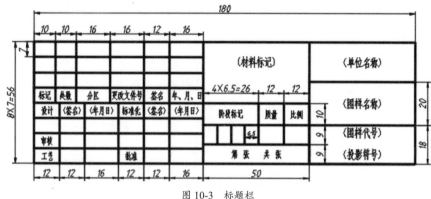

图 10-3　标题栏

技术图样标题栏的基本要求如下。

- 每张技术图样中都应有标题栏。
- 在技术图样中，标题栏的位置应按 GB/T 14689 的规定进行配置。
- 标题栏中的字体（除签字外）应符合 GB/T 14691 中的要求。
- 标题栏中的线型应按 GB/T 17450 中的粗实线和细实线的规定进行绘制。

10.1.3　图线

图形是由图线组成的，为了表示图纸中不同的内容，便于识图，并且能分清主次，必须使用不同的线型和不同粗细的图线。表 10-2 所示为图线的线型及其用途。

线宽 b 是指图线的细度。它应从 0.5mm、0.7mm、1.0mm、1.4mm、2.0mm 线宽系列中选用（见表 10-3）。下一级约是上一级的 $\sqrt{2}$ 倍。

与图形配套使用的线宽为线宽组。线宽组根据图形的复杂程度（线条的密集程度）、绘图比例的大小选用。

表 10-2　图线的线型及其用途

代码	名　称	线　型	线宽	用　途
01.2	粗实线		b	可见轮廓线
01.1	细实线		$0.35b$	可见轮廓线、图例线等
	折断线		$0.35b$	断开界线
	波浪线		$0.35b$	断开界线

续表

代码	名称	线型	线宽	用途
02.1	细虚线	------------------	0.35b	不可见轮廓线、图例线等
04.1	细点画线	—·—·—·—·—·—·—	0.35b	中心线、对称线等
05.1	细双点画线	—··—··—··—··—	0.35b	假想轮廓线、成形前原始轮廓线

表 10-3 线宽组的选用

线宽	线宽组/mm				
b	2.0	1.4	1.0	0.7	0.5
0.35b	0.7	0.5	0.35	0.25	0.18

这里有几点需要注意。

- 线宽 b 选定后，同一张图纸中，同类线型的宽度应保持一致。
- 细虚线、细点画线、细双点画线的线段长度和间隔，同类线型应保持一致，且起止两端应为线段（一横），而不是点。
- 细点画线、细双点画线在较小图形中绘制困难时，可用细实线代替。当细点画线作为轴线或中心线时，应超出图形轮廓 2~3mm。
- 细虚线、细点画线自身相交或与其他图线交接时，均应为线段交接。当细虚线为细实线的延长线时，应留有间隔。
- 两条平行线（包括剖面线）之间的距离应不小于粗实线的两倍宽度，其最小距离不得小于 0.7mm。

10.1.4 字体

图纸上的字体有汉字、数字、符号及字母 4 种，其字高尺寸系列为 1.8mm、2.5mm、3.5mm、5mm、7mm、10mm、14mm、20mm，而字高即为字体的字号，汉字的最小字号是 3.5 号，字高按 $\sqrt{2}$ 的比例递增。

工程图样中的汉字要求使用仿宋体，并应采用国务院正式公布推行的《汉字简化方案》中规定的简化字，其字高与字宽的比例为 1:2。书写要领是横平竖直，注意起落，结构匀称，大小一致。汉字仿宋体笔画形式如图 10-4 所示。

字迹平整 笔画清楚
间隔均匀 排列整齐

图 10-4 汉字仿宋体笔画形式

数字及字母常用斜体（Italic）。一般字体笔画宽度为字高的 1/10。这里有几点需要注意。

- 工程图样中书写的汉字不小于 3.5 号，数字及字母不应小于 2.5 号。

- 当阿拉伯数字、字母或罗马数字同汉字并列书写时，其字号应比汉字小一号。
- 当字母单独用作代号或符号时，不使用I、Z、O三个字母，以免同阿拉伯数字1、2、0相混淆。

10.2 绘制组合体三视图

本节主要讲解如图 10-5 所示的组合体三视图的绘制步骤和方法，按照主视图→俯视图→剖视图的顺序进行绘制。

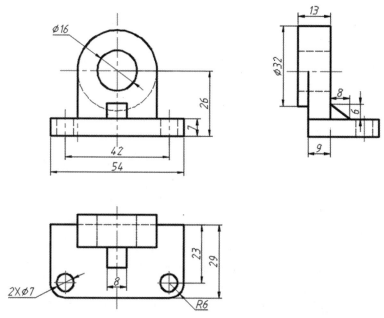

图 10-5 组合体三视图

本实例中涉及的主要知识点包括①绘制构造线；②绘制直线；③绘制圆；④圆角命令；⑤修改辅助线的线型比例；⑥尺寸标注；⑦使用投影法绘制三视图；⑧创建图层。

在"快速访问工具栏"中单击"新建"按钮，弹出"选择样板"对话框。通过"选择样板"对话框选择"图形样板"文件夹中的"10-2 简单绘图样板"，单击"打开"按钮。在"草图与注释"工作空间中绘制如图 10-5 所示的组合体三视图。

本实例需要创建 4 个图层，分别是中心线、粗实线、细实线和标注。在开始绘图前，首先在"图层特性管理器"选项板中创建"细实线"图层，具体操作步骤如下。

在"图层"面板中单击"图层特性"按钮，打开"图层特性管理器"选项板，新建名为"细实线"的图层，"颜色"设置为"白"，"线型"设置为"ACAD_ISO02W100"，"线宽"为默认值。

然后依次创建"中心线"、"粗实线"和"标注"图层。

本实例的具体操作步骤如下。

1）绘制主视图

（1）在"图层"面板中选择"图层控制"下拉列表，切换至"中心线"图层。打开状态栏"对象捕捉"模式和"极轴追踪"模式。

（2）单击"绘图"面板 → "构造线"按钮，绘制辅助线，如图10-6所示。

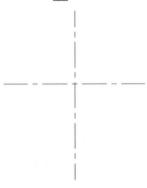

图10-6 绘制辅助线

（3）单击"修改"面板 → "偏移"按钮，将垂直中心线分别向左偏移21、27，向右偏移21、27，根据命令行提示操作如下。

```
命令：_OFFSET
当前设置：删除源=否 图层=源 OFFSTEGAPTYPE=0
指定偏移距离或[通过(T)/删除(E)/图层(L)]<通过>:（输入偏移距离为21）
选择要偏移的对象，或[退出(E)/放弃(U)]<退出>:（单击图10-6中的垂直中心线）
指定要偏移的那一侧上的点，或[退出(E)/多个(M)/放弃(U)]:（在垂直中心线左侧单击）
选择要偏移的对象，或[退出(E)/放弃(U)]<退出>:（单击图10-6中的垂直中心线）
指定要偏移的那一侧上的点，或[退出(E)/多个(M)/放弃(U)]:（在垂直中心线右侧单击）
命令：_OFFSET
当前设置：删除源=否 图层=源 OFFSTEGAPTYPE=0
指定偏移距离或[通过(T)/删除(E)/图层(L)]<通过>:（输入偏移距离为27）
选择要偏移的对象，或[退出(E)/放弃(U)]<退出>:（单击图10-6中的垂直中心线）
指定要偏移的那一侧上的点，或[退出(E)/多个(M)/放弃(U)]:（在垂直中心线左侧单击）
选择要偏移的对象，或[退出(E)/放弃(U)]<退出>:（单击图10-6中的垂直中心线）
指定要偏移的那一侧上的点，或[退出(E)/多个(M)/放弃(U)]:（在垂直中心线右侧单击）
```

完成垂直中心的偏移，如图10-7所示。

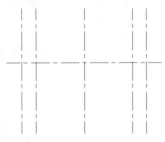

图10-7 偏移垂直中心线

（4）参照步骤（3），将水平中心线向下偏移 26，并将新创建的偏移线向上偏移 7，偏移结果如图 10-8 所示。

（5）切换至"粗实线"图层，单击"绘图"面板 → "圆"按钮，以"圆心、半径"的方式绘制如图 10-9 所示的半径为 8 和半径为 16 的同心圆。

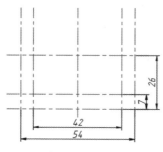

图 10-8 偏移结果

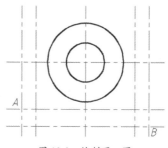

图 10-9 绘制同心圆

（6）单击"绘图"面板 → "矩形"按钮，根据命令行提示操作如下。

```
命令：_RECTANG
指定第一个角点或[倒角(C)/标高(E)/圆角(F)/厚度(T)/宽度(W)]：(拾取图 10-9 中的 A 点)
指定另一个角点或[面积(R)/尺寸(D)/旋转(R)]：(拾取图 10-9 中的 B 点)
```

完成矩形的绘制，如图 10-10 所示。

（7）切换至"细实线"图层，绘制半径为 16 的圆，该圆与"粗实线"图层中半径为 16 的圆重叠在一起，单击"开/关"按钮，关闭"粗实线"图层，可以查看在"细实线"图层中绘制的圆，如图 10-11 所示。

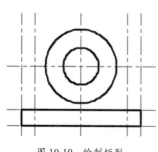

图 10-10 绘制矩形

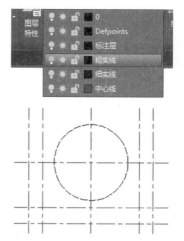

图 10-11 在"细实线"图层中绘制的圆

（8）启用"偏移"命令，将垂直中心线向左、右各偏移 4，切换至"粗实线"图层，绘制如图 10-12 所示的高为 6、宽为 8 的凸台。

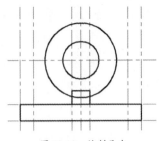

图 10-12　绘制凸台

（9）单击"直线"按钮，在主视图中连接相应的端点，绘制轮廓线，根据命令行提示操作如下。

```
命令：_LINE
指定第一点：（拾取半径为 16 的圆与水平中心线的交点，如图 10-13（a）所示）
指定下一点或[放弃(U)]：（拾取矩形上的垂足，如图 10-13（b）所示）
```

参照上述步骤，完成对称侧轮廓线的绘制，绘图结果如图 10-13（c）所示。

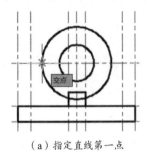　　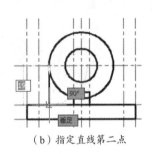　　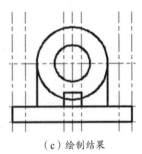

（a）指定直线第一点　　　　　　（b）指定直线第二点　　　　　　（c）绘制结果

图 10-13　绘制轮廓线

2）绘制俯视图

在主视图的基础上进行俯视图的绘制，步骤如下。

（1）单击"直线"按钮，在主视图下方合适位置绘制长为 54、宽为 29 的矩形，如图 10-14 所示。

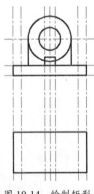

图 10-14　绘制矩形

（2）单击"修改"面板→"偏移"按钮，根据命令行提示操作如下。

```
命令：_OFFSET
当前设置：删除源=否 图层=源 OFFSTEGAPTYPE=0
```

指定偏移距离或[通过(T)/删除(E)/图层(L)]<通过>：（输入偏移距离为4）
选择要偏移的对象，或[退出(E)/放弃(U)]<退出>：（单击图10-14中矩形的上边线）
指定要偏移的那一侧上的点，或[退出(E)/多个(M)/放弃(U)]：（在矩形上方单击）
命令：_OFFSET
当前设置：删除源=否 图层=源 OFFSTEGAPTYPE=0
指定偏移距离或[通过(T)/删除(E)/图层(L)]<通过>：（输入偏移距离为11）
选择要偏移的对象，或[退出(E)/放弃(U)]<退出>：（单击图10-14中矩形的左边线）
指定要偏移的那一侧上的点，或[退出(E)/多个(M)/放弃(U)]：（在矩形内单击）
选择要偏移的对象，或[退出(E)/放弃(U)]<退出>：（单击图10-14中矩形的右边线）
指定要偏移的那一侧上的点，或[退出(E)/多个(M)/放弃(U)]：（在矩形内单击）
命令：_OFFSET
当前设置：删除源=否 图层=源 OFFSTEGAPTYPE=0
指定偏移距离或[通过(T)/删除(E)/图层(L)]<通过>：（输入偏移距离为20）
选择要偏移的对象，或[退出(E)/放弃(U)]<退出>：（单击图10-14中矩形的下边线）
指定要偏移的那一侧上的点，或[退出(E)/多个(M)/放弃(U)]：（在矩形内单击）

偏移结果如图10-15所示。

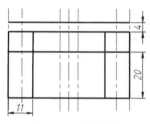

图10-15 偏移结果

（3）单击"修改"面板 → "倒角"按钮，根据命令行提示操作如下。

命令：_CHAMFER
选择第一条直线或[放弃(U)/多段线(P)/距离(D)/角度(A)/修剪(T)/方式(E)/多个(M)]：（单击图10-16（a）中的直线）
选择第二条直线，或按住Shift键选择直线以应用角点或[距离(D)/角度(A)/方法(M)]：（单击图10-16（b）中的直线）

（a）选择第一条直线

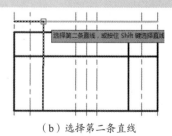
（b）选择第二条直线

图10-16 选择直线

参照上述步骤，完成对称侧倒角操作，完成结果如图10-17所示。

（4）单击"直线"命令，绘制凸台的俯视图，凸台的定位尺寸参照主视图中偏移的辅助线进行绘制，凸台的高为8，绘制结果如图10-18所示。

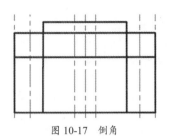
图 10-17　倒角

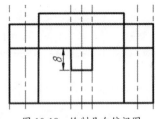
图 10-18　绘制凸台俯视图

（5）单击"修改"面板 →"偏移"按钮，根据命令行提示操作如下。

```
命令：_OFFSET
当前设置：删除源=否　图层=源　OFFSETGAPTYPE=0
指定偏移距离或[通过(T)/删除(E)/图层(L)]<通过>：（输入偏移距离为 5）
选择要偏移的对象，或[退出(E)/放弃(U)]<退出>：（单击图 10-18 中矩形的下边线）
指定要偏移的那一侧上的点，或[退出(E)/多个(M)/放弃(U)]：（单击图 10-18 中矩形的内部）
```

单击新创建的偏移线，将其切换至"中心线"图层，如图 10-19 所示。

（6）在俯视图中分别绘制如图 10-20 所示的两个直径为 7 的小圆。

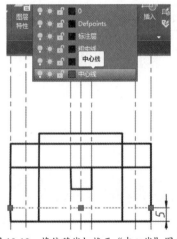
图 10-19　将偏移线切换至"中心线"图层

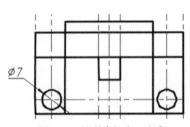
图 10-20　绘制直径为 7 的圆

（7）单击"修改"面板 →"圆角"按钮，根据命令行提示操作如下。

```
命令：_FILLET
选择第一个对象或[放弃(U)/多段线(P)/半径(R)/修剪(T)/多个(M)]：（输入"R"，指定圆角半径）
指定圆角半径：（输入"6"，按回车键确认）
选择第一个对象或[放弃(U)/多段线(P)/半径(R)/修剪(T)/多个(M)]：（单击图 10-21（a）中的边）
选择第二个对象，或按住 Shift 键选择对象以应用角点或[半径(R)]：（单击图 10-21（b）中的边）
```

在对称侧重复执行"圆角"命令，圆角结果如图 10-22 所示。

（8）单击"修改"面板 →"修剪"按钮，按回车键选择全部对象为修剪对象，修剪俯视图中多余的线段。完成修剪后，在"图层控制"下拉列表中关闭"中心线"图层，便于查看绘制好的俯视图，如图 10-23 所示。

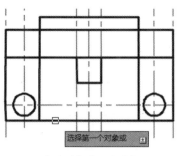
（a）选择第一个对象

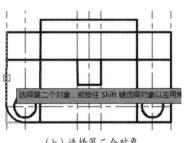
（b）选择第二个对象

图 10-21　选择对象

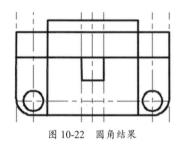
图 10-22　圆角结果

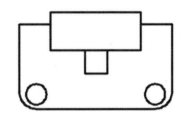
图 10-23　完成绘制的俯视图

3）绘制剖视图

（1）切换至"粗实线"图层，单击"直线"按钮，在剖视图合适位置绘制长为 29、宽为 7 的矩形，如图 10-24 所示（也可以单击"矩形"按钮绘制矩形）。

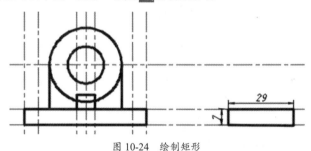

图 10-24　绘制矩形

（2）单击矩形的左边线，显示该直线段的夹点，将指针放置在夹点上但不单击夹点，在弹出的快捷菜单中，选择"延长"命令，将该直线段延长至辅助线，如图 10-25 所示。

（3）单击"修改"面板 → "偏移"按钮，根据命令行提示操作如下。

```
命令：_OFFSET
当前设置：删除源=否  图层=源  OFFSTEGAPTYPE=0
指定偏移距离或 [通过(T)/删除(E)/图层(L)]<通过>：(输入偏移距离为 9)
选择要偏移的对象，或 [退出(E)/放弃(U)]<退出>：(单击图 10-25 中延长的直线段)
指定要偏移的那一侧上的点，或 [退出(E)/多个(M)/放弃(U)]：(在矩形内部单击)
```

将新创建的偏移线修改至"中心线"图层，修改结果如图 10-26 所示。

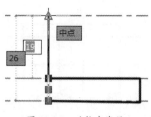
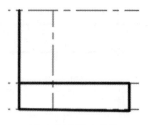

图 10-25 延长直线段　　　　　　　　图 10-26 修改结果

（4）打开状态栏中的"正交"模式，单击"直线"按钮，根据命令行提示操作如下。

```
命令：_LINE
指定第一点：（拾取图 10-27（a）中的交点）
指定下一点或[放弃(U)]：（垂直向上拖动鼠标，输入长度为 37）
指定下一点或[放弃(U)]：（水平向左拖动鼠标，输入长度为 13）
指定下一点或[闭合(C)/放弃(U)]：（垂直向下拖动鼠标，输入长度为 32）
指定下一点或[闭合(C)/放弃(U)]：（水平向右拖动鼠标，拾取图 10-27（b）中的垂足）
指定下一点或[闭合(C)/放弃(U)]：（按回车键结束命令）
```

绘制结果如图 10-27（c）所示。

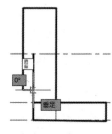
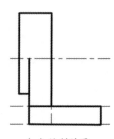

（a）指定第一点　　　　　（b）指定最后一点　　　　　（c）绘制结果

图 10-27 绘制直线段

（5）单击"修改"面板→"偏移"按钮，将水平中心线向上偏移 6；将长为 37 的直线段向右偏移 8，并将新创建的偏移线修改至"中心线"图层，为凸台剖视图绘制定位基准线，偏移结果如图 10-28 所示。

（6）打开状态栏中的"极轴追踪"模式，单击"直线"按钮，拾取图 10-29 中的端点，绘制直线段。

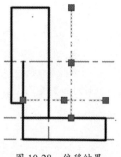
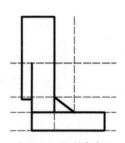

图 10-28 偏移结果　　　　　　　　图 10-29 绘制直线段

（7）在打开"对象捕捉"模式和"极轴追踪"模式的情况下，单击"直线"按钮，在三视图中绘制所需的中心线，并通过选择"格式"→"线型"命令，打开"线型管理器"对话框，设置合适的虚线线型比例，如图 10-30 所示，在本例中，将"全局比例因子"设置为"0.2500"，完成中心线的绘制，如图 10-31 所示。

图 10-30　设置虚线线型比例

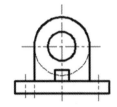 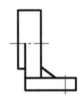 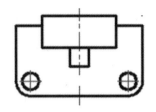

图 10-31　绘制中心线

（8）切换至"细实线"图层，单击"直线"按钮，在三视图中绘制所需的虚线。在主视图、俯视图和剖视图中，虚线表示其他被遮挡轮廓的线，如图 10-32 所示。

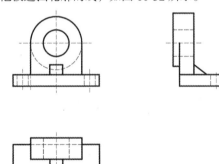

图 10-32　绘制三视图虚线

4）尺寸标注

（1）切换至"标注"图层，分别单击"注释"选项卡 →"线性"、"直径"和"半径"按钮标注三视图的尺寸。

（2）在图形中，双击直径为 7 的小圆，功能区弹出"文字编辑器"选项卡，同时该标注尺寸进入可编辑状态，在文本框中的标注尺寸前输入"2×"，单击"文字编辑器"选项卡 →"关闭文字编辑器"按钮。按照上述步骤完成其他尺寸的标注，标注结果如图 10-33 所示。

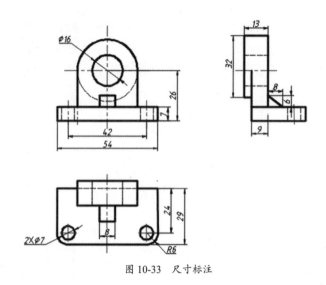

图 10-33　尺寸标注

10.3　绘制齿轮零件图

齿轮是常见的机械零件之一，绘制齿轮一般参照 GB/T 4459.2《机械制图齿轮画法》的相关规范。在齿轮、锥齿轮和蜗轮零件图中，一般使用两个视图，即主视图和剖视图来表示。

本节主要讲解如图 10-34 所示的齿轮零件图的绘制过程，让读者在实际操作中掌握绘制齿轮零件图的方法和技巧。

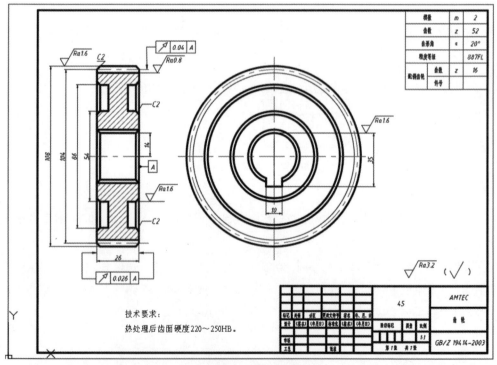

图 10-34　齿轮零件图

本实例中涉及的主要知识点包括①绘制辅助线；②绘制圆；③绘制直线；④倒角命令；⑤标注形位公差、表面粗糙度；⑥图案填充；⑦修改线型比例。

在"快速访问工具栏"中单击"新建"按钮，弹出"选择样板"对话框。通过"选择样板"对话框选择"图形样板"文件夹中的"10-3 简单绘图样板"，单击"打开"按钮。在"草图与注释"工作空间中绘制如图10-34所示的齿轮零件图。

本实例需要创建 4 个图层，分别是中心线、粗实线、细实线和标注及剖面线。在"10-3 简单绘图样板"中已创建好绘图所需图层。

本实例的具体操作步骤如下。

1）绘制主视图

（1）在"图层控制"下拉列表中选择"中心线"图层，并单击"绘图"选项卡 → "直线"按钮，绘制辅助线，如图10-35所示。

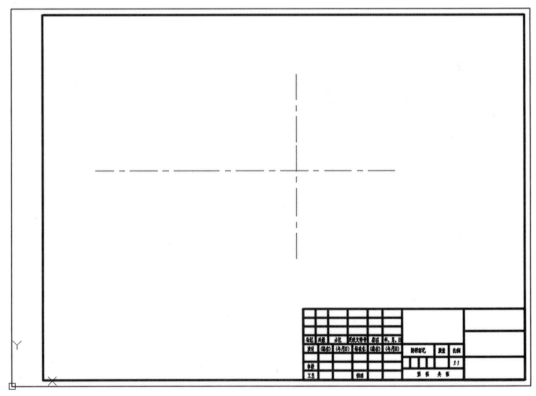

图 10-35　绘制辅助线

（2）切换至"粗实线"图层，以"圆心、半径"的方式绘制直径为 108 的圆，并单击"修改"面板 → "偏移"按钮，将直径为108的圆向内偏移两次，偏移距离分别为2和4，绘制结果如图10-36所示。

（3）将新创建的圆，分别切换至"中心线"图层和"细实线"图层（见图10-37）。

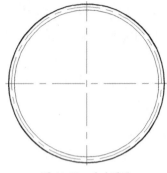

图 10-36　绘制圆　　　　　　　　　　　图 10-37　更改图层

（4）以"圆心、半径"的方式分别绘制直径为 86、54、28 的同心圆，并将直径为 86 和直径为 54 的圆向内偏移 2，将直径为 28 的圆向外偏移 2（见图 10-38）。

（5）单击"偏移"按钮 ⊂，将垂直中心线向左、右各偏移 5（见图 10-39）。

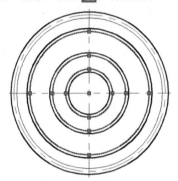
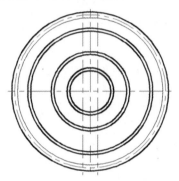

图 10-38　绘制并偏移同心圆　　　　　　图 10-39　偏移垂直中心线

根据命令行提示操作如下。

```
命令：_OFFSET
当前设置：删除源=否  图层=源  OFFSTEGAPTYPE=0
指定偏移距离或[通过(T)/删除(E)/图层(L)]<通过>:（输入偏移距离为 5）
选择要偏移的对象，或[退出(E)/放弃(U)]<退出>:（单击图 10-38 中的垂直中心线）
指定要偏移的那一侧上的点，或[退出(E)/多个(M)/放弃(U)]:（在垂直中心线左侧单击）
选择要偏移的对象，或[退出(E)/放弃(U)]<退出>:（单击图 10-38 中的垂直中心线）
指定要偏移的那一侧上的点，或[退出(E)/多个(M)/放弃(U)]:（在垂直中心线右侧单击）
```

（6）单击"直线"按钮 ╱，开启状态栏中的"对象捕捉"模式，在"粗实线"图层中绘制键槽轮廓线，根据命令行提示操作如下。

```
命令：_LINE
指定第一点:（拾取图 10-40（a）中的交点）
指定下一点或[放弃(U)]:（垂直向下拖动鼠标，输入长度为 7）
指定下一点或[放弃(U)]:（水平向右拖动鼠标，输入长度为 10）
指定下一点或[放弃(U)]:（拾取图 10-40（b）中的点）
指定下一点或[放弃(U)]:（按回车键结束命令）
```

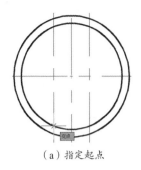 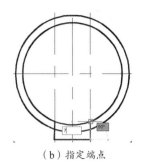

(a)指定起点　　　　　　　　　　　　　(b)指定端点

图 10-40　绘制键槽轮廓线

绘制完成的键槽轮廓线如图 10-41 所示。

（7）单击"修剪"按钮，修剪键槽轮廓线；单击"删除"按钮，删除辅助线。修剪结果如图 10-42 所示。

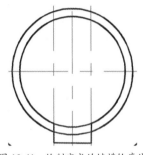 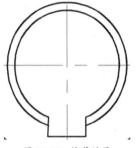

图 10-41　绘制完成的键槽轮廓线　　　　　图 10-42　修剪结果

2）绘制剖视图

在主视图的基础上绘制齿轮零件的剖视图，具体操作步骤如下。

（1）打开状态栏中的"极轴追踪"模式和"对象捕捉"模式，切换至"中心线"图层。

（2）单击"直线"按钮，绘制剖视图辅助线，根据命令行提示操作如下。

```
命令：_LINE
指定第一点：(拾取图 10-43（a）中的点)
指定下一点或[放弃(U)]：(水平向左拖动鼠标，输入长度为 150，如图 10-43（b）所示)
指定下一点或[放弃(U)]：(按回车键结束命令)
```

参照上述步骤绘制其余辅助线，绘制结果如图 10-43（c）所示。

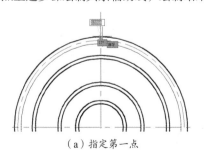 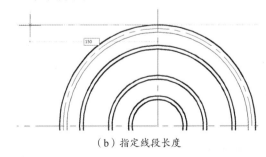

(a)指定第一点　　　　　　　　　　　　(b)指定线段长度

图 10-43　绘制剖视图辅助线

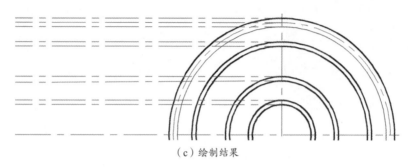

（c）绘制结果

图 10-43　绘制剖视图辅助线（续）

（3）单击"直线"按钮，在"粗实线"图层中绘制一条直线段（见图 10-44）。

（4）单击"偏移"按钮，以"偏移"的方式创建出齿轮的大概轮廓，根据命令行提示操作如下。

```
命令：_OFFSET
当前设置：删除源=否　图层=源　OFFSTEGAPTYPE=0
指定偏移距离或[通过(T)/删除(E)/图层(L)]<通过>：（输入偏移距离为36.4）
选择要偏移的对象，或[退出(E)/放弃(U)]<退出>：（单击图10-44中的直线段）
指定要偏移的那一侧上的点，或[退出(E)/多个(M)/放弃(U)]：（在直线段右侧单击）
选择要偏移的对象，或[退出(E)/放弃(U)]<退出>：（输入"E"，退出偏移）
```

完成第 1 次偏移，如图 10-45 所示，参照上述步骤，将新创建的偏移线分别向左偏移 2 和 8，并将图 10-45 中左侧的直线段分别向右偏移 2 和 8，结果如图 10-46 所示。

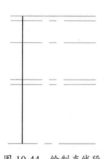
图 10-44　绘制直线段

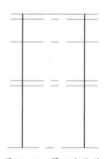
图 10-45　第 1 次偏移

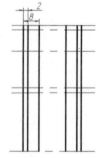
图 10-46　第 2 次偏移

（5）单击"直线"按钮，连接直线段，绘制结果如图 10-47 所示。

（6）单击"修改"面板 → "倒角"按钮，根据命令行提示操作如下。

```
命令：_CHAMFER
（"修剪"模式）当前倒角距离 1 = 0.0000，距离 2 = 0.0000
选择第一条直线或[放弃(U)/多段线(P)/距离(D)/角度(A)/修剪(T)/方式(E)/多个(M)]：（输入"T"，选择修剪模式）
输入修剪模式选项[修剪(T)/不修剪(N)]<修剪>：（输入"N"，不修剪）
选择第一条直线或[放弃(U)/多段线(P)/距离(D)/角度(A)/修剪(T)/方式(E)/多个(M)]：（输入"D"，输入距离）
指定 第一个 倒角距离<0.0000>：（输入"2"，按回车键确认）
```

指定 第二个 倒角距离<0.0000>：（输入"2"，按回车键确认）
　　选择第一条直线或[放弃(U)/多段线(P)/距离(D)/角度(A)/修剪(T)/方式(E)/多个(M)]：（单击如图 10-48 所示的直线段 1）
　　选择第二条直线,或按住 Shift 键选择直线以应用角点或[距离(D)/角度(A)/方法(M)]：（单击如图 10-48 所示的直线段 2）

倒角结果如图 10-48 所示。

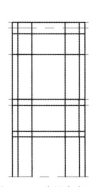
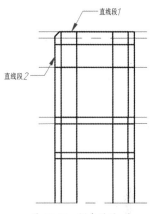

图 10-47　连接直线段　　　　　　　图 10-48　倒角结果

参照上述操作步骤，完成如图 10-49 所示的倒角。在选择第一条直线段前，选择"多个"选项，可以一次完成多个倒角操作。

（7）单击"修剪"按钮，按回车键，选择全部对象为修剪对象，修剪齿轮轮廓线，修剪结果如图 10-50 所示。

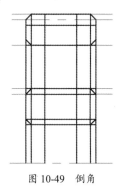

图 10-49　倒角　　　　　　　图 10-50　修剪结果

（8）单击"镜像"按钮，将如图 10-50 所示的图形作为镜像对象，将水平中心线作为镜像线，根据命令行提示操作如下。

命令：_MIRROR
选择对象：（单击图 10-50 中完成修剪的图形，按回车键确认）
指定对角点：找到 22 个
指定镜像线的第一点：（拾取图 10-51 中的镜像线第一点）
指定镜像线第二点：（拾取图 10-51 中的镜像线第二点）
要删除源对象吗？[是(Y)/否(N)]<否>：（否）

镜像结果如图 10-52 所示。

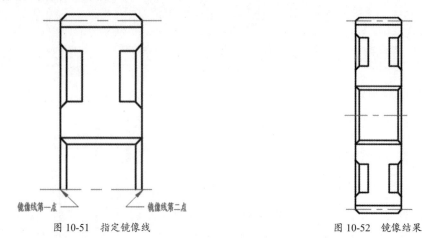

图 10-51　指定镜像线　　　　　图 10-52　镜像结果

（9）删掉多余的辅助线，切换至"标注及剖面线"图层。

（10）单击"图案填充"按钮，功能区弹出"图案填充创建"选项卡，在"图案"面板的"图案"下拉列表框中选择"ANSI31"选项；在"特性"面板中设置"角度"为"0"，"比例"为"1"；在"边界"面板中单击"拾取点"按钮，分别在要绘制剖面线的区域内单击，然后单击"关闭图案填充创建"按钮，完成图案填充，如图 10-53 所示。

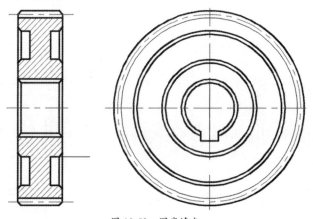

图 10-53　图案填充

3）标注线性尺寸、形位公差和表面粗糙度

（1）标注线性尺寸。

单击"默认"选项卡 → "注释"面板 → "线性"按钮，指定标注样式为"国标-3.5"，创建线性标注，初步标注结果如图 10-54 所示。

第 10 章 绘制常见机械零件图

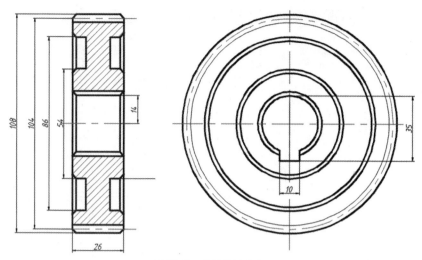

图 10-54 标注线性尺寸

（2）标注表面粗糙度。

① 单击"插入"选项卡 → "插入"按钮，选择插入名为"表面粗糙度"的块，如图 10-55 所示。在需要标注表面粗糙度的位置插入该块，如图 10-56 所示。

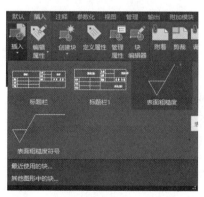

图 10-55 选择插入名为"表面粗糙度"的块

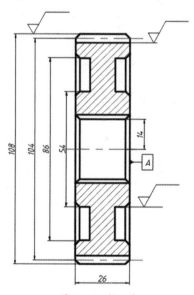

图 10-56 插入块

② 单击"默认"选项卡 → "多行文字"按钮，在插入块的上方分别输入"1.6"和"0.8"。

（3）标注形位公差。

单击"注释"选项卡 → "标注"面板 → "公差"按钮，弹出"形位公差"对话框（见图 10-57），在"符号"选项组中单击"圆跳动"按钮，在"公差 1"文本框中输入"0.04"，在"基准 1"文本框中输入"A"，单击"确定"按钮，完成形位公差标注，如图 10-58 所示。

参照步骤（3），标注其他形位公差，如图 10-59 所示。

313

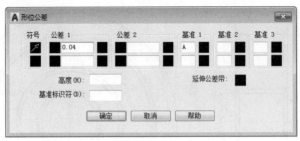

图 10-57 "形位公差"对话框

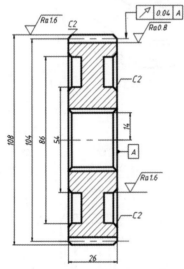

图 10-58 标注第一个形位公差

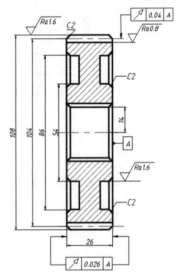

图 10-59 标注其他形位公差

4) 填写明细栏

(1) 利用"直线"命令和"偏移"命令在图纸右上角绘制如图 10-60 所示的表格,图中给出了表格的尺寸。

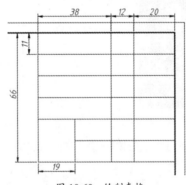

图 10-60 绘制表格

(2) 在创建好的表格中输入文字。

① 单击"多行文字"按钮 A,依次单击表格第 1 列左上角第 1 个单元格的 2 个对角点,在单元格中输入"模数",如图 10-61 所示。

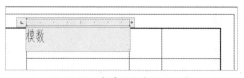

图 10-61　在单元格中输入文字

② 在“文字编辑器”选项卡的“段落”面板中，单击“对正”下拉按钮 A，在弹出的下拉列表中选择“正中 MC”选项，调整文字的位置，效果如图 10-62 所示，完成后关闭“文字编辑器”选项卡，完成第 1 个单元格的输入。

参照上述操作步骤，填写其他单元格中的文字，填写结果如图 10-63 所示。

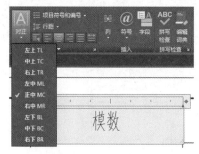

图 10-62　调整单元格中文字的位置

模数		m	2
齿数		z	52
齿形角		α	20°
精度等级			887FL
配偶齿轮	齿数	z	16
	件号		

图 10-63　填写结果

5）填写标题栏和技术要求

（1）双击标题栏，系统弹出“增强属性编辑器”对话框，在该对话框中设置标记对应的属性值，如图 10-64 所示。

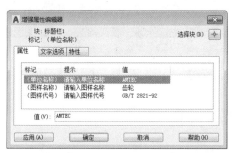

图 10-64　设置标记对应的属性值

（2）选中“图样代号”属性，切换至“文字选项”选项卡，选择“文字样式”下拉列表框，将其文字样式更改为“国标-3.5”，完成后单击“确定”按钮，关闭“增强属性编辑器”对话框，完成标题栏的填写，如图 10-65 所示。

图 10-65　填写标题栏

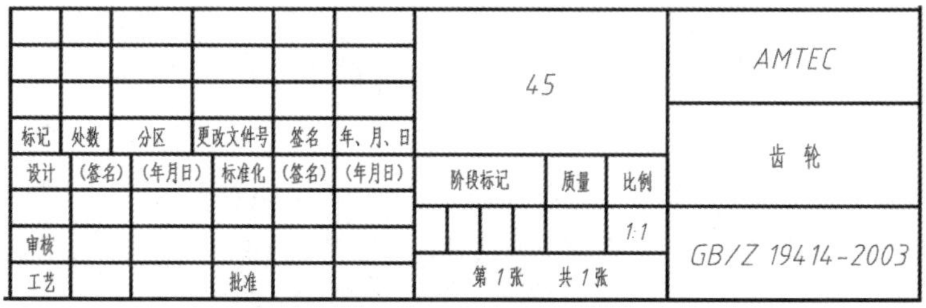

(3)在图纸的空白区域分别输入如图10-66所示的文字。

技术要求:
热处理后齿面硬度220~250HB。

图10-66 输入文字

6)保存

(1)完成齿轮零件图的绘制,双击鼠标滚轮,使整个齿轮零件图充满绘图区,如图10-67所示。

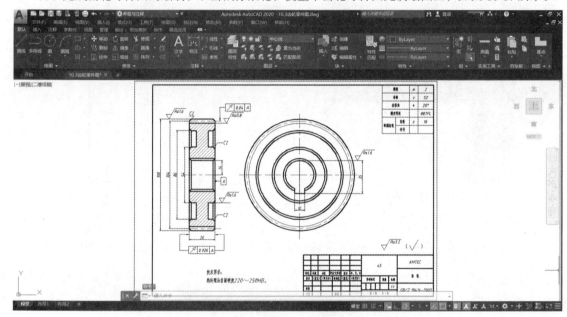

图10-67 完成绘制的齿轮零件图

(2)在"快速访问工具栏"中单击"另存为"按钮,将图形文件保存为"齿轮零件图.dwg"。

10.4 绘制齿轮轴零件图

齿轮轴是轴类零件的一种,它的主要作用是支撑传动件,并通过传动件来实现旋转运动及传递扭矩。轴类零件的零件图一般只需要绘制出主视图,在有键槽和孔等结构的地方,可以增加局部剖视图或断面图;对于加工预留的退刀槽、中心孔等细小结构,可以绘制局部放大图来确切地表达形状结构并标注其尺寸。零件图尺寸标注的基本要求是正确、完整、清晰、合理,既要满足设计要求和工艺要求,又要保证零件的质量,同时要便于加工制造和后期的检测。

本节主要讲解如图10-68所示的齿轮轴零件图的绘制过程,让用户在实际操作中掌握绘制轴类零件图的方法和技巧。

本实例中涉及的主要知识点包括①绘制辅助线;②绘制圆;③绘制直线;④倒角命令;⑤标注形位公差、表面粗糙度;⑥图案填充;⑦修改线型比例;⑧绘制剖视图、局部放大图。

第 10 章 绘制常见机械零件图

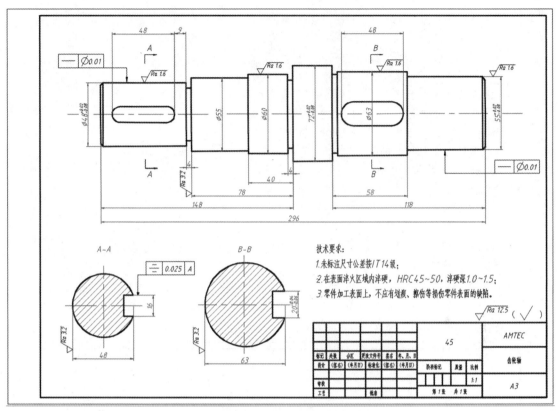

图 10-68 齿轮轴零件图

在"快速访问工具栏"中单击"新建"按钮，弹出"选择样板"对话框。通过"选择样板"对话框选择"图形样板"文件夹中的"10-4 简单绘图样板"，单击"打开"按钮。在"草图与注释"工作空间中绘制如图 10-68 所示的齿轮轴零件图。

本实例需要创建 4 个图层，分别是中心线、粗实线、细实线和标注及剖面线。在"10-4 简单绘图样板"中已创建好绘图所需图层。

本实例的具体操作步骤如下。

1）绘制主视图

（1）在"图层"面板的"图层控制"下拉列表中选择"中心线"图层，打开状态栏"正交"模式。

（2）单击"直线"按钮，在图纸内想要放置主视图的位置选定两点，绘制一条水平中心线。

（3）切换至"粗实线"图层，打开状态栏中的"动态输入"模式，再次单击"直线"按钮，绘制直线段，根据命令行提示操作如下。

```
命令：_LINE
指定第一点：（在距离中心线左端 5 左右的位置单击）
指定下一点或[放弃(U)]：（输入"@24<90"）
指定下一点或[放弃(U)]：（输入"@66<0"）
指定下一点或[闭合(C)/放弃(U)]：（输入"@4<270"）
```

指定下一点或[闭合(C)/放弃(U)]:(输入"@4<0")
指定下一点或[闭合(C)/放弃(U)]:(输入"@10<90")
指定下一点或[闭合(C)/放弃(U)]:(输入"@44<0")
指定下一点或[闭合(C)/放弃(U)]:(输入"@2<-90")
指定下一点或[闭合(C)/放弃(U)]:(输入"@30<0")
指定下一点或[闭合(C)/放弃(U)]:(输入"@2<270")
指定下一点或[闭合(C)/放弃(U)]:(输入"@4<0")
指定下一点或[闭合(C)/放弃(U)]:(输入"@10<90")
指定下一点或[闭合(C)/放弃(U)]:(输入"@30<0")
指定下一点或[闭合(C)/放弃(U)]:(输入"@6<270")
指定下一点或[闭合(C)/放弃(U)]:(输入"@4<0")
指定下一点或[闭合(C)/放弃(U)]:(输入"@2<90")
指定下一点或[闭合(C)/放弃(U)]:(输入"@54<0")
指定下一点或[闭合(C)/放弃(U)]:(输入"@4<270")
指定下一点或[闭合(C)/放弃(U)]:(输入"@60<0")
指定下一点或[闭合(C)/放弃(U)]:(按回车键结束命令)

完成连续直线段的绘制,如图10-69所示。

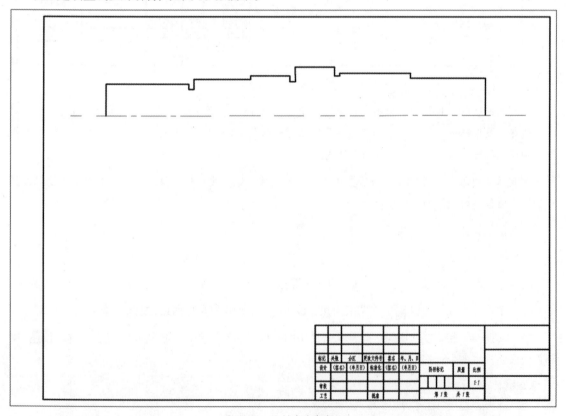

图10-69 绘制连续直线段

(4)拾取如图10-70所示直线段的夹点,在弹出的快捷菜单中选择"拉伸"命令,将该直线段延伸至水平中心线位置。

第 10 章　绘制常见机械零件图

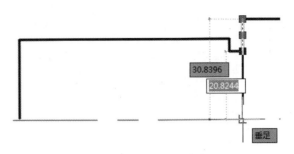

图 10-70　利用夹点延伸直线段

参照上述步骤，依次单击要延伸的对象，最后得到的延伸结果如图 10-71 所示。

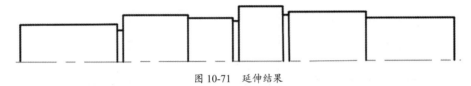

图 10-71　延伸结果

（5）单击"镜像"按钮，将位于中心线上方的轮廓线作为镜像对象，并将中心线上的两点作为镜像线，镜像结果如图 10-72 所示。

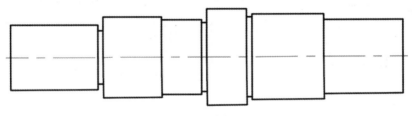

图 10-72　镜像结果

（6）单击"偏移"按钮，偏移左侧的两条垂直轮廓线，偏移结果如图 10-73 所示，偏移距离图中已标出。

（7）单击"圆心、半径"按钮，分别绘制如图 10-74 所示的半径为 6 的两个小圆。

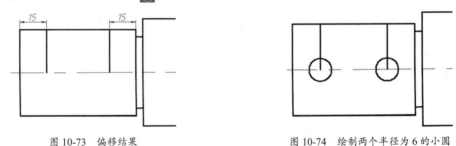

图 10-73　偏移结果　　　　　　　　图 10-74　绘制两个半径为 6 的小圆

（8）单击"直线"按钮，分别以偏移线段与半径为 6 的圆的交点为起点和终点绘制直线段，绘制结果如图 10-75 所示。

（9）单击"修改"面板 → "修剪"按钮和"删除"按钮，修剪和删除不需要的直线段，修剪结果如图 10-76 所示。

319

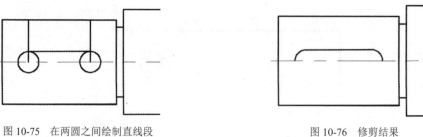

图 10-75　在两圆之间绘制直线段　　　　　　　图 10-76　修剪结果

（10）单击"镜像"按钮，将图 10-77（a）中选中的图形作为镜像对象，在中心线上分别指定两个点作为镜像线，镜像结果如图 10-77（b）所示。

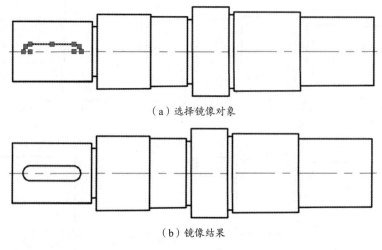

（a）选择镜像对象

（b）镜像结果

图 10-77　镜像操作

（11）单击"偏移"按钮，偏移左侧的两条垂直轮廓线，偏移结果如图 10-78 所示，偏移距离图中已标出。

（12）单击"圆心、半径"按钮，分别绘制两个半径为 9 的小圆（见图 10-79）。

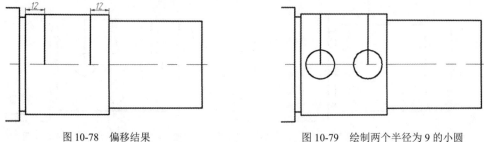

图 10-78　偏移结果　　　　　　　　　图 10-79　绘制两个半径为 9 的小圆

（13）单击"直线"按钮，分别以偏移线段与半径为 9 的圆的交点为起点和终点绘制直线段，绘制结果如图 10-80 所示。

（14）单击"修改"面板→"修剪"按钮和"删除"按钮，修剪和删除不需要的直线段，修剪结果如图 10-81 所示。

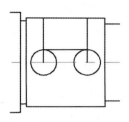

图 10-80　在两圆之间绘制直线段

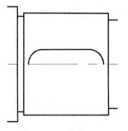

图 10-81　修剪结果

（15）参照步骤（10），以修剪对象为镜像对象、中心线上的两点为镜像线进行镜像操作，镜像结果如图 10-82 所示。

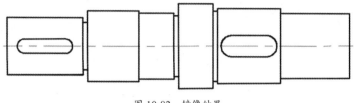

图 10-82　镜像结果

（16）单击"偏移"按钮 ，将最左端的垂直线段向内偏移 2，偏移结果如图 10-83 所示，图中已标出偏移距离。

（17）单击"修改"面板 → "延伸"按钮 ，根据命令行提示操作如下。

```
命令：_EXTEND
选择对象或<全部选择>：（单击图 10-84 中的延伸边界，按回车键确认）
选择要延伸的对象，或按住 Shift 键选择要修剪的对象，或
[栏选(F)/窗交(C)/投影(P)/边(E)/放弃(U)]：（单击图 10-84 中要延伸的对象）
```

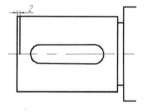

图 10-83　偏移垂直线段

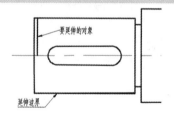

图 10-84　选择延伸边界

完成延伸操作，延伸结果如图 10-85 所示。

（18）单击"修改"面板 → "倒角"按钮 ，设置倒角距离为 2，对完成延伸的对象进行倒角，倒角结果如图 10-86 所示。

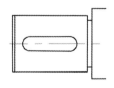

图 10-85　延伸结果

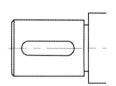

图 10-86　倒角结果

（19）参照上述操作步骤，完成齿轮轴最右端垂直线段的偏移和倒角操作，完成结果如图 10-87 所示。

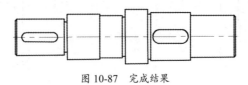

图 10-87　完成结果

（20）在命令行中输入"QLEADER"命令，激活"创建引线和注释"命令，根据命令行提示操作如下。

```
命令：_QLEADER
指定第一个引线点或[设置(S)]<设置>：（选择"设置(S)"选项）
```

弹出"引线设置"对话框，在"注释"选项卡的"注释类型"选项组中选择"无"选项，如图 10-88 所示。在"引线和箭头"选项卡的"引线"选项组中选择"直线"选项；在"箭头"选项组的下拉列表中选择"实心闭合"选项；在"角度约束"选项组中，设置"第一段"和"第二段"为"任意角度"，如图 10-89 所示。

图 10-88　设置"注释"选项卡内容

图 10-89　设置"引线和箭头"选项卡内容

指定第一个引线点，拾取如图 10-90 所示的第一个引线点，利用"对象捕捉"和"对象追踪"确定第二个引线点，接着在垂直方向合适位置确定一点，绘制剖切符号，如图 10-91 所示。

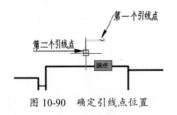

图 10-90　确定引线点位置

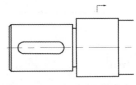

图 10-91　绘制剖切符号

（21）单击"镜像"按钮，将上一步中绘制的剖切符号作为镜像对象，并将中心线上任意两点作为镜像线进行镜像操作，镜像结果如图 10-92 所示。

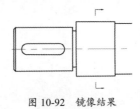

图 10-92　镜像结果

（22）参照上述操作步骤，绘制零件图上的其他剖切符号，如图 10-93 所示。

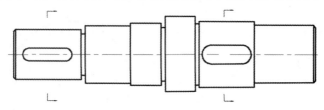

图 10-93　绘制其他剖切符号

（23）在功能区"默认"选项卡的"注释"面板中，选择"Standard"文字样式。

（24）单击"多行文字"按钮 A，分别给剖切符号标注剖面线名称，标注结果如图 10-94 所示，并将标注文字切换至"标注及剖面线"图层。

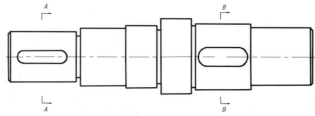

图 10-94　标注剖面线名称

2）绘制断面图

（1）在"图层"面板的"图层控制"下拉列表中选择"中心线"图层，并打开状态栏的"正交"模式和"极轴追踪"模式。

（2）单击"直线"按钮，在主视图下方合适区域内绘制如图 10-95 所示的若干条辅助线。

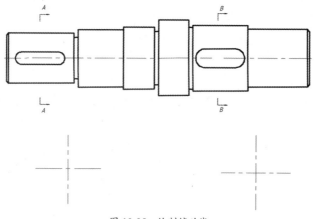

图 10-95　绘制辅助线

（3）在"图层"面板的"图层控制"下拉列表中选择"粗实线"图层。

（4）单击"圆心、半径"按钮，分别绘制如图 10-96 所示的半径为 16 和半径为 24 的两个圆。

（5）单击"偏移"按钮，分别创建如图 10-97 所示的辅助线，图中已标出偏移距离。

（6）切换至"粗实线"图层，单击"直线"按钮，借助辅助线和"对象捕捉"，绘制断面图的轮廓线，完成结果如图 10-98 所示。

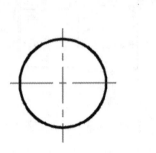
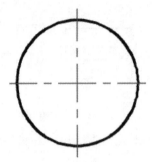

图 10-96 绘制圆

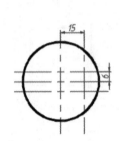
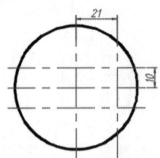

图 10-97 偏移辅助线

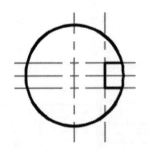
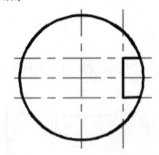

图 10-98 绘制轮廓线

（7）完成绘制后，单击"修剪"按钮和"删除"按钮，修剪不需要的轮廓线并删除不需要的辅助线，修剪结果如图 10-99 所示。

图 10-99 修剪结束

(8)在"默认"选项卡的"图层"面板的"图层控制"下拉列表中选择"标注及剖面线"图层。

(9)单击"图案填充"按钮,功能区弹出"图案填充创建"选项卡。在"图案"面板的"图案"下拉列表框中选择"ANSI31"选项;在"特性"面板中设置"角度"为"0","比例"为"1";在"边界"面板中单击"拾取点"按钮,分别在要绘制剖面线的区域内单击,然后单击"关闭图案填充创建"按钮,完成图案填充,如图 10-100 所示。

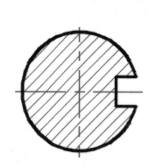
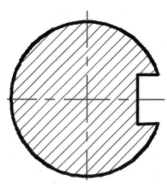

图 10-100 图案填充

(10)切换至"标注及剖面线"图层,单击"多行文字"按钮,分别给主视图下方的两个剖视图标注剖面线名称,标注结果如图 10-101 所示。

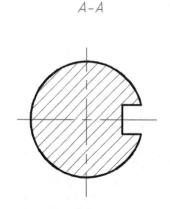
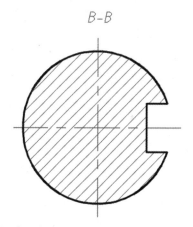

图 10-101 标注剖面线名称

3)标注线性尺寸、尺寸公差、形位公差和表面粗糙度

(1)标注线性尺寸。

在"注释"选项卡中指定当前的标注样式为"Standard",单击"默认"选项卡 → "注释"面板 → "线性"按钮,创建线性标注。如果出现标注文字被中心线遮挡的情况,则单击"打断"按钮,打断影响标注文字显示的中心线。在直径尺寸前添加直径符号"φ",符号代码为"%%c"。初步标注结果如图 10-102 所示。

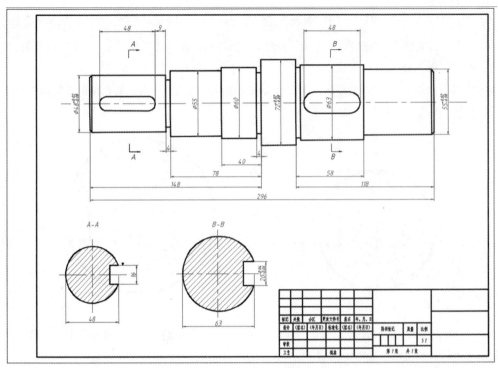

图 10-102　标注线性尺寸

（2）标注尺寸公差。

选择要添加尺寸公差的一个直径尺寸，在绘图区空白位置单击鼠标右键，弹出如图 10-103 所示的快捷菜单，选择"特性"命令，打开如图 10-104 所示的"特性"选项板。展开"特性"→"公差"特性区域，在"显示公差"下拉列表中选择"极限偏差"，设置"公差上偏差"为"0.02"、"公差下偏差"为"0.08"、"公差精度"为"0.00"、"公差文字高度"为"0.6"，设置结果如图 10-105 所示。

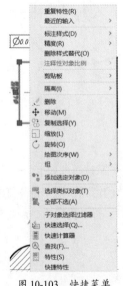

图 10-103　快捷菜单

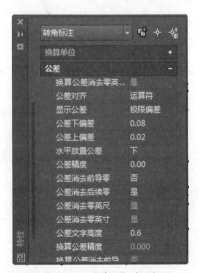

图 10-104　"特性"选项板

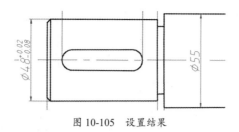

图 10-105　设置结果

参照上述步骤,完成另外两处尺寸公差的标注,标注结果如图 10-106 所示。

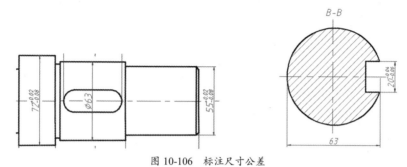

图 10-106　标注尺寸公差

(3) 标注表面粗糙度。

① 单击"插入"选项卡 → "插入"按钮,选择插入名为"表面粗糙度"的块,在需要标注表面粗糙度的位置插入该块(见图 10-107),在某些情况下,"表面粗糙度"块不是水平放置的,可以单击"修改"面板 → "旋转"按钮,设置旋转角度,将"表面粗糙度"块旋转至需要标注的角度。

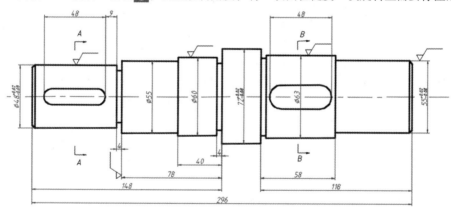

图 10-107　插入块

② 单击"默认"选项卡 → "多行文字"按钮,在插入块的上方输入粗糙度值,标注结果如图 10-108 所示。

(4) 标注形位公差。

单击"注释"选项卡 → "标注"面板 → "公差"按钮,弹出"形位公差"对话框,如图 10-109 所示,在"符号"选项组中单击"直线度"按钮,单击"公差 1"文本框前的按钮,显示直径符号"φ",在"公差 1"文本框中输入"0.01",单击"确定"按钮,完成形位公差的标注,如图 10-110 所示。

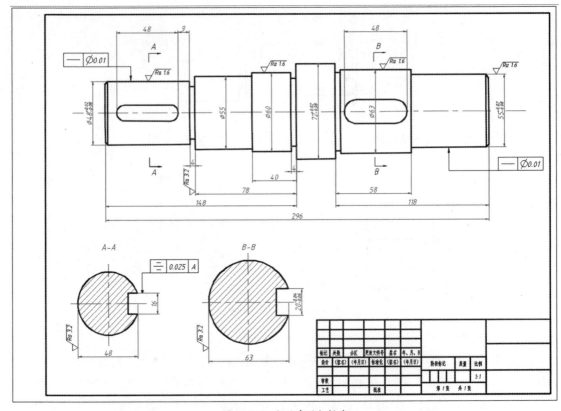

图 10-108　标注表面粗糙度

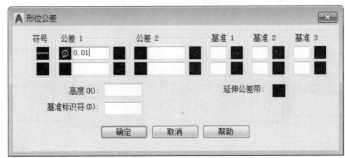

图 10-109　"形位公差"对话框

参照上述步骤，标注剖视图"对称度"形位公差，如图 10-111 所示。

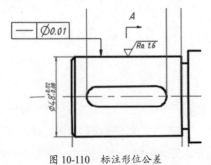

图 10-110　标注形位公差　　　　图 10-111　标注剖视图"对称度"形位公差

4）填写标题栏和技术要求

（1）单击"默认"选项卡 → "多行文字"按钮A，在标题栏右上角填写其余表面结构要求，如图10-112所示。

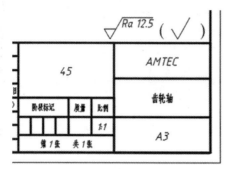

图10-112　填写其余表面结构要求

（2）再次单击"默认"选项卡 → "多行文字"按钮A，在标题栏上方插入技术要求文本框，内容如图10-113所示。

技术要求：
1. 未标注尺寸公差按IT14级；
2. 在表面淬火区域内淬硬，HRC45~50，淬硬深1.0~1.5；
3. 零件加工表面上，不应有划痕、擦伤等损伤零件表面的缺陷。

图10-113　填写零件图技术要求

（3）双击标题栏，弹出"增强属性编辑器"对话框，在该对话框中设置标记对应的属性值，如图10-114所示。

图10-114　设置标记对应的属性值

具体操作步骤为先选中标记名称，则该行属性呈蓝色选中状态，然后在"值"文本框中输入相应的属性值。例如，单击"单位名称"，该属性行呈蓝色选中状态，然后在"值"文本框中输入单位名称"AMTEC"，完成标题栏中"单位名称"单元格的输入。

（4）在"增强属性编辑器"对话框中单击"确定"按钮，然后单击"多行文字"按钮A，填写其余单元格中的内容，填写完成的标题栏如图10-115所示。

5）保存

（1）检查零件图是否存在不符合国家标准规定的标注，进行适当调整。最终完成的零件图如图 10-116 所示。

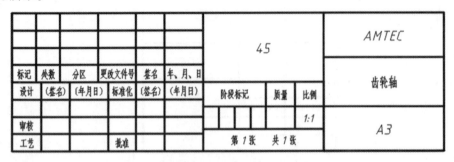

图 10-115　填写完成的标题栏

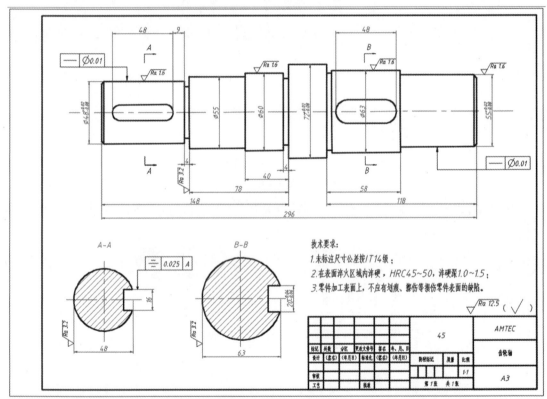

图 10-116　齿轮轴零件图

（2）按 Ctrl+S 快捷键，保存图形。

10.5　绘制泵体零件图

泵体是齿轮油泵中的主要零件之一，它的空腔中可容纳一对吸油和压油的齿轮。一般通过装配图拆画泵体零件图，基本方法是：首先在装配图中找到该零件的序号和指引线，然后利用投影关系、剖面线的方向找到该零件在装配图中的轮廓范围，根据零件的表达要求，选择主视图和其他视图，标注零件图上的尺寸，并根据零件的功能填写技术要求，最后填写标题栏。因为泵体属于壳体类零件，一般需要用三个视图表达内外结构形状，因此，在确定泵体的主视图和剖视图之后，还需要补充俯视图辅助完成尚未表达清楚的底板形状。

本节主要讲解如图 10-117 所示泵体零件图的绘制过程，让用户在实际操作中掌握绘制泵体零件图的方法和技巧。

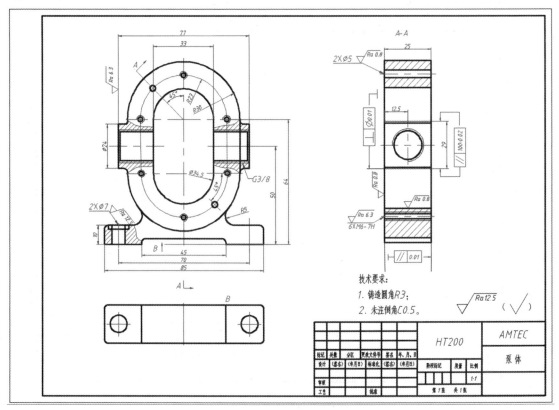

图 10-117 泵体零件图

本实例中涉及的主要知识点包括①绘制辅助线；②绘制圆；③绘制直线；④倒角命令；⑤绘制样条曲线；⑥标注形位公差、表面粗糙度；⑦图案填充；⑧绘制剖视图、局部放大图。

在"快速访问工具栏"中单击"新建"按钮，弹出"选择样板"对话框。通过"选择样板"对话框选择"图形样板"文件夹中的"10-5 简单绘图样板"，单击"打开"按钮。在"草图与注释"工作空间中绘制如图 10-117 所示的泵体零件图。

本实例需要创建 4 个图层，分别是中心线、粗实线、细实线和标注及剖面线。在"10-5 简单绘图样板"中已创建好绘图所需图层。

本实例的具体操作步骤如下。

1）绘制主视图

（1）在"图层"面板的"图层控制"下拉列表中选择"中心线"图层，打开状态栏"正交"模式。

（2）单击"直线"按钮，在图纸内想要放置主视图的位置分别选定两点绘制一条水平中心线和一条垂直中心线，如图 10-118 所示。

（3）单击"偏移"按钮，对水平中心线执行偏移操作，如图 10-119 所示，图中已给出偏移距离。

（4）在"图层"面板的"图层控制"下拉列表中选择"粗实线"图层。

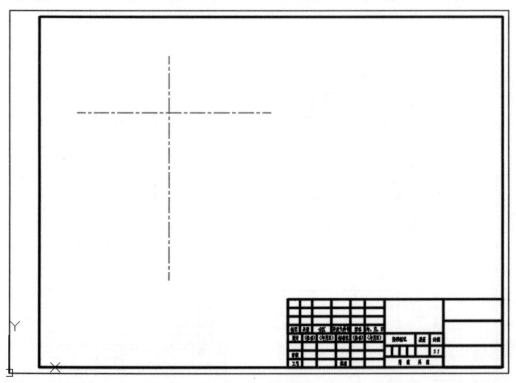

图 10-118　绘制中心线

（5）单击"圆心、半径"按钮，以中心线交点为圆心，分别绘制如图 10-120 所示的半径为 16 和半径为 30 的圆。

图 10-119　偏移水平中心线　　　　图 10-120　绘制半径为 16 和半径为 30 的圆

（6）单击"圆心、半径"按钮，以中心线交点为圆点，分别绘制如图 10-121 所示的圆，圆的半径为 23，绘制完成后，将半径为 23 的圆切换至"标注及剖面线"图层。

（7）切换至"粗实线"图层，单击"直线"按钮，在绘图区空白位置单击鼠标右键，在弹出的快捷菜单中选择"切点"命令作为临时捕捉点，依次连接圆，绘制结果如图 10-122 所示。

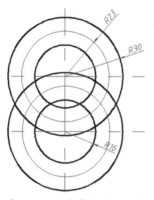
图 10-121　绘制半径为 23 的圆

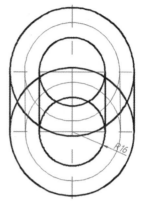
图 10-122　连接圆

（8）修剪图 10-122 中所绘制的图形，修剪出泵体主视图的内侧轮廓线，修剪结果如图 10-123 所示。

（9）单击"修改"面板→"旋转"命令，根据命令行提示旋转垂直中心线，操作如下。

```
命令：_ROTATE
选择对象：（单击图 10-123 中的垂直中心线，按回车键确认）
指定基点：（指定垂直中心线与水平中心线的交点为基点）
指定旋转角度，或[复制(C)/参照(R)]<0>：（输入"C"，按回车键确认）
旋转一组选定对象
（在光标所在的文本框中输入"45"，按回车键确认）
```

旋转结果如图 10-124 所示。

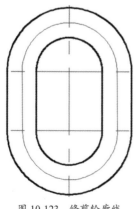
图 10-123　修剪轮廓线

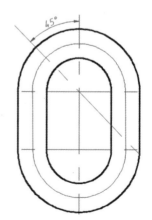
图 10-124　旋转垂直中心线

参照上述操作步骤，旋转水平中心线，旋转角度为 45°（或 135°），旋转结果如图 10-125 所示。

（10）单击"圆心、半径"按钮，在如图 10-126 所示的位置绘制圆，圆的半径为 1.5 和 1.2。

（11）切换至"细实线"图层，单击"圆心、半径"按钮，在如图 10-127 所示的位置绘制圆，圆的半径为 2。

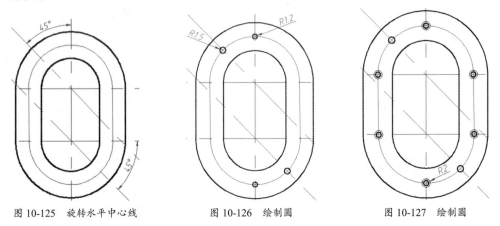

图 10-125　旋转水平中心线　　　　图 10-126　绘制圆　　　　图 10-127　绘制圆

（12）单击"偏移"按钮，偏移中心线，偏移结果如图 10-128 所示，图中已给出偏移距离。

（13）单击"直线"按钮，结合偏移中心线，定位直线的绘制起点与终点，绘制如图 10-129 所示的轮廓线。

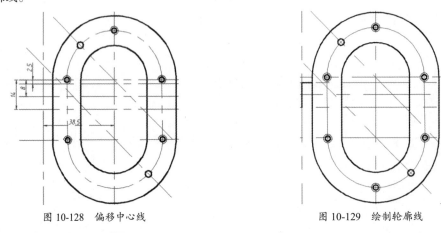

图 10-128　偏移中心线　　　　　　图 10-129　绘制轮廓线

（14）单击"偏移"按钮，偏移中心线，偏移结果如图 10-130 所示，图中已给出偏移距离。

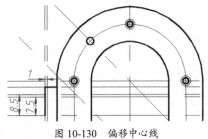

图 10-130　偏移中心线

（15）单击"直线"按钮，结合偏移中心线，定位直线的绘制起点与终点，绘制如图 10-131 所示的轮廓线，图 10-131 显示的是主视图绘制区域的局部放大图。

（16）单击"修改"面板 →"修剪"按钮和"删除"按钮，修剪和删除不需要的直线段和辅助线，修剪结果如图 10-132 所示。

图 10-131　绘制轮廓线　　　　　　　　图 10-132　修剪结果

（17）单击"镜像"按钮，选择图 10-133（a）中的轮廓线作为镜像对象，选择水平中心线上的两点作为镜像线，镜像结果如图 10-133（b）所示，根据命令行提示操作如下。

```
命令：_MIRROR
选择对象：(单击图 10-133（a）中的轮廓线，按回车键确认)
选择对象：找到 1 个，总计 6 个
指定镜像线的第一点：(指定图 10-133（a）中水平中心线上的一点)
指定镜像线的第二点：(指定图 10-133（a）中水平中心线上的另一点)
要删除源对象吗？[是(Y)/否(N)]<否>：(选择"否(N)"选项)
```

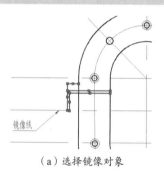
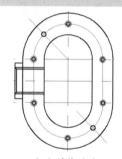

（a）选择镜像对象　　　　　　　　　　（b）镜像结果

图 10-133　镜像操作

（18）选择图 10-133（b）中的轮廓线作为镜像对象，选择垂直中心线上的两点作为镜像线，完成轮廓线的镜像操作，如图 10-134 所示。

（19）将轮廓线内部的粗实线切换至"细实线"图层，如图 10-135 所示。

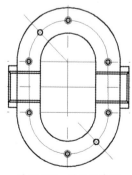
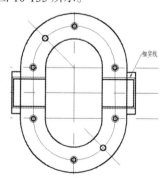

图 10-134　镜像轮廓线　　　　　　　　图 10-135　修改图层

（20）单击"偏移"按钮，偏移垂直中心线，偏移距离已在图 10-136 中标出，根据命令行提示操作如下。

```
命令：_OFFSET
指定偏移距离或[通过(T)/删除(E)/图层(L)]<0.0000>：（输入偏移距离为22.5）
选择要偏移的对象，或[退出(E)/放弃(U)]：（单击图10-135中的垂直中心线）
指定要偏移的那一侧上的点，或[退出(E)/多个(M)/放弃(U)]：（在垂直中心线左侧单击）
选择要偏移的对象，或[退出(E)/放弃(U)]：（输入"E"，按回车键确认）
```

参照上述操作步骤，完成其余中心线的偏移操作。

（21）再次单击"偏移"按钮，参照上述操作步骤偏移水平中心线，偏移距离已在图 10-137 中标出。

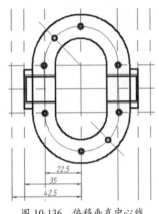

图 10-136　偏移垂直中心线

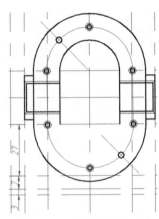

图 10-137　偏移水平中心线

（22）单击"直线"按钮，利用"对象捕捉"并结合辅助线，绘制泵体的底座轮廓线，绘制结果如图 10-138 所示。

（23）单击"直线"按钮，利用"对象捕捉"并结合辅助线，在底座左侧绘制通孔轮廓线，并通过"删除"命令删除多余的辅助线，绘制结果如图 10-139 所示，图中已给出轮廓线的定位尺寸和定形尺寸。

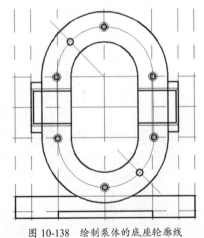

图 10-138　绘制泵体的底座轮廓线

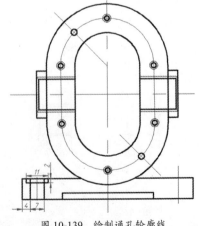

图 10-139　绘制通孔轮廓线

（24）单击"修改"面板 → "圆角"按钮，根据命令行提示操作如下。

命令：_FILLET
选择第一个对象或[放弃(U)/多段线(P)/半径(R)/修剪(T)/多个(M)]：（输入"R"，指定圆角半径）
指定圆角半径：（输入"2"，按回车键确认）
选择第一个对象或[放弃(U)/多段线(P)/半径(R)/修剪(T)/多个(M)]：（指定图10-140中的第一个对象）
选择第二个对象，或按住Shift键选择对象以应用角点或[半径(R)]：（指定图10-140中的第二个对象）

参照上述步骤完成其余3处的圆角操作，绘制结果如图10-141所示。

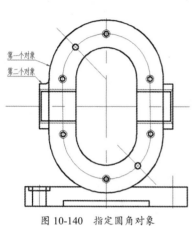
图10-140 指定圆角对象

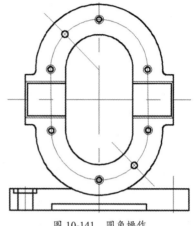
图10-141 圆角操作

（25）再次单击"修改"面板 → "圆角"按钮，完成泵体底座部分的圆角操作，设置圆角半径为5，以"不修剪"模式进行圆角操作，单击"修剪"按钮，修剪多余的轮廓线，结果如图10-142所示，根据命令行提示操作如下。

命令：_FILLET
选择第一个对象或[放弃(U)/多段线(P)/半径(R)/修剪(T)/多个(M)]：（输入"M"，选择是否修剪对象）
输入修剪模式选项[修剪(T)/不修剪(N)]<修剪>：（输入"N"，不修剪）
选择第一个对象或[放弃(U)/多段线(P)/半径(R)/修剪(T)/多个(M)]：（输入"R"，指定圆角半径）
指定圆角半径：（输入"5"，按回车键确认）
选择第一个对象或[放弃(U)/多段线(P)/半径(R)/修剪(T)/多个(M)]：（输入"M"，选择是否修剪对象）
选择第二个对象，或按住Shift键选择对象以应用角点或[半径(R)]：（输入"R"，指定圆角半径）

参照上述步骤，以"修剪"模式完成泵体底座部分其余的圆角操作，圆角半径为2，结果如图10-143所示。

（26）在"默认"选项卡的"图层"面板的"图层控制"下拉列表中选择"标注及剖面线"图层。

（27）在"默认"选项卡的"绘图"面板中单击"样条曲线拟合"按钮，使用"拟合点"的方式分别绘制如图10-144所示的4条样条曲线。

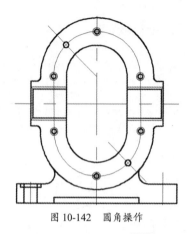
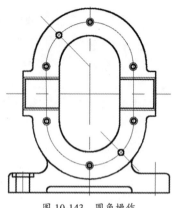

图 10-142 圆角操作　　　　　　　　图 10-143 圆角操作

（28）单击"图案填充"按钮，功能区弹出"图案填充创建"选项卡。在"图案"面板的"图案"下拉列表框中选择"ANSI31"选项；在"特性"面板中设置"角度"为"0"，"比例"为"0.5"；在"边界"面板中单击"拾取点"按钮，分别在要绘制剖面线的区域内单击，然后单击"关闭图案填充创建"按钮，完成图案填充，如图 10-145 所示。

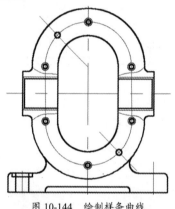
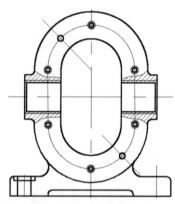

图 10-144 绘制样条曲线　　　　　　图 10-145 图案填充

（29）参照步骤（27）～步骤（28），在底座通孔处以"拟合点"的方式绘制样条曲线，并对要绘制剖面线的区域进行图案填充，图案填充结果如图 10-146 所示。

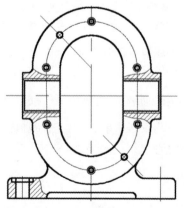

图 10-146 图案填充结果

2）绘制剖视图

（1）在"图层"面板的"图层控制"下拉列表中选择"标注及剖面线"图层。

（2）单击"直线"按钮，在主视图右侧合适位置绘制中心线，绘制结果如图10-147所示。

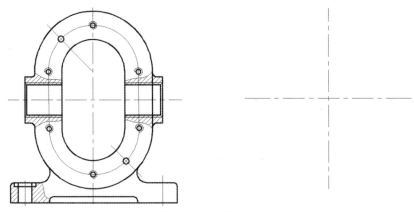

图10-147　绘制中心线

（3）单击"直线"按钮，打开状态栏中的"对象捕捉"模式和"极轴追踪"模式，结合主视图的泵体轮廓，绘制辅助线，绘制结果如图10-148所示。

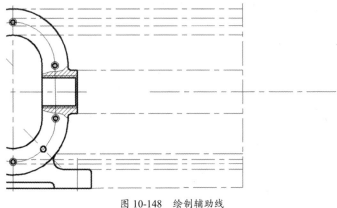

图10-148　绘制辅助线

（4）在"图层"面板的"图层控制"下拉列表中选择"粗实线"图层。

（5）单击"直线"按钮，利用"对象捕捉"并结合辅助线，绘制泵体剖视图的轮廓线，根据命令行提示操作如下。

```
命令：_LINE
指定第一点：（单击图10-149中辅助线的交点）
指定下一点或[放弃(U)]：（输入"@12.5<180"）
指定下一点或[放弃(U)]：（输入"@95<270"）
指定下一点或[闭合(C)/放弃(U)]：（输入"@12.5<0"）
指定下一点或[闭合(C)/放弃(U)]：（按回车键结束命令）
```

完成如图10-149所示轮廓线的绘制。

（6）单击"直线"按钮，利用"对象捕捉"并结合辅助线，绘制剖视图内部通孔轮廓线，如图 10-150 所示。

（7）单击"圆心、半径"按钮，在如图 10-151 所示的位置绘制半径为 7.5 和半径为 8.5 的两个同心圆，绘制完成后，将半径为 8.5 的圆切换至"细实线"图层。

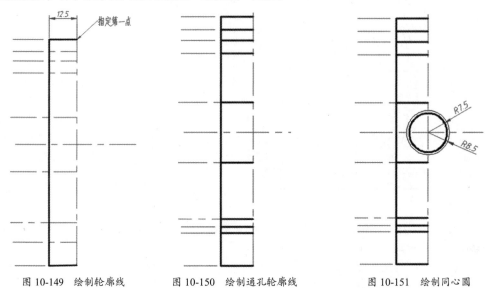

图 10-149　绘制轮廓线　　　图 10-150　绘制通孔轮廓线　　　图 10-151　绘制同心圆

（8）单击"镜像"按钮，镜像图 10-151 中所绘制的轮廓线，选择垂直中心线上的两点作为镜像线，镜像结果如图 10-152 所示。

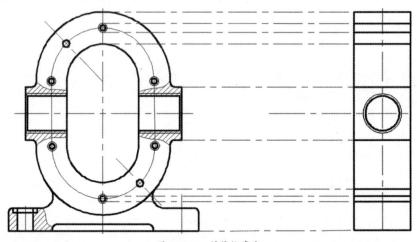

图 10-152　镜像轮廓线

（9）单击"偏移"按钮，偏移图 10-153 中的轮廓线，偏移距离已在图中标出，并将新创建的偏移线切换至"细实线"图层。

（10）单击"修剪"按钮和"删除"按钮，修剪和删除不需要的轮廓线和辅助线，并在适当位置添加中心线，绘制结果如图 10-154 所示。

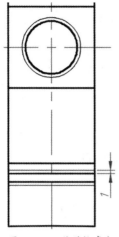

图 10-153 偏移轮廓线

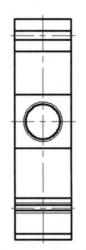

图 10-154 绘制结果

（11）单击"图案填充"按钮，功能区弹出"图案填充创建"选项卡。在"图案"面板的"图案"下拉列表框中选择"ANSI31"选项；在"特性"面板中设置"角度"为"0"，"比例"为"0.5"；在"边界"面板中单击"拾取点"按钮，分别在要绘制剖面线的区域内单击，然后单击"关闭图案填充创建"按钮，完成图案填充，如图 10-155 所示。

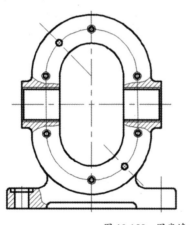

图 10-155 图案填充

3）绘制俯视图

（1）在"默认"选项卡的"图层"面板的"图层控制"下拉列表中选择"标注及剖面线"图层。

（2）单击"直线"按钮，利用状态栏"对象捕捉"和"极轴追踪"，绘制辅助线，绘制结果如图 10-156 所示。

（3）切换至"粗实线"图层，单击"直线"按钮，绘制俯视图轮廓线，绘制结果如图 10-157 所示。

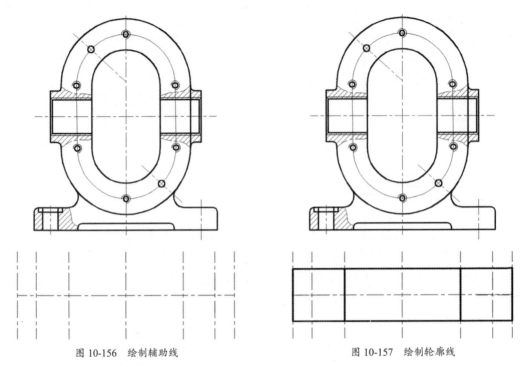

图 10-156 绘制辅助线　　　　图 10-157 绘制轮廓线

（4）单击"圆心、半径"按钮，以辅助线交点为圆心，分别绘制两个半径为 4.5 的圆，绘制结果如图 10-158 所示。

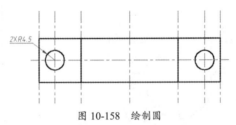

图 10-158 绘制圆

（5）单击"修改"面板→"圆角"按钮，完成底座部分的圆角操作，设置圆角半径为 2，以"修剪"模式进行圆角操作，结果如图 10-159 所示。

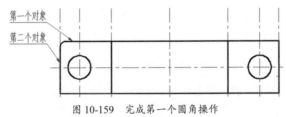

图 10-159 完成第一个圆角操作

根据命令行提示操作如下。

> 命令：_FILLET
> 选择第一个对象或[放弃(U)/多段线(P)/半径(R)/修剪(T)/多个(M)]：(输入"R"，指定圆角半径)
> 指定圆角半径<0.0000>：(输入"2"，按回车键确认)
> 选择第一个对象或[放弃(U)/多段线(P)/半径(R)/修剪(T)/多个(M)]：(单击图 10-159 中的第一个对象)
> 选择第二个对象，或按住 Shift 键选择对象以应用角点或[半径(R)]：(单击图 10-159 中的第二个对象)

第 10 章 绘制常见机械零件图

参照上述操作步骤，完成其余 3 处的圆角操作，如图 10-160 所示，并单击"修剪"按钮和"删除"按钮，修剪和删除多余的辅助线。

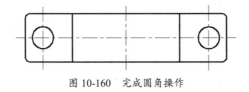

图 10-160 完成圆角操作

（6）在"修改"面板中单击"打断"按钮，选择图 10-161 中的第一点，然后选择图 10-162 中的第二点，则按逆时针方向从第一点到第二点之间的圆弧被打断。

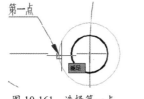   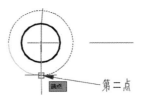

图 10-161 选择第一点　　　　　　　　图 10-162 选择第二点

参照上述操作步骤，完成零件图中其他铆钉轮廓的打断操作，完成结果如图 10-163 所示。

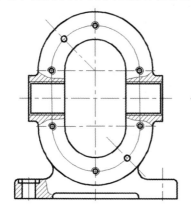   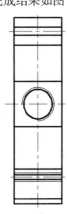

图 10-163 打断结果

（7）在命令行中输入"QLEADER"命令，激活"创建引线和注释"命令，根据命令行提示操作如下。

```
命令：_QLEADER
指定第一个引线点或[设置(S)]<设置>：(选择"设置(S)"选项)
```

弹出"引线设置"对话框，在"注释"选项卡的"注释类型"选项组中选择"无"选项，如图 10-164 所示。在"引线和箭头"选项卡的"引线"选项组中选择"直线"选项；在"箭头"选项组的下拉列表中选择"实心闭合"选项；在"角度约束"选项组中设置"第一段"和"第二段"为"任意角度"，如图 10-165 所示。

343

图 10-164 设置"注释"选项卡内容

图 10-165 设置"引线和箭头"选项卡内容

（8）指定第一个引线点，拾取图 10-166 中的第一个引线点，利用"对象捕捉"和"对象追踪"确定第二个引线点，接着在垂直方向合适位置确定第三个引线点，完成第一个剖切符号的绘制。

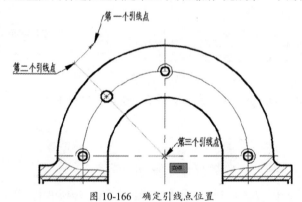

图 10-166 确定引线点位置

参照上述操作步骤，绘制零件图上的其他剖切符号，绘制结果如图 10-167 所示。

（9）在功能区"默认"选项卡的"注释"面板中，选择"Standard"文字样式。单击"多行文字"按钮 A，分别给剖切符号标注剖面线名称，并将标注文字更改至"标注及剖面线"图层，标注结果如图 10-168 所示。

4）标注尺寸、形位公差和表面粗糙度

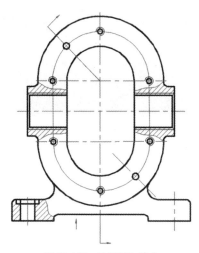

图 10-167 绘制剖切符号

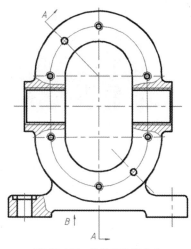

图 10-168 标注剖面线名称

（1）标注线性尺寸。

① 在"注释"面板中，指定当前的标注样式为"Standard"，创建线性标注，分别单击"默认"选项卡 →"注释"面板 →"线性"按钮、"直径"按钮、"半径"按钮和"角度"按钮，如果出现标注尺寸被中心线遮挡的情况，则单击"打断"按钮，打断影响标注文字显示的中心线。双击标注文字，在文本框可编辑状态下，在直径尺寸前添加直径符号"∅"，符号代码为"%%c"，初步标注结果如图 10-169 所示。

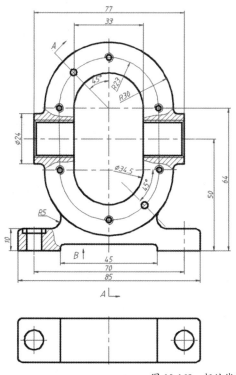

图 10-169 标注线性尺寸

② 单击"注释"选项卡 →"引线"按钮，在如图 10-170 所示的文本框中单击，并输入"2×∅5"，完成操作后单击"关闭文字编辑器"按钮。

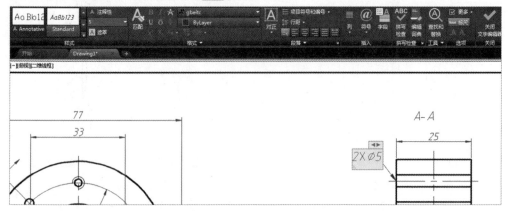

图 10-170 输入标注内容

参照上述操作步骤，完成如图 10-171 所示的泵体零件图其余位置的引线标注。

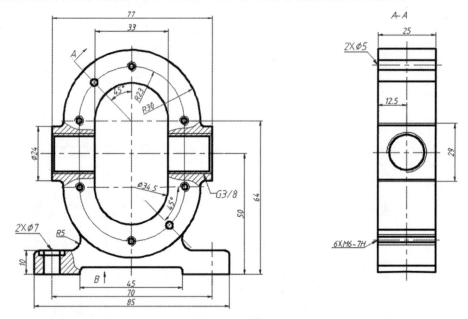

图 10-171 引线标注

（2）标注表面粗糙度。

① 单击"插入"选项卡 →"插入"按钮，选择插入名为"表面粗糙度"的块，在需要标注表面粗糙度的地方插入该块，如图 10-172 所示，在某些情况下，"表面粗糙度"块不是水平放置的，可以单击"修改"面板 →"旋转"按钮，指定"表面粗糙度"块为旋转对象，设置旋转角度，将"表面粗糙度"块旋转至需要放置的位置。

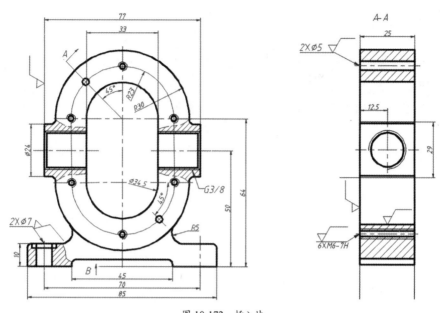

图 10-172 插入块

② 单击"默认"选项卡 → "多行文字"按钮 A，在已经插入的"表面粗糙度"块的上方输入粗糙度值，例如，输入"0.8"，完成表面粗糙度的标注，标注结果如图 10-173 所示。

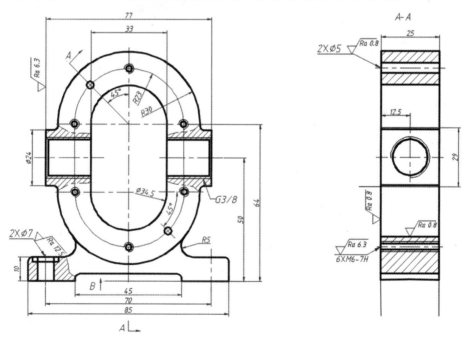

图 10-173 标注表面粗糙度

（3）标注形位公差。

① 在命令行中输入"QLEADER"命令，激活"创建引线和注释"命令，根据命令行提示操作如下。

```
命令：_QLEADER
指定第一个引线点或[设置(S)]<设置>：（拾取图 10-174 中的第一个引线点）
指定下一点：（拾取图 10-174 中的第二个引线点）
```

② 指定第一个引线点，拾取图 10-174 中的第一个引线点，利用"对象捕捉"和"对象追踪"确定第二个引线点，完成第一个剖切符号的绘制，如图 10-175 所示。

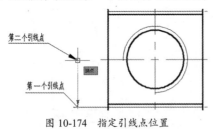
图 10-174 指定引线点位置

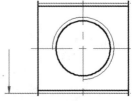
图 10-175 绘制剖切符号

③ 单击"注释"选项卡 → "标注"面板 → "公差"按钮 ，弹出"形位公差"对话框，如图 10-176 所示，在"符号"选项组中单击"垂直度"按钮 ，在"公差 1"文本框中输入"0.01"。

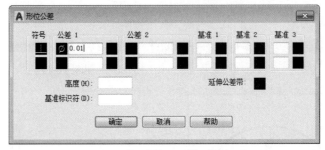
图 10-176 "形位公差"对话框

④ 在"形位公差"对话框中，单击"确定"按钮，完成该形位公差的标注，如图 10-177 所示。单击"旋转"按钮 ，将形位公差放置在合适的位置，如图 10-178 所示。

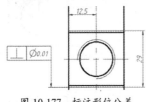
图 10-177 标注形位公差

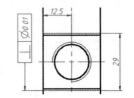
图 10-178 调整形位公差的位置

参照上述操作步骤，完成其他形位公差的标注，如图 10-179 所示。

5）填写标题栏和技术要求

（1）单击"默认"选项卡 → "多行文字"按钮 ，在标题栏上方插入技术要求文本框，内容如图 10-180 所示。

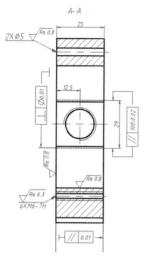

图 10-179 标注其他形位公差

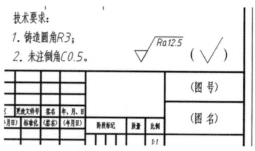

图 10-180 填写零件图技术要求

（2）双击标题栏，弹出"增强属性编辑器"对话框，在该对话框中设置标记对应的属性值。

具体操作步骤为先选中标记名称，则该行属性呈蓝色选中状态，然后在"值"文本框中输入相应的属性值。例如，单击"单位名称"，该属性行呈蓝色选中状态，然后在"值"文本框中输入单位名称"AMTEC"，完成标题栏中"单位名称"单元格的输入，填写完成的标题栏如图10-181所示。

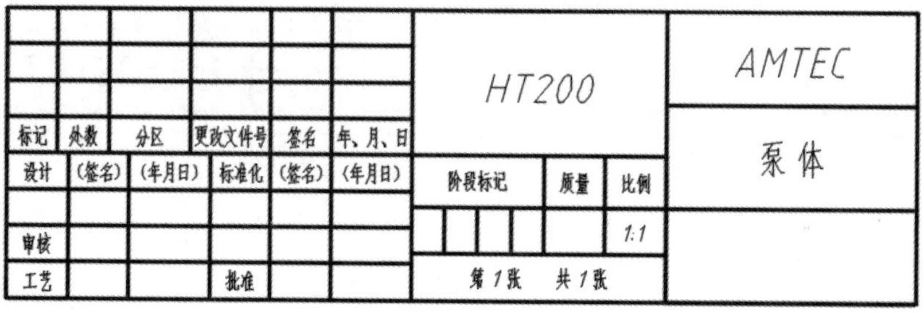

图 10-181 填写完成的标题栏

（3）通过"打断"命令调整零件图中标注尺寸的位置和中心线的长度，避免产生尺寸遮挡。

6）保存

在"快速访问工具栏"中单击"另存为"按钮，将图形文件保存为"泵体零件图.dwg"。

10.6 思考与练习

1. 装配图的定义是什么？读装配图的方法和步骤是什么？

2. 简述通过装配图拆画零件图的基本方法。

3. 总结绘制零件图的一般步骤。

4. 回转体类零件图的主视图应选择工作位置还是加工位置（假设轴线横放）？

5. 表达一个零件的视图数目一般是多少？参照什么原则选择视图？

6. 标注表面结构的方法是什么？

7. 形位公差代号由哪几部分组成？

8. 绘制如图 10-182 所示的起重螺杆压盖零件图。

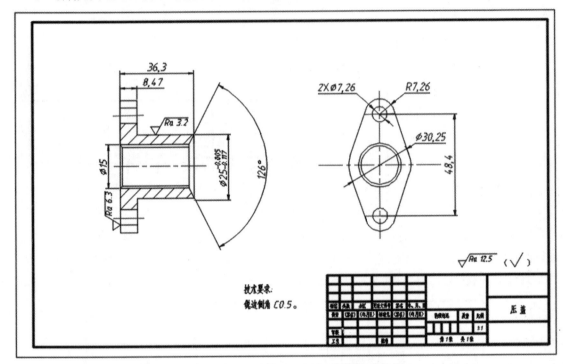

图 10-182　起重螺杆压盖零件图

参考文献

[1] 李雅萍. AutoCAD 2019 中文版机械制图快速入门与实例详解[M]. 北京：机械工业出版社，2019.

[2] 钟日铭. AutoCAD 2019 完全自学手册[M]. 北京：机械工业出版社，2018.

[3] 王建华，程绪绮，张文杰，等. AutoCAD 2017 官方标准教程[M]. 北京：电子工业出版社，2017.

[4] 龙马高新教育. AutoCAD 2016 从入门到精通[M]. 北京：北京大学出版社，2016.

[5] 管殿柱，牛雪倩，魏代善，等. AutoCAD 2015 中文版从入门到精通[M]. 北京：机械工业出版社，2015.

[6] 钟佩思，李雅萍. AutoCAD 2014 快速入门与实例详解[M]. 北京：电子工业出版社，2014.

[7] 韩变枝. 机械制图[M]. 北京：机械工业出版社，2015.

[8] 全国技术产品文件标准化技术委员会. GB/T 131—2006 产品几何技术规范（GPS）技术产品文件中表面结构的表示法[S]. 北京：中国标准出版社，2006.